現場で役立つ応用力を養う
工 業 力 学 入 門

長松 昭男
長松 昌男 【共著】

コロナ社

【ま え が き】

　本書は，ものづくりを志す学生や若手の技術者・技能者が，初めて工学の味に触れ，固体・流体・熱・電気の力学はもちろん工学全体に共通な基本物理法則を学び，同時に身近にある簡単な種々の機械・装置のからくりを理解することを通して，現象から本質を見抜く勘と洞察力・複合領域を横断して見通す総合力と水平思考力・企業内のものづくり過程で日々生じる様々なトラブルに対処する能力など，現場で役立つ応用力を養うことを目的とする．

　筆者が半世紀近くの大学教員の経験を通じて最も苦く感じることは，大学生が在学中に習得すべき必修総単位数が昔と変わらない中で，CAD・CAE・FEMの使い方，コンピュータ言語などのソフト・道具・手段に関する授業が増え，その分だけ力学の本質に関する授業数を減らさざるを得なかったため，卒業時の学力低下を招いたことである．

　ものづくりに必要なのは，市販のCAEツール・スマートフォン・インターネット等を操作し知識を得る手技ではない．このようなことは実業務中に自然に身に付く．学生・若手社員がまず習得しなければならないのは，市中に溢れる膨大な情報の海から必要なものを選択して拾い出し，正しく組み上げて巧みに使いこなすことを可能にする，工学上の勘・嗅覚・センス・洞察力であり，実製品の開発時に遭遇する諸問題を乗り越えていく能力である．

　近年，人工知能が示すように，最新技術はソフトにあるように一見感じる．しかし，優れたソフトは優れたハードに支えられて初めて機能する．例えば，人工知能の中核部品である超LSI作成には$0.01\,\mu\mathrm{m}$程度の研磨技術・装置が，それを生かすロボットの精密制御には$\mu\mathrm{m}$以下の作動・位置決め技術・装置が不可欠である．そして，ハードの根幹は力学にあり，ものづくりを志す初心者は必ず力学の習得から始めなければならない．

　19世紀末にエネルギー保存則が確立し，20世紀初頭に対称性の概念が数学から物理学に導入された．これにより現在，力学の原点がこれら2つにあることが

ii　ま　え　が　き

判明している（参考文献 18 参照）．このことは"力学の考え方"としては正しい
が，力学をものづくりに応用する技術者は必ず，始祖ニュートン以来の始点であ
る力と運動から力学を学び始めなければならない．"始点から入り原点に至る"．
これは力学を教育・学習する際の正しい道筋であり，本書もこれに沿って構成さ
れている．

　さて，日本が最も得意とするのは実機・実製品に直結する即戦応用力である．
ルネサンス以降西洋で生まれ育った科学技術を明治初期に導入し短期間で消化吸
収した日本は，昭和の昔コンピュータが世に生まれる以前に竹製の計算尺と製図
板で当時世界最大の戦艦大和・卓越した速度と旋回性能を有する零戦戦闘機・世
界初の新幹線を開発し，また前世紀末には自動車技術で世界を制覇した．これら
は，往年の日本の技術者がいかに有能で世界最高の実力を有していたかを示して
いる．

　前述のように，これに比べ最近の大学卒業時の学生の学力は低下している．し
かし日本は，磁気浮上車両・ハイブリッド車を世界に先駆けて生み出すなど，現
在でも世界の先端を行く高い技術力を維持している．これは一に，我が国を支え
る主要企業が洗練された社内教育体制を有し，新入社員・若手技術者を厳しく鍛
え上げているためである．約 40 年間に渡り数多くの企業で社外講師を引き受け
る機会に恵まれた筆者は，日本の主要企業が新入社員を世界最高の技術者にまで
自力で育成し続けている姿を，目の当たりにしてきた．そこで，筆者のこの貴重
な体験を広く世に残す必要性を痛感し，本書を執筆するに至った．

　初心者が一人前の技術者にまで成長するための最適の近道は，現場で役立つ応
用力を養成することである．そのためには，大学受験の際に経験したように，基
礎を学ぶと共に力学を応用している身近で簡単な機械・装置・現象のからくりを
解明する数多くの演習問題をひたすら解くことから始めるのが最良である．それ
により，まず現場で遭遇する問題の題意を理解してそれを適確に表現する図を作
成し，次にその図から問題を数式化し，さらにそれを用いて解決策を得る能力を
獲得できる．本書の目的はここにあり，181 もの演習問題・例題を有し，これら
すべてに分かり易い解答を付記してある．

まえがき　　iii

　本書は大学や企業内教育の教科書・自習書として適切・有効であることを，筆者は長年の経験に基づき確信し推奨する．また本書は完全解答付き演習問題集としても活用できる．本書をヒントにすれば，物理学・力学の分野を対象にする大学入試・定期試験・企業教育の演習問題の作成に苦労しないであろう．

　本書の概要は，下記の通りである．

　第1章　力　では，力学を代表する力の概念を紹介する．まず，合成・分解・モーメント・偶力等，力の性質と働きを述べる．次に，物体に作用する力の効果を示す．続いて，懸垂線・静水圧・浮力・固体摩擦等，物体に分布する様々な力の内容を詳説する．

　第2章　運動　では，まず，運動する質点・質点系の速度・加速度を定義し，それらの速度を図示するホドグラフと曲率の概念を示す．次に，剛体の並進運動と回転運動の関係から導く瞬間中心とその軌跡を紹介する．また，運動する座標系上をさらに運動する物体の速度と加速度を導き，コリオリの加速度の正体を明らかにする．

　第3章　力と運動の関係　では，力から運動への関係を記述し，力学創設の始点となったニュートンの3法則を説明する．また力学の単位系を定義し，国際単位系を紹介する．

　第4章　質点の動力学　では，落体・放物体・拘束体・荷電粒子・惑星・彗星・人工衛星など様々な物体に作用する力とそれにより生じる運動を数式展開する．

　第5章　エネルギー原理　では，全物理学を支配する基本法則であるエネルギー原理を紹介し，力学の原点・根幹をなす力学エネルギー保存則について詳しく説明する．

　第6章　運動量と角運動量　では，質点の運動量保存則と角運動量保存則を紹介する．

　第7章　剛体の動力学　では，剛体の回転運動を決める慣性モーメントと慣性乗積を定義し，慣性楕円体を記述する．次に，剛体運動の解析に用いるオイラー角とオイラーの運動方程式を紹介し，これらを駆使してこまやジャイロの運動を

iv　　ま　え　が　き

数式展開する.

第8章　振動　では，弾性体の動力学・音響・波動・電磁波・光波・重力波への入口である1自由度系の振動を紹介し，実用上重要な振動絶縁の方法を説明する.

上記各章にはそれぞれ，数多くの例題・演習問題を詳しく分り易い解答と共に付記し，内容を理解しそれを現場で生じる雑多な問題に応用できる実力の養成を可能にしている.

筆者は長年，教育・研究面から吉村卓也首都大学東京教授・御法川学法政大学教授，実用面から天津成美・西留千晶両氏（キャテック株式会社）に様々なご教示・ご協力をいただいていることを記し，深く感謝申し上げる.

なお本書には，著者の力不足から来る不完全さや誤りが存在することを恐れる. 読者の皆様からこれらをご指摘・ご教示いただければ，この上ない幸いである.

2025年3月　　　　著者代表　　長　松　昭　男

【目　　　次】

第1章　力

1.1　力の働きと効果 ……………………………………………… 1

　1.1.1　1点に作用する力 ……………………………………… 1

　1.1.2　作用点が異なる力の合成 ……………………………… 4

　1.1.3　力のモーメント ………………………………………… 6

　1.1.4　偶　　　力 ……………………………………………… 10
　　　　［問題1］（1−1）〜（1−4） ……………………… 13

1.2　物体に作用する力 …………………………………………… 16

　1.2.1　重心（質量の中心） …………………………………… 16
　　　　［問題2］（2−1）〜（2−4） ……………………… 18

　1.2.2　拘束された物体に作用する力 ………………………… 22

　　　1）接触点・支点に作用する力 ………………………… 22
　　　　［問題3］（3−1）〜（3−3） ……………………… 23

　　　2）骨組構造 ………………………………………………… 26
　　　　［問題4］（4−1） …………………………………… 28
　　　　［問題5］（5−1）〜（5−8） ……………………… 33

　　　3）仮想仕事の原理と釣合 ……………………………… 43
　　　　［問題6］（6−1）〜（6−4） ……………………… 45

　1.2.3　分布する力 ……………………………………………… 49

　　　1）分布荷重 ………………………………………………… 50
　　　　［問題7］（7−1）〜（7−3） ……………………… 52

　　　2）懸垂線 …………………………………………………… 54

　　　3）静水圧 …………………………………………………… 57
　　　　［問題8］（8−1）〜（8−3） ……………………… 63

　1.2.4　摩擦と力の釣合 ………………………………………… 68

vi 目 次

[問題 9] (9−1) 〜 (9−9) ……………………………………… 71

第2章 運 動

2.1 質点の運動（速度と加速度） ……………………………… 79

[問題 10] (10−1) 〜 (10−6) …………………………… 87

2.2 剛体の運動 ………………………………………………… 92

2.2.1 剛体とは ……………………………………………… 92

2.2.2 並進運動と回転運動 ………………………………… 92

2.2.3 平面運動 ……………………………………………… 93

2.2.4 瞬間中心 ……………………………………………… 96

[問題 11] (11−1) 〜 (11−11) ………………………… 100

2.2.5 一般運動 ……………………………………………… 110

2.2.6 相対運動 ……………………………………………… 114

[問題 12] (12−1) 〜 (12−9) …………………………… 119

第3章 力と運動の関係

3.1 ニュートンの法則 ………………………………………… 132

3.2 力学系の単位 ……………………………………………… 140

3.2.1 MKS 単位系と CGS 単位系 ………………………… 141

3.2.2 重力単位系 …………………………………………… 141

3.2.3 国際単位系（SI） …………………………………… 142

3.2.4 次 元 ………………………………………………… 144

[問題 13] (13−1) 〜 (13−6) …………………………… 148

第4章 質点の動力学

4.1 質点の運動 ………………………………………………… 151

目　　　　次　　vii

4.1.1　落体・放物体の運動 ……………………………………… 151

4.1.2　拘　束　運　動 ……………………………………………… 154

4.1.3　電磁界中の荷電粒子の運動 ………………………………… 159
　　　　［問題 14］（14−1）〜（14−19）……………………… 161

4.2　中心力による惑星の運動 …………………………………… 177
　　　　［問題 15］（15−1）〜（15−5）…………………………… 184

4.3　運動座標系における動力学 ………………………………… 186
　　　　［問題 16］（16−1）〜（16−5）…………………………… 191

第5章　エネルギー原理

5.1　力学エネルギー保存則 ……………………………………… 194

5.2　質点系のエネルギー ………………………………………… 201

5.2.1　重心の運動とエネルギー …………………………………… 201

5.2.2　仕事率（動力）……………………………………………… 203
　　　　［問題 17］（17−1）〜（17−15）………………………… 204

第6章　運動量と角運動量

6.1　質点の運動量と力積 ………………………………………… 219

6.2　質点系の運動量と角運動量 ………………………………… 223

6.2.1　運動量の法則とその保存則 ………………………………… 223

6.2.2　角運動量の法則とその保存則 ……………………………… 225

6.2.3　2　体　問　題 ……………………………………………… 228
　　　　［問題 18］（18−1）〜（18−17）………………………… 229

第7章　剛体の動力学

7.1　剛体の回転運動 ……………………………………………… 242

viii 目　　　　次

7.2 慣性モーメントと慣性乗積 ………………………………… 248

　　　［問題 19］（19−1）〜（19−14） ……………………… 254

7.3 回転体の反力と釣合せ ……………………………………… 270

7.4 剛体の平面運動 ……………………………………………… 273

　　　［問題 20］（20−1）〜（20−11） ……………………… 282

7.5 剛体の空間運動 ……………………………………………… 292

　7.5.1 オイラー角 ……………………………………………… 292

　7.5.2 オイラーの運動方程式 ………………………………… 295

　7.5.3 こまの運動 ……………………………………………… 299

　7.5.4 外力モーメントが 0 の運動 …………………………… 305

　7.5.5 ジャイロの運動 ………………………………………… 308

　　　［問題 21］（21−1）〜（21−4） ………………………… 313

第8章　振　　　　動

8.1 自 由 振 動 …………………………………………………… 318

　8.1.1 力 学 特 性 ……………………………………………… 318

　8.1.2 運動方程式と解 ………………………………………… 320

8.2 強 制 振 動 …………………………………………………… 324

　8.2.1 不 減 衰 系 ……………………………………………… 324

　8.2.2 粘性減衰系 ……………………………………………… 327

8.3 振 動 絶 縁 …………………………………………………… 330

　8.3.1 質量から基礎への伝達 ………………………………… 330

　8.3.2 基礎から質量への伝達 ………………………………… 332

　　　［問題 22］（22−1）〜（22−14） ……………………… 333

参 考 文 献 346

索　　　引 347

第1章 力

1.1 力の働きと効果

1.1.1 1点に作用する力

　万物を透過し全宇宙に遍在する万有引力・リンゴを落下させる重力・髪の毛を逆立てる電気力・原子や分子を結合する化学力・鉄を引き付ける磁気力・ばねを伸ばす弾性力・接触する固体間の摩擦力・流体の粘性力など，私達は様々な**力**に囲まれて暮らしている．

　力学は文字通りこれら力の学問である．本書の題名は『工業力学入門』であるから，本章ではまず，この力という概念がものづくり工業の世界でどのように考えられ扱われているかについて，詳しく学ぶ．

　図 **1.1** のように，複数の力が作用してもそれらが互いに打ち消し合って何の効

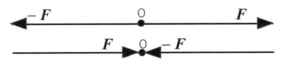

図 **1.1**　1点に加わり釣り合っている2力（中央の黒丸Oは作用点）

　注）　長さ・時間・温度などのように大きさだけで決まる量を**スカラー**と言い，力・変位・速度などのように大きさと方向を合わせ持つ量を**ベクトル**と言う．ベクトルは始点と終点からなる1本の線分（有限長さの直線）で表現される．本書では，スカラーを細字・ベクトルを太字で表す．

果も生じないときには，これらの力は釣り合っている．この**力の釣合**を扱うのが**静力学**である．

図**1.2**は，作用点（O）が同一で方向が異なる2つの力 F_1 と F_2 を示す．これら2力は，同じ効果を持つ別の1つの力 $F=F_1+F_2$ で置き換えることができる．これを**合力**と言い，合力を求めることを**力の合成**と言う．この逆は**力の分解**と言い，分解で得られる複数（この場合には2つ）の力を**分力**と言う．図1.2のように，合力 F は2つの分力 F_1 と F_2 を2辺とする平行四辺形の対角線に等しい．これを**平行四辺形の法則**と言い，この法則を用いて力の合成・分解を自由に行うことができる．図1.2の平行四辺形の右辺の線分（点線）は，力 F_2 のベクトル線分（平行四辺形の左辺実線）の作用点（始点）を点Oから力 F_1 の先端に移動したものである．このように力 F_1 の先端を始点にして力 F_2 を描けば，点Oを始点としその先端を終点とするベクトル（平行四辺形の対角線）は合力 $F=F_1+F_2$ になる．

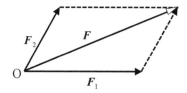

図**1.2** 平行四辺形の法則による力の合成と分解
$F=F_1+F_2$

1点に多くの力が働く場合には，この方法を用いれば，わざわざ平行四辺形を描くことなく，2力毎の合成を順次行ってすべての力を合成することができる．図**1.3**（a）は3次元空間内の1点Oに働く5個の力 F_1～F_5（実線）の例であり，これら5力の合力 F（点線）は平行四辺形の法則により図1.3(b)のように求めることができる．その手順を以下に説明する．

まず作用点Oを始点として力 F_1 を描き，次にその先端を始点として力 F_2 を描くと，作用点Oからその先端までの線分は力 F_1+F_2 になる．次に F_1+F_2 の

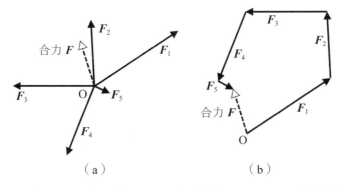

図1.3 空間内の1点に作用する5力（実線）とそれらの合力（点線）

先端を始点として力 F_3 を描くと，作用点Oからその先端までの線分は力 $F_1+F_2+F_3$ になる．$F_1+F_2+F_3$ の先端を始点として力 F_4 を描くと，作用点Oからその先端までの線分は力 $F_1+F_2+F_3+F_4$ になる．$F_1+F_2+F_3+F_4$ の先端を始点として力 F_5 を描くと，作用点Oからその先端までの線分は全合力 $F=F_1+F_2+F_3+F_4+F_5$ になる．図1.3の点線はこの全合力 F を示す．

1点に n 個の力 $F_i(i=1, \cdots, n)$ が働く場合にそれらが釣り合っているためには，それらの合力が $F=0$ でなければならない．すなわち

$$F=\sum_{i=1}^{n}F_i=0 \tag{1.1}$$

図1.3の例では $n=5$ であり，これらが釣り合っているためには図1.3内の点線の長さが0でなければならない．その場合には，図1.3(b)内の実線だけで閉じた5角形が形成される．

一般に，3次元空間内の1点に作用している多くの力が釣り合っている場合には，これらの力が形成する多角形（一般には平面図形ではない）は閉じていなければならない．このような多角形を**力の多角形**と言う（図1.3(b)の例で力が釣り合っている場合には，合力（図中の点線）が0であるから，力 F_5 の先端と始点Oが一致し，力の多角形は閉じた5角形になる）．

作用力 $F_i(i=1, \cdots, n)$ とそれらの合力 F の直交座標系 (x, y, z) 方向の成

分 (X_i, Y_i, Z_i) と (X, Y, Z) を用いて力の釣合式(1.1)を書くと

$$X = \sum_{i=1}^{n} X_i = 0 \qquad Y = \sum_{i=1}^{n} Y_i = 0 \qquad Z = \sum_{i=1}^{n} Z_i = 0 \tag{1.2}$$

1.1.2 作用点が異なる力の合成

物体の 2 点に作用する 2 力は，大きさが等しく，向きが反対で，同一直線上にあれば，釣り合っている．そして，どちらの力の作用点をこの直線上の他の点に移動させても，力の釣合は保たれる．図 1.4(a)は 1 点に作用し釣り合っている 2 力 F と $-F$ を示す．図 1.4(b)はそれらの力を同一作用線上で移動させた 2 力を示しており，両図共に力の釣合が成立している．このように力の効果は，その作用線上の任意点に力を並進移動させても変化しない．

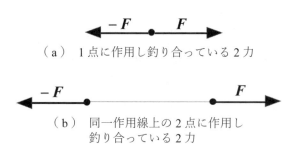

（a） 1 点に作用し釣り合っている 2 力

（b） 同一作用線上の 2 点に作用し
釣り合っている 2 力

図 1.4　同一作用線上で作用点を並進移動させるときの力の釣合

このことを利用すれば，作用点が異なり平行でない平面内の 2 力を合成してそれらの合力を求めることができる．図 1.5 は，剛体平面上の異なる 2 点 A と B に作用している互いに平行でない 2 力 F_1 と F_2 を示す．これら 2 力の作用線は互いに平行ではないから，それらの延長線は必ず交わる．この場合にはその交点は点 C である．そこでこれら 2 力の作用点を共に点 C に移動すれば，図 1.2 で説明した平行四辺形の法則を用いて合成し，合力 F（図 1.5 内の白抜き矢印）を求めることができる．

図 1.6 は，剛体平面上の異なる 2 点 A と B に作用している平行な 2 力 F_1 と

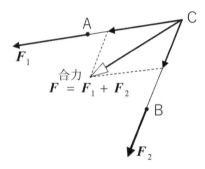

図 1.5 作用点が異なり平行でない 2 力 F_1 と F_2 の合成

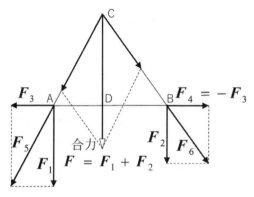

図 1.6 平行な 2 力 F_1 と F_2 の合成

F_2 を示す.これら 2 力の作用線は平行であるから,それら両者をいくら延長しても交差することはなく,それらの交点は得られない.そこでこれら 2 力は,図 1.5 の方法を用いて合成することはできない.このような場合には,これら 2 力の作用点 A と B にそれぞれ互いに釣り合った力 F_3 と $F_4 = -F_3$ を作用させる. F_1 と F_3 を合成すれば $F_5 = F_1 + F_3$ が,また F_2 と $F_4 = -F_3$ を合成すれば $F_6 = F_2 + F_4 = F_2 - F_3$ が得られる. F_3 と F_4 は釣り合っているから互いに打ち消し合い,両者の存在はこの系の力の釣合には何の効果も及ぼさない.そこで, F_1 と F_2 を合成する代わりに F_5 と F_6 を合成すればよい. F_5 と F_6 は互いに平行ではないから,図 1.5 の方法を用いて合成できて,合力

$F = (F_5 + F_6) = (F_1 + F_3) + (F_2 + F_4) = (F_1 + F_3) + (F_2 - F_3) = F_1 + F_2$

を求めることができる．この合力 F の作用線は，線分 AB を大きさ F_1 と F_2 の逆比に内分する点 D（AD / DB $= F_2 / F_1$）を通り元の互いに平行な 2 力 $F_1 \cdot F_2$ に平行な直線になる．

1.1.3 力のモーメント

一般に物体（剛体）に作用する力は，物体を力の作用方向に直線移動させる**並進**と物体を回転させる**回転**と言う 2 種類の運動を生じさせようとする．そのうち並進の効果は，力の大きさと方向が同じであれば，作用線が異なっても変化しない．それに対して回転の効果は，力の大きさと方向が同じでも作用線が異なれば異なってくる．

図 1.7 は，平面内の点 O から半径 $r(x, y)$ だけ離れた点 P に作用する力 $F(X, Y)$ を示す．力 F の大きさ・その半径方向成分の大きさ・その円周方向成分の大きさをそれぞれ $F \cdot F_r \cdot F_\theta$ とし，半径 r の大きさを r，原点から力 F の作用線に直角に立てた垂線の長さを l，この垂線と半径のなす角を θ とする（力 F の作用線と半径のなす角は $90° - \theta$ となる）．このようにすれば，$F_x = F \cos(90° - \theta) = F \sin \theta$，$F_\theta = F \cos \theta$，$l = r \cos \theta$ の関係がある．

力の半径方向成分 F_r は，その作用線が半径であり点 O を通るので，点 O を半

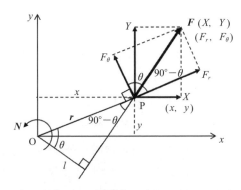

図 1.7　平面内の力のモーメント

径方向に並進移動させようとする作用のみをする．これに対して円周方向成分 F_θ は，半径と垂直であり，物体を点 O 回りに回転させようとする作用をする．力 $\boldsymbol{F}$ の作用線が点 O を通る場合すなわち力の作用線の方向が初めから半径に一致している場合には，円周方向成分 F_θ は存在しないので，物体を点 O 回りに回転させようとする作用は存在しない．

力が物体を点 O 回りに回転させようとする作用を，点 O に関する**力のモーメント**と呼ぶ．回転の方向は，平面内の x 軸から y 軸へと向う方向すなわち反時計回りを正にとる．そしてこの回転作用を，正の回転に対して右ねじが進む方向，すなわち (x, y) 平面に垂直で紙面上方（紙面から手前の方向：3 次元空間に直交座標系 (x, y, z) を想定すれば z 軸の正方向）に立てたベクトル $\boldsymbol{N}$ で表示する．これを数式で表現すれば，半径 r（大きさ r）と力 $\boldsymbol{F}$（大きさ F）の**ベクトル積**で定義される（ベクトル積の結果はベクトル）次式となる．

$$\boldsymbol{N} = \boldsymbol{r} \times \boldsymbol{F} \tag{1.3}$$

この $\boldsymbol{N}$ の大きさ N は，図 1.7 から分かるように，半径の大きさ r と力の円周方向成分 F_θ の積，または点 O から力の作用線に立てた垂線の長さ l と力の大きさ F の積で表され

$$N = rF_\theta = r(F \cos \theta) = (r \cos \theta)F = lF \tag{1.4}$$

図 1.7 において，力 $\boldsymbol{F}$ を平面座標軸 (x, y) の成分 X（大きさ X）と Y（大きさ Y）に分けて考える．力 X の作用線は点 O から y の距離にあり，点 O を時計回りに回転させようとするから，反時計回りを正とする力のモーメントの大きさは $-yX$ になる．また力 Y の作用線は点 O から x の距離にあり，点 O を反時計回りに回転させようとするから，反時計回りを正とする力のモーメントの大きさは xY になる．したがって，点 O に関する力 $\boldsymbol{F}$ のモーメント $\boldsymbol{N}$ の大きさ N は

$$N(=N_z) = xY - yX \tag{1.5}$$

式 (1.3) のベクトル積の定義から，点 O に関する力のモーメント $\boldsymbol{N}$ の大きさ N は，**図 1.8** 内の斜線で示すように，半径 r と力 $\boldsymbol{F}$ が形成する平行四辺形の面積に等しく，これら 2 つのベクトルのベクトル積である式 (1.4) で与えられる．またその方向は，この平行四辺形に垂直であり，距離 r の方向から力 $\boldsymbol{F}$ の方向

8　第1章　力

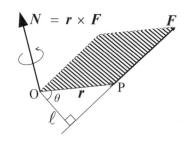

図 1.8　3次元空間内の力のモーメント

（反時計回り）に回転するときに右ねじが進む向きである．点 O に関する力のモーメントの大きさがこの平行四辺形の面積に等しいことは，それが図 1.8 において半径 r と力 F が作る三角形の面積 △OPF の 2 倍に等しいことである．

　ここで，図 1.2 で説明した力に関する平行四辺形の法則が力のモーメントの釣合を変えないことを確かめよう．いま，図 1.9 の実太線のように，点 A に 2 つの力 F_1 と F_2 が作用しているとすれば，平行四辺形の法則により，合力 $F=F_1+F_2$ はこれら 2 力が作る平行四辺形の対角線になる．一方，点 A とは異なる点 O の回りの力 F_1, F_2, F のモーメントはそれぞれ三角形の面積 △OAF$_1$ の 2 倍，△OAF$_2$ の 2 倍，△OAF の 2 倍であるから，力に関する平行四辺形の法則が力のモーメントの釣合を変えないならば，△OAF＝△OAF$_1$＋△OAF$_2$ の関係が成立するはずである．

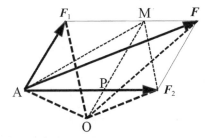

図 1.9　平行四辺形の法則と力のモーメント
　　　　$F=F_1+F_2$

図 1.9 において，点 O から線分 AF_1 と平行な直線を引き，その直線と線分 $AF_2 \cdot F_1F$ との交点をそれぞれ P・M と記す．線分 PM は線分 AF_1 と平行であるから，三角形の面積は

$$\triangle OAF = \triangle OAF_2 + \triangle AFF_2 - \triangle OFF_2 = \triangle OAF_2 + \triangle AMF_2 - \triangle OFF_2$$

$$= \triangle OAF_2 + (\triangle PAM + \triangle PMF_2) - \triangle OFF_2$$

$$= \triangle OAF_2 + (\triangle MAF_1 + \triangle MFF_2) - \triangle OFF_2$$

$$= \triangle OAF_2 + (\triangle OAF_1 + \triangle OFF_2) - \triangle OFF_2 = \triangle OAF_1 + \triangle OAF_2$$

（証明終わり）

以上，力の平行四辺形の法則が力のモーメントの釣合を変えないことが証明された．

一般の 3 次元空間において，物体内の点 O から距離 $r(x, y, z)$ の点 P に作用する力 $F(X, Y, Z)$ のモーメントを半径と力の座標成分で表現する．ここで，座標系 (x, y, z) の直交座標軸上の正の向きの単位ベクトルすなわち基本ベクトルを (i, j, k) とすれば，ベクトル積の定義から

$$i \times i = j \times j = k \times k = 0, \qquad i \times j = k, \qquad j \times k = i, \qquad k \times i = j \quad (1.6)$$

の関係がある．またベクトル積の前後を逆転させれば正負の符号が逆転するから，式(1.3)は

$$N = r \times F = (xi + yj + zk) \times (Xi + Yj + Zk)$$

$$= xXi \times i + yYj \times j + zZk \times k$$

$$+ xYi \times j + xZi \times k + yXj \times i + yZj \times k + zXk \times i + zYk \times j$$

$$= (yZ - zY)i + (zX - xZ)j + (xY - yX)k = N_x i + N_y j + N_z k \quad (1.7)$$

力のモーメントの定義式(1.3)を行列形式で表現し 1 行目に関して展開すれば

$$N = r \times F = \begin{vmatrix} i & j & k \\ x & y & z \\ X & Y & Z \end{vmatrix} = \begin{vmatrix} y & z \\ Y & Z \end{vmatrix} i + \begin{vmatrix} z & x \\ Z & X \end{vmatrix} j + \begin{vmatrix} x & y \\ X & Y \end{vmatrix} k$$

$$= (yZ - zY)i + (zX - xZ)j + (xY - yX)k = N_x i + N_y j + N_z k \quad (1.8)$$

となり，式(1.7)と同一の式が得られる．

3 次元空間で定義されている式(1.8)は 2 次元平面 (x, y) の場合にももちろん

成り立つ．そしてこのことは，3次元空間における力のモーメントのz軸方向成分を表す式(1.7)と式(1.8)の右辺最終項の大きさ N_z が式(1.5)に等しいことから明らかである．

1.1.4 偶力

図 1.10 において，物体上の異なる 2 点 A と B に作用している 2 力 F_1 と F_2 が，互いに平行・逆向き・同じ大きさであるとする（$F_2=-F_1$）．図 1.6 を用いて説明した方法でこれら 2 力を合成しようとして，点 A と B を結ぶ直線を共通の作用線とする互いに逆向きで同じ大きさの 2 力 F_3 と $F_4=-F_3$ を付加する．2 力 F_3 と F_4 は互いに釣り合っているから，この付加によって物体全体の釣合は何ら影響を受けない．ところが，この方法で新しく作った 2 力 $F_5=F_1+F_3$ と $F_6=F_2+F_4=-(F_1+F_3)=-F_5$ は，やはり互いに平行・逆向き・同じ大きさになり，これら 2 力も合成できない．図 1.10 はその様子を示す．この例のように，互いに平行・逆向き・同じ大きさの 2 力はどのような方法を用いても決して合成できないのである．この関係にある一対の 2 力を**偶力**と言う．

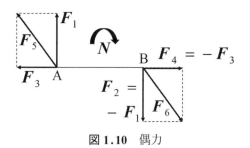

図 1.10　偶力

偶力は，それを含む平面に垂直な軸回りに物体を回転させる作用をするが，並進力は生じない．

図 1.11 のように，物体上の点 O から距離 r_1 と r_2 の 2 点 A と B に作用する偶力 (F, $-F$) の点 O に関するモーメントは

$$N = r_1 \times F + r_2 \times (-F) = (r_1 - r_2) \times F = a \times F \tag{1.9}$$

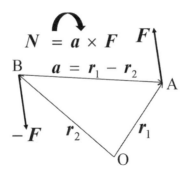

図 1.11　偶力のモーメント

この N を**偶力のモーメント**という．式(1.9)から分かるように偶力のモーメントは，それを形成する 2 力間の相対位置 a だけで決まるから，単一の力のモーメントと異なり，点 O を物体上のどこにとっても変らない．また，回転作用を考える限り，偶力は，そのモーメント N が等しければ，どのような位置にあっても，このような形をとっても，すべて同等であり，その作用に変りはない．

図 1.12 のように，点 P に作用している力 F を，その作用線から距離 r の位置にある別の点 O に作用する同一の力 F と偶力モーメント N に置き換えることを試みる．そのためにまず，点 O に 2 力 F と $-F$ を新しく作用させる．これら 2 力は互いに釣り合っているから，この付加によって系全体の力の釣合は影響を受けない．点 P に元から作用している力 F と点 O に新しく作用させた 2 力のうち $-F$ は，互いに偶力を形成して $N = -r \times F$ の偶力モーメントになる．その結果，点 P に作用する力 F は，別の点 O に作用する力 F と偶力モーメント N に置き換えられた．

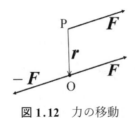

図 1.12　力の移動

12   第1章   力

　このことを利用すれば，物体の各所に複数の力が作用している場合に，これらすべての力を物体内の任意の1点Oに移動させて集めることができる．移動後の複数の力は，作用点が同一であるから，図1.3に示した方法で容易に1つの力に合成できる．また，移動によって生じた複数の偶力モーメントは，作用点をどこにとろうと変わらないから，作用点に関係なく合成できる．そこで，これらの力と偶力モーメントをそれぞれ合成することによって，各所に作用する複数の力を任意の1点Oに作用する1つの力 F と1つの偶力モーメント N に置き換えることができる．

　複数の力がすべて同一平面内にあるときには，このようにして得られた1つの合力 F と1つの偶力モーメント N は，互いに垂直な関係にある．そこでこの力 F の作用点を，その平面内で点Oから $a \times F = -N$ の関係を満足する距離 a の位置にある点O'に移動させれば，偶力モーメント N は，この移動によって新しくできた偶力モーメント $-N$ と相殺され消滅する．こうして，物体の平面内各所に作用する複数の力を，特定の点O'に作用する1つの力のみに置きかえることができる．このような点O'は，この平面内の力系にただ1点だけ特定できて，この平面力系の中心点になる．

　複数の力が同一平面内にない一般の3次元空間の場合には，それらの合成によって最終的に得られた1つの力 F と1つの偶力モーメント N は互いに垂直な関係にはない．そこで，**図1.13**に示すように，偶力モーメント N を力 F に垂直な成分 $N_\perp$ と平行な成分 $N_{//}$ に分解すれば，$N = N_\perp + N_{//}$ となる．そして，上記の平面内力の場合に用いた方法によって，$N_\perp$ が消滅する特定の点O'に力 F を移動させれば，$N_\perp$ が消えて，その点に作用する力 F とそれに平行な偶力モーメント $N_{//}$ だけが残る．これら両者は合せて，点O'を通る共通の作用方向の直線に沿って，偶力モーメントを加えて回転させながら同時に押し込む力を加えるという，ねじこみの作用をする．この直線をこの**力系の中心軸**と言う．

　物体の各所に作用する力が全体として釣り合っているためには，次の両式が共に満足されていなければならない．

$$F = \sum_i F_i = 0, \qquad N = \sum_i (r_i \times F_i) = 0 \tag{1.10}$$

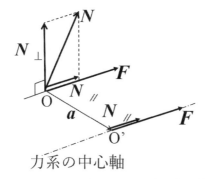

図 1.13　3 次元空間内の力系の中心軸

[問題 1]

（1-1）　図 1.14（a）に示すように，1 点に作用する 3 力 F_1，F_2，F_3 が釣り合っているとき

$$\frac{F_1}{\sin\alpha}=\frac{F_2}{\sin\beta}=\frac{F_3}{\sin\gamma} \tag{1.11}$$

の関係が成立することを示せ．

解　これらの釣り合う 3 力が作る力の多角形は，図 1.14（b）のように閉じた 3 角形になる．同図において，力 F_1 の終点から力 F_3 の作用線に立てた垂線 1 と力 F_3 の終点から力 F_2 の作用線に立てた垂線 2 の長さは，それぞれ

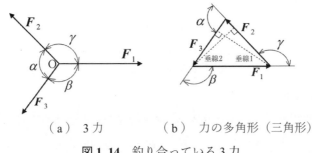

（a）　3 力　　　　　（b）　力の多角形（三角形）

図 1.14　釣り合っている 3 力

$F_1 \sin (\pi-\beta) = F_2 \sin (\pi-\alpha)$ と $F_1 \sin (\pi-\gamma) = F_3 \sin (\pi-\alpha)$ である．これらの式から

$$\frac{F_1}{\sin (\pi-\alpha)} = \frac{F_2}{\sin (\pi-\beta)} = \frac{F_3}{\sin (\pi-\gamma)} \tag{1.12}$$

式(1.12)と任意の角 θ に関する三角関数の公式 $\sin (\theta) = \sin (\pi-\theta)$ の関係から式(1.11)が得られる．

（1-2） 図1.15(a)のように，棒内の距離 $l=0.2$ m 離れた2点AとBに，互いに平行で逆向きの力 $\boldsymbol{F}_1$ $(F_1=-60$ N$)$ と $\boldsymbol{F}_2$ $(F_2=20$ N$)$ が作用している．これら2力を合成し合力を求めよ．

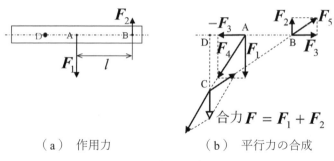

（a）作用力　　　　　　（b）平行力の合成

図1.15　平行力の合成方法

解 作用力 $\boldsymbol{F}_1$ と $\boldsymbol{F}_2$ は互いに平行であるから，このままでは合成できない．そこで図1.15(b)のように，まず，2点AとBに，両点を結ぶ直線を作用線とし互いに釣り合う力 $-\boldsymbol{F}_3$ と $\boldsymbol{F}_3$ を加え，2つの合力 $\boldsymbol{F}_4=\boldsymbol{F}_1+(-\boldsymbol{F}_3)$ と $\boldsymbol{F}_5=\boldsymbol{F}_2+\boldsymbol{F}_3$ を作る．次に，2力 $\boldsymbol{F}_4$ と $\boldsymbol{F}_5$ を，これら両力の作用線の交点Cに移動して合成すれば，合力 $\boldsymbol{F}=\boldsymbol{F}_4+\boldsymbol{F}_5=\boldsymbol{F}_1+\boldsymbol{F}_2$ が得られる．合力 $\boldsymbol{F}$ の大きさは $F=F_1+F_2$，その方向は作用力 $\boldsymbol{F}_1$，$\boldsymbol{F}_2$ と平行である．

合力 $\boldsymbol{F}$ の作用点は，点AとBを結ぶ直線とそれに点Cから下した垂線（合力 $\boldsymbol{F}$ の作用線）の交点Dである．力 $\boldsymbol{F}_1$ と $\boldsymbol{F}_2$ の点D回りの力のモーメントは釣り

合わなければならないから

$$\overline{DA}F_1+\overline{DB}F_2=\overline{DA}F_1+(\overline{DA}+\overline{AB})F_2=\overline{DA}F_1+(\overline{DA}+l)F_2=0 \quad (1.13)$$

の関係がある．式(1.13)から

$$\overline{DA}=-l\frac{F_2}{F_1+F_2}$$

与えられた数値 $F_1=-60$ N，$F_2=20$ N，$l=0.2$ m を用いれば，合力の大きさ（正負の符号を含む）は $F=F_1+F_2=-40$ N，点 D の位置は $\overline{DA}=0.1$ m となる．

(1-3) 図 1.16 のように，しなやかな（＝曲げに対して抵抗しない）ひもに等間隔に 3 個の等しい荷重 W を吊るす．吊るした点の支点からのたわみの比 $y_1:y_2:y_3$ を求めよ．

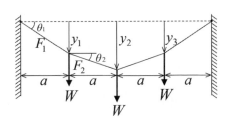

図 1.16　しなやかなひもに吊るした荷重

解　中央に関して左右対称であるから

$$y_1=y_3 \quad (1.14)$$

ひもの内力を F_1，F_2，傾き角を θ_1，θ_2 とする．水平方向の力の釣合から

$$F_1\cos\theta_1=F_2\cos\theta_2 \quad (1.15)$$

鉛直方向の力の釣合から

$$F_1\sin\theta_1=W+F_2\sin\theta_2, \quad 2F_2\sin\theta_2=W \quad (1.16)$$

式(1.16)の左右 2 式から荷重 W を消去すれば

$$F_1\sin\theta_1=3F_2\sin\theta_2$$

これを式(1.15)で割れば

$\tan\theta_1 = 3\tan\theta_2$

一方，たわみは

$y_1(=y_3) = a\tan\theta_1$

$y_2 = y_1 + a\tan\theta_2 = a\tan\theta_1 + a\tan\theta_2$

$$= a\tan\theta_1 + \frac{1}{3}a\tan\theta_1 = \frac{4}{3}a\tan\theta_1 = \frac{4}{3}y_1 \tag{1.17}$$

したがって

$$y_1 : y_2 : y_3 = 3 : 4 : 3 \tag{1.18}$$

(1-4) 図 1.17 のように，三角形の 3 頂点 A，B，C からそれぞれ対辺の中点 D，E，F に引いたベクトルの合ベクトルは 0 になることを示せ．

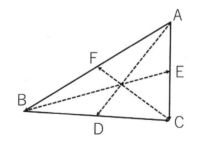

図 1.17　3 ベクトル（点線）の合成

解　図 1.2 に示した平行四辺形の法則から

$$\overrightarrow{AD} + \overrightarrow{BE} + \overrightarrow{CF} = \frac{\overrightarrow{AB}+\overrightarrow{AC}}{2} + \frac{-\overrightarrow{AB}+\overrightarrow{BC}}{2} + \frac{-\overrightarrow{AC}-\overrightarrow{BC}}{2} = 0 \tag{1.19}$$

1.2　物体に作用する力

1.2.1　重心（質量の中心）

図 1.18 のような質量系の各質点（質量 M_i，原点 O からの位置ベクトル r_i：図

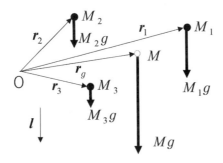

図 1.18 重心（質量の中心）
$$M = \sum_{i=1}^{3} M_i$$

1.18 では $i=1\sim3$) に作用する重力は，大きさが $M_i g$ ($g \approx 9.8\,\mathrm{m/s^2}$ は重力加速度）で同じ向き（鉛直下方でその方向の単位ベクトル: l）の平行力である．したがってそれらの合力は，大きさが

$$\sum_i M_i g = Mg \quad (M = \sum_i M_i) \tag{1.20}$$

であり，その作用線は，原点 O に関するモーメント N の釣合式

$$N = \sum_i (\boldsymbol{r}_i \times M_i g \boldsymbol{l}) = \sum_i (M_i \boldsymbol{r}_i) g \boldsymbol{l} = \boldsymbol{r}_g \times Mg \boldsymbol{l} \tag{1.21}$$

すなわち

$$\boldsymbol{r}_g = \frac{\sum_i M_i \boldsymbol{r}_i}{M} \tag{1.22}$$

から決まる（原点 O からの）位置ベクトル $\boldsymbol{r}_g$ を通り，重力と同一の鉛直下方の直線（単位ベクトル: l）になる．質量系を形成する各質点の相対位置が変化しない場合には，$\boldsymbol{r}_g$ は系に固定された点になり，系がどのような位置にあっても，どのような姿勢を取る場合でも，重力の合力はこの点を通る．これを**重心**または**質量の中心**と言う．

　一般の物体のように質量が連続的に分布している場合には，微小体積要素（体積 dv，質量 dm，その部分の密度 ρ）を考え，式(1.22)の和 $\sum$ を積分に置き換えれば，重心は

$$r_g = \frac{\int r\,dm}{\int dm} = \frac{\int \rho r\,dv}{\int \rho\,dv}$$

$$\left(x_g = \frac{\iiint \rho x\,dx\,dy\,dz}{\iiint \rho\,dx\,dy\,dz},\quad y_g = \frac{\iiint \rho y\,dx\,dy\,dz}{\iiint \rho\,dx\,dy\,dz},\quad z_g = \frac{\iiint \rho z\,dx\,dy\,dz}{\iiint \rho\,dx\,dy\,dz} \right)$$

(1.23)

で与えられる．均質な物体では，密度 ρ が一定であるから，重心は物体の形だけから決まり，この点を**図心**と言う．

図心の計算は図形の対称性を利用すると簡単になる．複雑な形状をした図形・物体の重心は，いくつかの簡単な形状の部分に分けて，各々の重心を求めた後にそれらを合成して得られる．

［問題 2］

（2-1） 三角形の図心 G を求めよ．

解 図 1.19 のように，三角形を辺に平行な棒状の部分に分けてその集合と考えれば，各部分毎の図心は棒の中点（●の位置）にあり，その図心は三角形の中線（細線）上に並ぶ．したがって三角形の図心 G も中線上にあり，2 本の中線（細線）の交点（○の位置）として求められる．

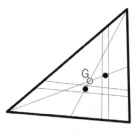

図 1.19　三角形の図心

(2-2) 半径 R・中心角 2α の円弧の図心と，その円弧と半径で囲まれた扇形の図心を求めよ．

解 図 1.20 のように，座標軸 (x, y) をとり，図心の座標を (x_g, y_g) とする．x 軸方向の対称性から $x_g=0$ であるから，y_g を求めればよい．

円弧の図心 y_{g1} を求める．y 軸から角 θ の円弧上では $y=R\cos(\theta)$，円弧全体の長さを s とすれば $s=2R\alpha$，中心回りの微小挟角 $d\theta$ 部分の円弧の長さは $ds=Rd\theta$ であるから，式(1.23)より

$$y_{g1}=\frac{\int y ds}{s}=\frac{\int_{-\alpha}^{\alpha}R\cos(\theta)\cdot Rd\theta}{2R\alpha}=\frac{R^2[\sin(\theta)]_{-\alpha}^{\alpha}}{2R\alpha}$$

$$=\frac{R\cdot(\sin(\alpha)-(\sin(-\alpha))}{2\alpha}=\frac{R\sin(\alpha)}{\alpha} \quad (1.24)$$

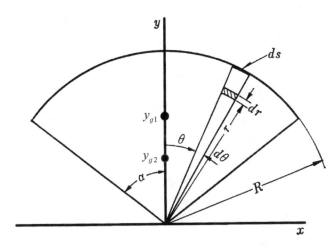

図 1.20 円弧の図心 y_{g1} と扇形の図心 y_{g2}

扇形の図心 y_{g2} を求める．扇形内部の任意点の半径を r とすれば，$y=r\cos(\theta)$．その点の微小部分の面積が $dxdy=rdrd\theta$ であるから，式(1.23)より

$$y_{g2}=\frac{\iint y dxdy}{\iint dxdy}=\frac{\int_{-\alpha}^{\alpha}\left(\int_{0}^{R}r\cos(\theta)\cdot rdr\right)d\theta}{\int_{-\alpha}^{\alpha}\left(\int_{0}^{R}rdr\right)d\theta}=\frac{\int_{-\alpha}^{\alpha}\cos(\theta)\left(\int_{0}^{R}r^2dr\right)d\theta}{(R^2/2)\int_{-\alpha}^{\alpha}d\theta}$$

$$= \frac{(R^3/3)2\sin(\alpha)}{(R^2/2)2\alpha} = \frac{2R\sin(\alpha)}{3\alpha} \tag{1.25}$$

(2-3) 半径 R の半球体の図心 z_{g1} と，その半球面の図心 z_{g2} を求めよ．

解 z_{g1} を求める．図 1.21 のように座標軸 (x, y, z) をとると，この半球体は

$$x^2 + y^2 + z^2 \leq R^2, \quad z \geq 0 \tag{1.26}$$

で表現され，半円形の茶碗を水平面にかぶせたようにその母線の形は半径 R の半円 $z = \sqrt{R^2 - x^2}$ になる．半球体はこの母線を z 軸回りに回転させたものであり，水平面 (x, y) に関して対称だから，半球体の図心は垂直軸 z 上にあり，$x_{g1} = y_{g1} = 0$．そして式(1.23)より

$$z_{g1} = \frac{\iiint z\,dx\,dy\,dz}{\iiint dx\,dy\,dz} \tag{1.27}$$

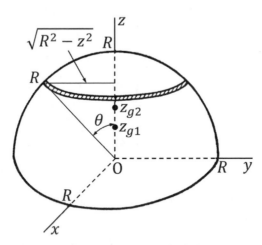

図 1.21　半球体の図心 z_{g1} と半球面の図心 z_{g2}

この半球体を水平面で輪切りすると，半径が $r(z) = \sqrt{x^2 + y^2} = \sqrt{R^2 - z^2}$ で面積が πr^2 の円になるから，$\iint dx\,dy = \pi r^2$．そこで式(1.27)は

$$z_{g1}=\frac{\int_0^R z\pi r^2 dz}{\int_0^R \pi r^2 dz}=\frac{\pi\int_0^R z(R^2-z^2)dz}{\pi\int_0^R (R^2-z^2)dz}=\frac{R^2(R^2/2)-R^4/4}{R^2\cdot R-R^3/3}=\frac{R^4/4}{2R^3/3}=\frac{3}{8}R$$
(1.28)

この例のように，z 軸を回転軸とし，母線の形が $z=f(x)$ である回転体の重心の位置は，一般に

$$z_{g1}=\frac{\int \pi x^2 z dz}{\int \pi x^2 dz}=\frac{\int x^2 z dz}{\int x^2 dz}$$
(1.29)

で求めることができる．

次に z_{g2} を求める．この半球面を水平面で輪切りすると，z 軸から角 θ 傾いた部分の円周の長さは $2\pi R\sin(\theta)$，その円周中心の原点からの距離は $R\cos(\theta)$，その微小角 $d\theta$ の微小幅は $Rd\theta$ であるから

$$z_{g2}=\frac{\int_0^{\pi/2} 2\pi R\sin(\theta)\cdot R\cos(\theta)\cdot Rd\theta}{\int_0^{\pi/2} 2\pi R\sin(\theta)\cdot Rd\theta}=\frac{R\int_0^{\pi}\sin(2\theta)d(2\theta)}{4\int_0^{\pi/2}\sin(\theta)d\theta}=\frac{R}{2}\quad (1.30)$$

(2-4) 単位長さあたりの質量 ρ が一様な細い線で作られた，図 1.22 のような直線部分と円弧部分からなる線構造の重心を求めよ．

解 まず，図 1.22 に示す線構造を直線部分と円弧部分に分けて考え，座標 (x, y) の原点 O は円弧部分の中心点にとる．

直線部分の全質量は ρa であり，その重心 (x_{gl}, y_{gl}) は明らかに $x_{gl}=-r-a/2$，

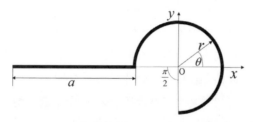

図 1.22 直線と円弧からなる線構造の図心

22   第1章   力

$y_{gl}=0$ である.

円弧部分の全質量は $2\pi r\rho\times(3/4)=3\pi r\rho/2$ であり，その重心 $(x_{gc},\ y_{gc})$ は，$x=r\cos(\theta),\ y=r\sin(\theta)$ であるから

$$x_{gc}=\frac{\int_{-\pi/2}^{\pi}x\rho rd\theta}{3\pi r\rho/2}=\frac{2}{3\pi r}\int_{-\pi/2}^{\pi}r\cos(\theta)rd\theta=\frac{2r}{3\pi}[\sin(\theta)]_{-\pi/2}^{\pi}$$

$$=\frac{2r}{3\pi}(0-(-1))=\frac{2r}{3\pi} \tag{1.31}$$

$$y_{gc}=\frac{\int_{-\pi/2}^{\pi}y\rho rd\theta}{3\pi r\rho/2}=\frac{2}{3\pi r}\int_{-\pi/2}^{\pi}r\sin(\theta)rd\theta=\frac{2r}{3\pi}[-\cos(\theta)]_{-\pi/2}^{\pi}$$

$$=\frac{2r}{3\pi}(-(-1)+0))=\frac{2r}{3\pi} \tag{1.32}$$

次に，全体の重心を求める．全体の質量は $\rho(a+3\pi r/2)$ であるから，その重心 $(x_g,\ y_g)$ は

$$x_g=\frac{(\rho a)x_{gl}+(3\pi r\rho/2)x_{gc}}{\rho(a+3\pi r/2)}=\frac{(-ar-a^2/2)+(3\pi r/2)(2r/(3\pi))}{a+3\pi r/2}$$

$$=\frac{2r^2-2ar-a^2}{2a+3\pi r} \tag{1.33}$$

$$y_g=\frac{(\rho a)y_{gl}+(3\pi r\rho/2)y_{gc}}{\rho(a+3\pi r/2)}=\frac{(3\pi r/2)(2r/(3\pi))}{a+3\pi r/2}=\frac{2r^2}{2a+3\pi r} \tag{1.34}$$

1.2.2　拘束された物体に作用する力

1)　接触点・支点に作用する力

2つの物体の接触点には，作用に対する反作用として反力が働く．摩擦がない滑らかな理想的な平面では，平面に斜めの力を作用させると滑ってしまうから，反力は必ずその平面に垂直である．面が曲面の場合にも同様であり，滑らかな接触では，反力は接触点における面の法線方向を向いている．実際の接触には必ず摩擦が存在するが，摩擦を無視して取り扱う場合が多い．

物体の運動を拘束するために用いられる支点には，**図1.23** に示す3種類がある．同図(a)は自由に回転できる支点で**回転支点**と言い，ピン接点，軸受などが

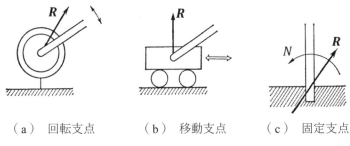

（a）回転支点　　（b）移動支点　　（c）固定支点

図 1.23　3 種類の支点

これに相当する．滑らかな回転支点では反力の作用線は必ず回転中心を通る．同図(b)は平面上を自由に移動できる支点で**移動支点**または**自由支点**と言い，反力はこの平面に垂直である．同図(c)は移動も回転も出来ない支点で**固定支点**と言い，反力と反モーメント（作用モーメントに対する反作用モーメント）の両者を生じる．物体を支点で支える代わりに索やロープなどで吊るすこともよく行われる．索が完全にしなやかであるときには，反作用力は索に沿って生じる．

［問題 3］

（3-1）　図 1.24 のように，重さ W の一様な棒の両端が，水平とそれぞれ α, β の傾きを持つ滑らかな 2 斜面上に置かれている．棒が水平となす角 θ を求めよ．

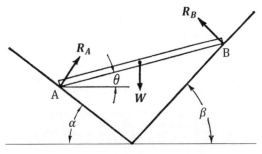

図 1.24　2 斜面上の棒の角位置

24   第1章   力

解 滑らかな接触であるから，接触点 A と B における反力 R_A と R_B は各斜面に垂直である．

棒に作用する鉛直上方向と水平右方向の力の釣合から

$$R_A \cos(\alpha) + R_B \cos(\beta) - W = 0 \tag{1.35}$$

$$R_A \sin(\alpha) - R_B \sin(\beta) = 0 \tag{1.36}$$

棒の中点における反時計回りの力のモーメントの釣合から

$$-R_A \cos(\alpha + \theta) + R_B \cos(\beta - \theta) = 0 \tag{1.37}$$

式(1.35)×sin(β)＋ 式(1.36)×cos(β) から

$$R_A(\cos(\alpha)\sin(\beta) + \sin(\alpha)\cos(\beta)) = W\sin(\beta) \tag{1.38}$$

式(1.38)と三角形の加法定理から R_A を求め，それを式(1.36)に代入して R_B を求めると

$$R_A = \frac{W\sin(\beta)}{\sin(\alpha+\beta)}, \qquad R_B = \frac{W\sin(\alpha)}{\sin(\alpha+\beta)} \tag{1.39}$$

式(1.39)を式(1.37)に代入して三角形の加法定理を用いれば

$$\sin(\beta)\cos(\alpha+\theta) - \sin(\alpha)\cos(\beta-\theta)$$
$$= \sin(\beta)(\cos(\alpha)\cos(\theta) - \sin(\alpha)\sin(\theta))$$
$$\quad - \sin(\alpha)(\cos(\beta)\cos(\theta) + \sin(\beta)\sin(\theta))$$
$$= \cos(\theta)(\cos(\alpha)\sin(\beta) - \sin(\alpha)\cos(\beta)) - 2\sin(\theta)\sin(\alpha)\sin(\beta) = 0$$
$$\tag{1.40}$$

式(1.40)から

$$\frac{\sin(\theta)}{\cos(\theta)} = \frac{1}{2}\left(\frac{\cos(\alpha)}{\sin(\alpha)} - \frac{\cos(\beta)}{\sin(\beta)}\right) \qquad \text{すなわち}$$

$$\tan(\theta) = \frac{1}{2}(\cot(\alpha) - \cot(\beta)) \tag{1.41}$$

（3-2）　車両の重心を求めるために，前輪と後輪を水平面にある別々の台秤に乗せて重さを計ったところ，それぞれ 4 000 N と 6 000 N を示した．次に，車軸を結ぶ線が水平面と 30° 傾くように前輪の台秤を持ち上げたところ，重さはそれぞれ 2 500 N と 7 500 N となった．重心の位置はどこにあるか．ただし車軸間の

距離は 2 m である．

解 図 1.25 のように，車両が水平面上にあるときの前輪の中心 O を原点にとり，後輪の中心に向かって x 軸を，鉛直上方に y 軸をとり，重心の位置を (x_g, y_g) とする．水平方向の重心位置 x_g は水平面上の測定によって求めることができるから，この測定結果を用いて車両中心における反時計回りモーメントの釣合を考えると

$$-4\,000\,x_g + 6\,000\,(2-x_g) = 0 \tag{1.42}$$

式(1.42)から，$x_g = 1.2$ m．

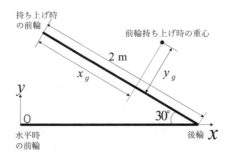

図 1.25　車両の重心測定

次に，重心の高さ y_g を求める．第 2 の測定結果を用いて前輪における反時計回りのモーメントの釣合を考えると

$$-(x_g \cos(30°) + y_g \sin(30°))(4\,000 + 6\,000) + 7\,500 \times 2 \cos(30°) = 0 \tag{1.43}$$

式(1.43)に $\cos 30° = \sqrt{3}/2$，$\sin 30° = 1/2$，$x_g = 1.2$ m を代入すれば

$y_g = 0.52$ m

(3-3)　図 1.26 に示す AB は直立する支柱，AC は点 A で支柱にピン止めされている腕木，BC は腕木を支える鋼索である．点 C に $W = 10\,000$ N の荷重を吊るすとき，鋼索に作用する張力 T はいくらか．

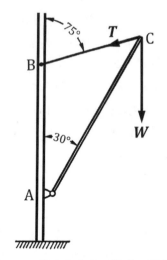

図 1.26 腕木を支える鋼索の張力

解 角 $\angle \mathrm{ACB} = 75° - 30° = 45°$ であるから，腕木の先端 C に働く力の点 A 回りのモーメントの釣合 $T \sin(45°) = W \sin(30°)$ から張力 T は

$$T = W \frac{\sin(30°)}{\sin(45°)} = 10\,000 \frac{1/2}{\sqrt{2}/2} \simeq 7\,070 \text{ N} = 707 \text{ kgf} \tag{1.44}$$

2） 骨組構造

棒状の部材を組み立てて作った構造物を**骨組構造**と言う．図 1.27（a）は，各部材の連結点（**接点**または**ジョイント**と呼ぶ）が回転自由なピンで結合された骨組構造であり，**トラス**と言う．同図（b）は，回転できない節で剛に結合された一体構造であり，**ラーメン**と言う．同図（c）は，同図（a）のトラスと似ているが，同図（a）と違って各部材間の相対運動が可能であるから，いわゆる構造物ではない．しかし，あらかじめ決まった形態の運動をさせることができるから，可動機構として利用される．これは**リンク機構**であり，同図（c）は4節リンク機構を示す．内燃エンジンに用いられる**ピストン・クランク機構**は，その他のリンク機構の典型例である．

（a）トラス　　　（b）ラーメン　　　（c）リンク構造

図 1.27　トラス，ラーメン，リンク機構

　トラスやラーメンに外力が作用すると，それらは形を保とうとして頑張るから，その結果内部には内力が発生する．回転自由な節点はモーメントを伝達しないから，外力が作用するトラス部材の内力は両端の結合部間に作用するトラス中心軸方向の引張か圧縮の力だけになる．これに対してラーメン部材には，引張や圧縮の内力だけではなく，曲げやせん断の作用をする内力も発生する．

　実際のトラスは，図 1.27（a）に示した基本的な構造を種々に組み合わせてできており，基礎との接点は回転支点または移動支点（図 1.23 参照）で支えられ基礎から反力を受けている．いま，接点数 j，部材数 n の平面トラスを考える．このトラスに外力が働き，トラスが静止状態でその形を保っているとき，各接点では力が釣り合っていなければならないから，釣合の条件は 1 接点で 2 個，全体では $2j$ 個になる（平面トラスの場合）．一方，部材の内力と支点の反力を求めようとすれば，反力の未知数の数が r の場合には $n+r$ 個の条件式が必要になる．したがって $n+r=2j$ の場合には，釣合の条件式だけですべての力を決定できる．このようなトラスを**静定トラス**と言う．しかし，$n+r>2j$ の場合には，釣合の条件式だけではすべての力を決定できず，部材の変形を考慮した解析が必要になる．このようなトラスを**不静定トラス**と言う．実際の少し複雑なトラスは不静定トラスの場合が多い．これに対して $n+r<2j$ の場合には，この構造はもはやトラスのような安定構造ではなく，外力が作用してもそれに抵抗することなく形状が変わる．図 1.27（c）がその例である．なお，立体トラスの場合には各接点について 3 個の釣合条件式が成立するから，$n+r=3j$ ならば静定である．

28 　第1章　　　力

[問題 4]

（4-1）3本の部材からなる図 1.28 の平面トラスが静定トラスであることを示せ．また，$\alpha=\beta=45°$ でありジョイント C 荷重 $W=5\,000$ N が作用する場合に，各部材の内力と支点 A，B における反力の大きさを求めよ．

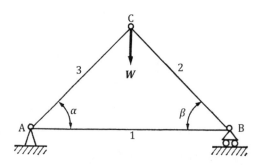

図 1.28　静定トラス

解　このトラスは，節点数 $j=3$，部材数 $n=3$ である．反力の未知数の数は，移動支点 B では反力 R_B が鉛直上方向に働くから 1 であるが，回転支点 A では反力 R_A の大きさと方向 γ（図 1.29(c)）の両方が未知であるから 2 になる．したがって $r=3$ であり，$n+r=2j$ の関係を満足するから静定トラスである．

次に各部材に番号 1・2・3 を付け，その内力を F_1・F_2・F_3 とする．また支点 A・B における反力を R_A・R_B とする．まず，荷重が作用する点 C における水平方向と鉛直方向の力の釣合（図 1.29(a)）から

$$F_2 \cos(\beta) - F_3 \cos(\alpha) = 0 \qquad (1.45)$$

$$F_2 \sin(\beta) + F_3 \sin(\alpha) + W = 0 \qquad (1.46)$$

$\sin(\alpha) \times$ 式 (1.45) $+\cos(\alpha) \times$ 式 (1.46) から，$F_2(\sin(\alpha)\cos(\beta) + \cos(\alpha)\sin(\beta)) + W\cos(\alpha) = 0$，すなわち

1.2 物体に作用する力　29

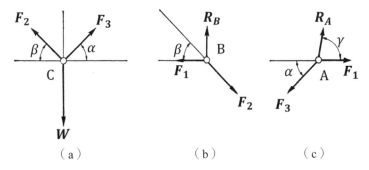

図 1.29　トラスの内力と反力

$$F_2 = \frac{-W\cos(\alpha)}{\sin(\alpha)\cos(\beta)+\cos(\alpha)\sin(\beta)} = \frac{-W}{\tan(\alpha)\cos(\beta)+\sin(\beta)} \quad (1.47)$$

$-\sin(\beta)\times$式(1.45)$+\cos(\beta)\times$式(1.46)から，$F_3(\cos(\alpha)\sin(\beta)+\sin(\alpha)\cos(\beta))$
$+W\cos(\beta)=0$，すなわち

$$F_3 = \frac{-W}{\cos(\alpha)\tan(\beta)+\sin(\alpha)} \quad (1.48)$$

次に，移動支点 B における水平方向と鉛直方向の力の釣合（図 1.29(b)）から

$$F_1 + F_2\cos(\beta) = 0, \quad R_B + F_2\sin(\beta) = 0 \quad (1.49)$$

すなわち

$$F_1 = \frac{W}{\tan(\alpha)+\tan(\beta)}, \quad R_B = \frac{W}{1+\tan(\alpha)\cot(\beta)} \quad (1.50)$$

次に，回転支点 A における水平方向と鉛直方向の力の釣合（図 1.29(c)）から

$$R_A\cos(\gamma) + F_1 + F_3\cos(\alpha) = 0, \quad R_A\sin(\gamma) + F_3\sin(\alpha) = 0 \quad (1.51)$$

式(1.51)左式に式(1.50)左式と式(1.48)を代入して

$$R_A\cos(\gamma) + \frac{W}{\tan(\alpha)+\tan(\beta)} - \frac{W\cos(\alpha)}{\cos(\alpha)\tan(\beta)+\sin(\alpha)} = R_A\cos(\gamma) = 0 \quad (1.52)$$

支点 A に働く反力は $R_A \neq 0$ であるから，式(1.52)より $\cos(\gamma)=0 \rightarrow \gamma=90°$，

$\sin(\gamma)=1$. これと式(1.49)を式(1.51)右式に代入して

$$R_A = \frac{-F_3 \sin(\alpha)}{\sin(\gamma)} = \frac{W}{1+\cot(\alpha)\tan(\beta)} \qquad (1.53)$$

$\alpha = \beta = 45°$ の場合には

$$\cos(\alpha)=\sin(\alpha)=\cos(\beta)=\sin(\beta)=\frac{1}{\sqrt{2}}, \qquad \tan(\alpha)=\tan(\beta)=\cot(\alpha)=1$$
$$(1.54)$$

式(1.54)と $W=5\,000\,\mathrm{N}$ を式(1.50),(1.47),(1.48),(1.53)に代入して

$$F_1 = 2\,500\,\mathrm{N}, \qquad F_2 = F_3 = -3\,540\,\mathrm{N}, \qquad R_A = R_B = 2\,500\,\mathrm{N} \qquad (1.55)$$

部材1は引張力,部材2と3は圧縮力を受ける.以上を図示すれば,図 **1.30** のようになる.

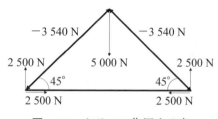

図 **1.30** トラスに作用する力

図 **1.31** は,棒 AB が,左端点 A で垂直な壁に連結され,中間点 C で別の棒 CD によって水平に支持されている骨組構造である.棒 AB の右端点 B には荷重 W が付加されている.すべての支持点と連結点は回転自由な回転支点である.水平右方を x 軸正方向・鉛直上方を y 軸正方向とする平面直交座標系を採用し,点 A と点 C に作用する力をそれぞれ (F_{Ax}, F_{Ay}),(F_{Cx}, F_{Cy}) とする.

まず点 D のモーメントの釣合を考える.荷重 W はその作用線が点 D から $a+b$ の距離にあるから,点 D に $(a+b)W$ のモーメントを加え,一方壁への力 F_{Ax} は点 D から c の距離にあり,点 D に cF_{Ax} のモーメントを加えるから,モーメントの時計回りの釣合式は

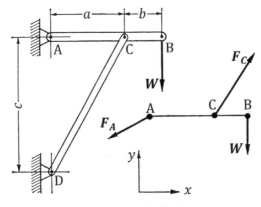

図 1.31　骨組構造

$$cF_{Ax}+(a+b)W=0 \tag{1.56}$$

なお，壁への力 F_{Ay} の作用線は点 D を通過するから点 D にモーメントを作用させない．また，棒 CD は両端が回転支持されているから，点 C に作用する力がその他端である点 D にモーメントを作用させることはない．

部材 AB のうち AC の部分では，x 軸方向の力（内力）の釣合式

$$F_{Ax}+F_{Cx}=0 \tag{1.57}$$

が成立している．式(1.56)と式(1.57)より

$$F_{Ax}=-\frac{a+b}{c}W, \qquad F_{Cx}=\frac{a+b}{c}W \tag{1.58}$$

次に，部材 AB における中間点 C 回りのモーメントの釣合式 $aF_{Ay}+bW=0$ と左端点 A 回りのモーメントの釣合式 $aF_{Cy}+(a+b)W=0$ より

$$F_{Ay}=-\frac{b}{a}W, \qquad F_{Cy}=\frac{a+b}{a}W \tag{1.59}$$

部材 AB には，中間点 C に両端を結ぶ軸線に垂直な力（横荷重）F_{Cy} が作用するから，その内力は単純な引張・圧縮だけではない．どのような内力が作用するかを調べてみよう．この部材を任意断面で切り離して考えると，各部分に作用する力とモーメントがそれぞれ釣り合っていなければならないから，この断面は右

側の部分に図 1.32 に示す力とモーメントを与える．各断面の中心線（線 ACB）上に基準点を取って考えると，それらは，AC 部分の点 A から $x(0<x\leq a)$ の距離にある任意断面では

$$P_x = -F_{Ax} = \frac{a+b}{c}W, \qquad P_y = -F_{Ay} = \frac{b}{a}W, \qquad N_1 = -xP_y = -W\frac{b}{a}x$$
(1.60)

CB 部分の点 A から $x(0<x\leq a)$ の距離にある任意断面では

$$Q_x = -(F_{Ax}+F_{Cx}) = 0, \qquad Q_y = -(F_{Ay}+F_{Cy}) = -W,$$
$$N_2 = -(aF_{Cy}+xQ_y) = W(x-a-b)$$
(1.61)

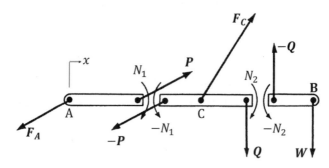

図 1.32　横荷重を受ける部材の内力

各断面で曲げ作用を持つモーメント N_1 や N_2 を断面における**曲げモーメント**と呼び，各断面でせん断作用をする力 $-P_y$ や $-Q_y$ を**せん断力**と呼ぶ．図 1.33 のように，曲げモーメントは両端 AB 間で連続しているが，せん断力は点 C で不連続である．また，AC 部分には引張力が作用するが CB 部分には引張力も圧縮力も作用しない．

はりに沿ってせん断力，曲げモーメントの分布を示す図をそれぞれ**せん断力図**，**曲げモーメント図**と言う（**図 1.33**）．これらの分布を示すためには，それらの正負の符号を定義しておく必要がある．せん断力は断面の右側の部分が左側の部分におよぼす力が負（ここでは $-y$）方向のときを正と定め，曲げモーメントは左側の部分に作用するモーメントの正負（反時計回りが正）と一致させて，上に凹

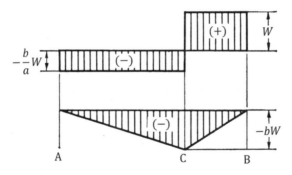

図 1.33 せん断力図と曲げモーメント図

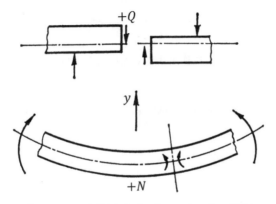

図 1.34 せん断力と曲げモーメントの符号

の変形をさせようとする曲げモーメントを正と定める（図 1.34）．

［問題 5］

(5-1) 図 1.35(a)に示すように，2 点 A と B で支持されているはりにおいて，支点 A と B の反力 R_A と R_B の大きさ，せん断力図，曲げモーメント図を求めよ．

解 鉛直方向の力の釣合より

$$R_A + R_B = 10\,000 + 5\,000 = 15\,000 \text{ N} \tag{1.62}$$

支持点 B 回りのモーメントの釣合より

34　第1章　力

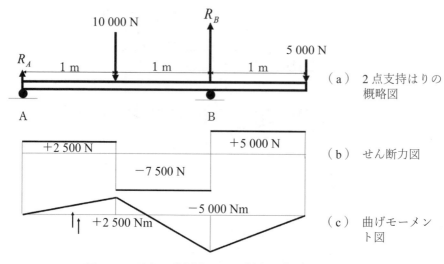

図 1.35　はりに作用するせん断力と曲げモーメント

$$-2 \times R_A + 1 \times 10.000 - 1 \times 5\,000 = 0 \tag{1.63}$$

式(1.62)と式(1.63)より

$$R_A = 2\,500\,\text{N}, \qquad R_B = 12\,500\,\text{N} \tag{1.64}$$

せん断力図と曲げモーメント図は，図1.35(b)と同図(c)のようになる．

(5-2)　図1.36のように，点Aで挟角60°にピン止めされている長さlの2本の棒状の部材ABとACの中点DとEが長さ$l/2$の索で結ばれ滑らかで水平な床上に置かれている．点Eに鉛直方向下向きに力$W=10\,000\,\text{N}$が作用している場合に，索の張力Tと点B，Cにおける反力R_B，R_Cの大きさを求めよ．

解　鉛直方向の力の釣合より

$$R_B + R_C = W \tag{1.65}$$

∠DBC=60°，$\overline{\text{DB}}\cos(60°)=(l/2)(1/2)=l/4$ であるから，支持点B回りのモーメントの釣合より

$$\left(\frac{l}{4} + \frac{l}{2}\right) \times W = l \times R_C \tag{1.66}$$

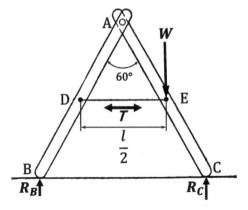

図 1.36 棒状構造の索の張力と反力

式(1.65)と式(1.66)より

$$R_B = \frac{W}{4}, \quad R_C = \frac{3W}{4}.$$

$W = 10\,000$ N では

$$R_B = 2\,500 \text{ N}, \quad R_c = 7\,500 \text{ N} \tag{1.67}$$

部材 AB の点 A 回りのモーメントの釣合より

$$l \sin(30°) \times R_B = \frac{l}{2} \cos(30°) \times T \tag{1.68}$$

式(1.68)に $\sin(30°) = \frac{1}{2}$, $\cos(30°) = \frac{\sqrt{3}}{2}$, $R_B = 2\,500$ N を代入して

$$T \simeq 2\,887 \text{ N} \tag{1.69}$$

(5-3) 図 1.37 のように,平面 (x, y) 内の 3 点 A,B,C でピン止め(回転自由)されたアーチがある.同図に示す位置に荷重 $W = 10\,000$ N が作用する場合に,これら 3 点に作用する力の大きさを求めよ.

解 床からの支持点 A と B に床から作用する力をそれぞれ $(R_{Ax}, R_{Ay})(R_{Bx}, R_{By})$ とする.また,アーチ中央点 C においてアーチの左半分 AC から右半分に作用する力を (F_{Cx}, F_{Cy}) とする.

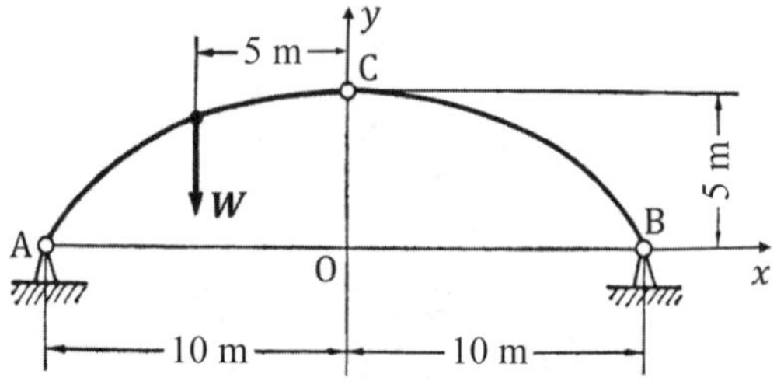

36   第1章   力

図1.37 ピン止めアーチに働く力

アーチ全体の鉛直方向と水平方向の力の釣合から

$$R_{Ay}+R_{By}-W=0, \qquad R_{Ax}+R_{Bx}=0 \tag{1.70}$$

アーチAB全体を1本のはりと考えると，荷重点回りのモーメントの釣合から

$$-5R_{Ay}+15R_{By}=0 \tag{1.71}$$

アーチの右半分CBの点Cにおけるモーメントの釣合から

$$5R_{Bx}+10R_{By}=0 \tag{1.72}$$

アーチの左半分ACの点Aにおけるモーメントの釣合を考える．この部分の点Cに右半分から作用する力は$(-F_{Cx}, -F_{Cy})$であるから

$$-5W-5(-F_{Cx})+10(-F_{Cy})=-5W+5F_{Cx}-10F_{Cy}=0 \tag{1.73}$$

アーチの右半分CBの点B回りのモーメントの釣合から

$$-5F_{Cx}-10F_{Cy}=0 \tag{1.74}$$

式(1.70)の左式と式(1.71)から

$$R_{Ay}=7\,500\,\mathrm{N}, \qquad R_{By}=2\,500\,\mathrm{N} \tag{1.75}$$

式(1.75)右式を式(1.72)に代入して，その結果を式(1.70)右式に代入すれば

$$R_{Ax}=5\,000\,\mathrm{N}, \qquad R_{Bx}=-5\,000\,\mathrm{N} \tag{1.76}$$

式(1.73)と式(1.74)から

$$F_{Cx}=5\,000\,\mathrm{N}, \qquad F_{Cy}=-2\,500\,\mathrm{N} \tag{1.77}$$

〔5-4〕　物体を押しつぶすには$50\,000\,\mathrm{N}$の力が必要である．**図1.38**のような機構を用いると，駆動力Fにいくらの力が必要か．

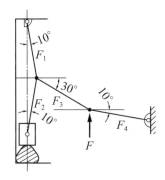

図 1.38 押しつぶし機構の駆動力

解 各結合点における力の釣合から

$$F_1 \sin(10°) + F_2 \sin(10°) - F_3 \cos(30°) = 0 \quad \text{(水平方向)} \quad (1.78)$$

$$F_1 \cos(10°) - F_2 \cos(10°) - F_3 \sin(30°) = 0 \quad \text{(垂直方向)} \quad (1.79)$$

$$F_3 \cos(30°) - F_4 \cos(10°) = 0 \quad \text{(水平方向)} \quad (1.80)$$

$$F_3 \sin(30°) - F_4 \sin(10°) - F = 0 \quad \text{(垂直方向)} \quad (1.81)$$

$$F_2 \cos(10°) = 50\,000 \text{ N} \quad \text{(垂直方向)} \quad (1.82)$$

式(1.78)と式(1.79)より

$$F_3 = \frac{2F_2 \sin(10°) \cos(10°)}{\cos(30°) \cos(10°) - \sin(30°) \sin(10°)} \quad (1.83)$$

式(1.80)と式(1.81)より

$$F = \frac{F_3(\sin(30°) \cos(10°) - \cos(30°) \sin(10°))}{\cos(10°)} \quad (1.84)$$

式(1.82)を式(1.83)に代入し，その結果を式(1.84)に代入すれば

$$F = \frac{100\,000 \sin(10°)(\sin(30°) \cos(10°) - \cos(30°) \sin(10°))}{\cos(30°) \cos(10°) - \sin(30°) \sin(10°)}$$

$\sin(10°) \simeq 0.173\,6$, $\cos(10°) \simeq 0.984\,8$, $\sin(30°) = 0.5$, $\cos(30°) \simeq 0.866\,0$ であるから

$$F \simeq 7\,758 \text{ N} \quad (1.85)$$

(5-5) 図**1.39**のように長方形のふた ABCD を棒 DE で支える．ふたの重さは $W = 120\,\mathrm{N}$ である．点 A と B は回転が自由な蝶番でふたを支える．点 A，B の反力と棒 DE に働く力の大きさを求めよ．ふたと蝶番が形成する三角形 ADE は一辺が $0.6\,\mathrm{m}$ の正三角形で，その挟角はすべて $60°$ である．

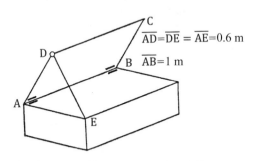

図**1.39** 箱のふたの反力と支持力

解 まず，蝶番 AB 回りのモーメントを考える．棒 DE に作用する内力を F（圧縮力）とすると，その作用線の蝶番 AB からの距離は，蝶番上の点 A から正三角形 ADE の対辺 DE に下した垂線の長さである $0.6\sin(60°)$ になる．一方荷重 W は，ふた ABCD の重心（中央の図心）に鉛直下方に作用するから，その作用線の蝶番からの距離は，点 A から辺 AE の中点までの長さである $(1/2)\times 0.6\cos(60°)$ になる．そこで，モーメントの釣合式は

$$0.6\sin(60°)F - 0.3\cos(60°)W = 0 \tag{1.86}$$

点 A と B に作用する反力を (R_{VA}, R_{HA}) と (R_{VB}, R_{HB}) とする（添え字 V と H はそれぞれ鉛直上方と水平右方を示す）．

垂直上方向の力の釣合から

$$R_{VA} + R_{VB} - W + F\sin(60°) = 0 \tag{1.87}$$

水平右方向の力の釣合から

$$R_{HA} + R_{HB} - F\cos(60°) = 0 \tag{1.88}$$

ふたの辺 AD から荷重 W の作用線までの距離は $(1/2)\times 1 = 0.5\,\mathrm{m}$，荷重 W の

ふたの辺 AD と垂直な成分の大きさは $W\cos(60°)$ である．また，ふたの辺 AD から点 B までの距離は 1 m，点 B に作用する反力のふたの辺 AD と垂直な方向の大きさは $R_{VB}\cos(60°)-R_{HB}\sin(60°)$ である．したがって，ふたの辺 AD 回りのモーメントの釣合から

$$-0.5\times W\cos(60°)+1\times(R_{VB}\cos(60°)-R_{HB}\sin(60°))=0 \quad (1.89)$$

線分 AE から荷重 W の作用線までの距離は 0.5 m，線分 AE から点 B までの距離は 1 m である．したがって，線分 AE 回りのモーメントの釣合から

$$0.5\times W-1\times R_{VB}=0 \quad (1.90)$$

$\sin(60°)=\sqrt{3}/2$, $\cos(60°)=1/2$, $W=120$ N であるから，式(1.86)より

$$F=20\sqrt{3}\text{ N} \quad (1.91)$$

式(1.87)〜(1.90)より

$$R_{VB}=60\text{ N}, \qquad R_{HB}=0\text{ N} \quad (1.92)$$

式(1.87)〜(1.89)より

$$R_{HA}=10\sqrt{3}\text{ N}, \qquad R_{VA}=30\text{ N}, \qquad R_{A}=\sqrt{R_{HA}{}^2+R_{VA}{}^2}=20\sqrt{3}\text{ N}\;(\text{AD 方向}) \quad (1.93)$$

(5-6) 図 1.40 のような，クランクアームの半径が r，連結棒の長さが l のピストン・クランク機構がある．ピストンに作用する BO 方向の力が F であるとき，クランクに作用するトルクを求めよ．

解 連接棒がピストン B とクランクアームの根元 O を結ぶ直線 BO から角 α だ

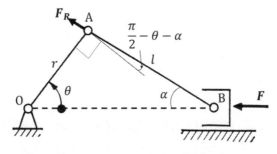

図 1.40 ピストン・クランク機構のトルク

40   第1章   力

け傾いているとき，連接棒の先端 A に作用する力を $\boldsymbol{F}_R$ とすれば，力 $\boldsymbol{F}_R$ は直線 BO 方向の成分 F とそれと垂直な成分（ピストンが通過する穴の壁が受ける力）からなるので

$$F = F_R \cos(\alpha) \tag{1.94}$$

点 A から直線 BO に下した垂線の長さは $r\sin(\theta) = l\sin(\alpha)$ であるから $\sin(\alpha) = (r/l)\sin(\theta)$．これと三角形の公式 $\sin^2(\alpha) + \cos^2(\alpha) = 1$ より

$$\tan(\alpha) = \frac{\sin(\alpha)}{\cos(\alpha)} = \frac{(r/l)\sin(\theta)}{\sqrt{1 - (r/l)^2\sin^2(\theta)}} \tag{1.95}$$

クランクアームに立てた垂線と直線 BA の挟む角は $\angle\mathrm{OAB} - \pi/2 = (\pi - \theta - \alpha) - \pi/2 = \pi/2 - \theta - \alpha$ であるから，クランクアームに作用するトルク N は

$$N = rF_R\cos\left(\frac{\pi}{2} - \theta - \alpha\right) = rF_R\sin(\theta + \alpha) = rF_R(\sin(\theta)\cos(\alpha)$$
$$+ \cos(\theta)\sin(\alpha)) \tag{1.96}$$

式(1.96)に式(1.94)を代入して

$$N = r(F/\cos(\alpha))(\sin(\theta)\cos(\alpha) + \cos(\theta)\sin(\alpha)) = rF(\sin(\theta)$$
$$+ \cos(\theta)\tan(\alpha)) \tag{1.97}$$

式(1.97)に式(1.95)を代入して

$$N = rF\sin(\theta)\left(1 + \frac{(r/l)\cos(\theta)}{\sqrt{1 - (r/l)^2\sin^2(\theta)}}\right) \tag{1.98}$$

〔5-7〕 図 **1.41** のような，7 本の等しい長さの部材で組み立てられているトラスが静定トラスであることを示し，各部材の内力と支点の反力の大きさを求めよ．

解 このトラスは，接点数 $j = 5$，部材数 $n = 7$ である．反力数は，支点 A は x 軸方向が自由であるから y 軸方向のみの 1，支点 E は x 軸と y 軸方向の 2 であるから合計 $r = 3$．したがって $n + r = 2j(=10)$ の関係を満足するから，静定トラスである．

このトラスは左右（水平 y 軸方向）が対称であるから，各部材内力 P（引張を正とする）と始点反力 R について次式が成立する．

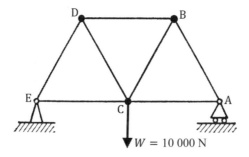

図 1.41 トラスの部材内力と支点反力

$$R_A = R_E, \quad P_{AB} = P_{DE}, \quad P_{BC} = P_{CD}, \quad P_{AC} = P_{CE} \tag{1.99}$$

次に，中央点 C に垂直下方（y 軸負方向）に荷重 W がかかるときに生じる支点反力と部材内力による部材連結点の釣合について考える．

支点 A と E では式(1.99)と $R_A + R_E - W = 0$ より
支点反力が

$$R_A = R_E = \frac{W}{2} \tag{1.100}$$

支点 A では

$$(x\text{軸方向}) \quad P_{AB} \cos(60°) + P_{AC} = 0 \tag{1.101}$$

$$(y\text{軸方向}) \quad P_{AB} \sin(60°) + R_A = 0 \tag{1.102}$$

点 B では

$$(x\text{軸方向}) \quad -P_{BD} + P_{AB} \cos(60°) - P_{BC} \cos(60°) = 0 \tag{1.103}$$

$$(y\text{軸方向}) \quad -P_{AB} \sin(60°) - P_{BC} \sin(60°) = 0 \tag{1.104}$$

中央点 C では

$$(y\text{軸方向}) \quad P_{BC} \sin(60°) + P_{CD} \sin(60°) - W = 0 \tag{1.105}$$

$\sin(60°) = \sqrt{3}/2$，$\cos(60°) = 1/2$ であるから，式(1.99)と式(1.100)と式(1.102)より

$$P_{AB} = P_{DE} = -\frac{\sqrt{3}\,W}{3} \tag{1.106}$$

式(1.101)より

$$P_{AC} = \frac{\sqrt{3}\,W}{6} \tag{1.107}$$

式(1.99)と式(1.105)より

$$P_{BC} = P_{CD} = \frac{\sqrt{3}\,W}{3} \tag{1.108}$$

式(1.103)と式(1.106)と式(1.108)より

$$P_{BD} = -\frac{\sqrt{3}}{3} W \tag{1.109}$$

$W = 10\,000$ N であるから，各部材の内力の大きさは

$$P_{AB} = P_{BD} = P_{DE} = -5\,774 \text{ N}, \qquad P_{BC} = P_{CD} = 5\,774 \text{ N}, \qquad P_{AC} = P_{CE} = 2\,887 \text{ N} \tag{1.110}$$

支点の反力の大きさは

$$R_A = R_B = 0.5 \times 10\,000 = 5\,000 \text{ N} \tag{1.111}$$

(5-8) 図 **1.42** のように，長さが a と b，重さが W_1 と W_2 の部材が各々 2 本の合計 4 本が，左右対称な形になるようにピンで連結され吊り下げられている．釣合の位置を求めよ．

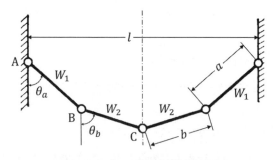

図 **1.42** ピン連結部材の位置

解 部材 BC は部材 AB に点 B で吊り下げられているので，重さ W_2 と中央点 C にかかる水平方向の力 P_C は，点 B にかかっているとしてよい．

点 A 回り時計方向のモーメントの釣合から

$$-\frac{a}{2}\sin(\theta_a)W_1 - a\sin(\theta_a)W_2 + a\cos(\theta_a)P_C = 0 \tag{1.112}$$

式(1.112)から

$$P_C = \left(\frac{W_1}{2} + W_2\right)\tan(\theta_a) \tag{1.113}$$

点 B 回りのモーメントの釣合から

$$-\frac{b}{2}\sin(\theta_b)W_2 + b\cos(\theta_b)P_C = 0 \tag{1.114}$$

式(1.114)から

$$P_C = \frac{W_2}{2}\tan(\theta_b) \tag{1.115}$$

式(1.113)と式(1.115)から

$$\frac{\tan(\theta_a)}{\tan(\theta_b)} = \frac{W_2}{W_1 + 2W_2} \tag{1.116}$$

幾何学的関係から

$$a\sin(\theta_a) + b\sin(\theta_b) = \frac{l}{2} \tag{1.117}$$

3） 仮想仕事の原理と釣合

まず簡単な例として，図 1.43 のように，左端 A から a の距離にある回転支点 O で支えられ，両端に鉛直下向きに力 F_A，F_B が作用して釣り合っている長さ $l(=a+b)$ のてこを考える．F_A が分かっているとすれば，F_B は支点 O 回りの

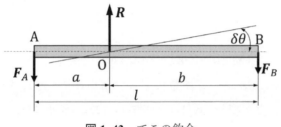

図 1.43　てこの釣合

44　　　第1章　　　　力

モーメントの釣合式

$$F_A \cdot a - F_B \cdot b = 0 \tag{1.118}$$

から，また支点の反力（鉛直上向きを正とする）R はそれを含めた力の釣合式

$$R - F_A - F_B = 0 \tag{1.119}$$

から，簡単に求めることができる．

　このてこを，仮に始点 O の回り反時計方向に微小な角 $\delta\theta$ だけ傾けてみる．このとき外力がなす仕事の和は

$$\delta W = F_A \cdot a\delta\theta - F_B \cdot b\delta\theta = (F_A \cdot a - F_B \cdot b)\delta\theta \tag{1.120}$$

　次に，釣合状態を保ったまま支点を仮に鉛直上方に微小な量 δz だけ移動させる．このとき外力と反力がなす仕事の和は

$$\delta W = R\delta z - F_A\delta z - F_B\delta z = (R - F_A - F_B)\delta z \tag{1.121}$$

　式(1.118)と式(1.119)から，式(1.120)と式(1.121)の仕事 δW はいずれも 0 になり，$\delta W = 0$ の関係は釣合の条件と同等であることが分かる．

　ここで考えた $\delta\theta$ や δz は，運動をする点が時間 dt にする実際の微小変位 $d\theta$ や dz とは異なり，運動が時間的にどのように変わるかと言う実際の問題とは無関係に仮に考えた任意の微小変位であるから，**仮想変位**と呼ぶ．一般に，"**質点系が釣合にあるときは，任意の仮想変位をさせたとき，力がなす仕事の総和は 0 である．**"これを，**仮想仕事の原理**と言う．

　質点系が釣合の状態にあるとき，各質点に働く力が釣り合っているから，質点 i に作用する内力（＝質点相互の拘束力）も含めたすべての力の合力を $F_i(X_i,\ Y_i,\ Z_i)$ とすれば

$$X_i = 0, \qquad Y_i = 0, \qquad Z_i = 0 \tag{1.122}$$

である．したがって，仮想変位 $\delta r_i(\delta x_i,\ \delta y_i,\ \delta z_i)$ を与えるとき，力 F_i がなす仕事の総和は

$$\sum_i F_i \cdot \delta r_i = \sum_i (X_i \cdot \delta x_i + Y_i \cdot \delta y_i + Z_i \cdot \delta z_i) = 0 \tag{1.123}$$

となる．$\delta x_i,\ \delta y_i,\ \delta z_i$ は全く任意にとってよいから，逆に式(1.123)から式(1.122)を導くことができ，式(1.123)を式(1.122)の代りに釣合の条件として用

1.2 物体に作用する力　45

いることができる.

　剛体では，内力は仕事をしない. また滑らかな拘束では，拘束を破らない変位に対しては，拘束力は仕事をしない. したがって，例えば式(1.120)を導いたときの $\delta\theta$ のように，拘束条件を破らない任意の仮想変位をとれば，式(1.123)の力として外力だけをとればよいことになる. もし，ある拘束力を求めようとする場合には，式(1.121)を導いたときのように，それを外力と見なし，拘束条件を外してその力が仕事をするような仮想変位を考えればよい. 部材の内力を求めようとする場合も同様である.

　仮想仕事の原理を用いる方法は，図1.43のような簡単な問題の場合にはそれほど有用であるとは言えないが，複雑な系の場合には，計算が簡単になり，また力学系全体についての性質や注目する力を選び出してその大きさを決めることができるので，有効な方法になる. また仮想仕事の原理は，スカラー量である仕事として表現されているので，力学の問題を解析的に取り扱うための基礎として便利で重要である.

［問題 6］

（6-1）　図 **1.44** のように，等しい長さ l の棒がピンで組み合わされ，正方形を保つように AB と BC の中点 E と F を索で結びつけてある. 各々の棒の重さを W とするとき，索の張力を求めよ.

解　AB が $\delta\theta$ だけ仮想変位すれば，外力が作用する各点の仮想変位は鉛直下方に，E が $l\delta\theta/2$，F が $l\delta\theta$，G が $l\delta\theta/2$ になる. また索を外して張力 T を外力のように扱えば，鉛直下方の外力は，E が $W+\sin(\pi/4)T=W+T/\sqrt{2}$，F が $W-\sin(\pi/4)T=W-T/\sqrt{2}$，G が W になる.

　したがって仮想仕事の原理は

$$\left(W+\frac{T}{\sqrt{2}}\right)\cdot\frac{l}{2}\delta\theta+\left(W-\frac{T}{\sqrt{2}}\right)\cdot l\delta\theta+W\cdot\frac{l}{2}\delta\theta=0 \tag{1.124}$$

式(1.124)から

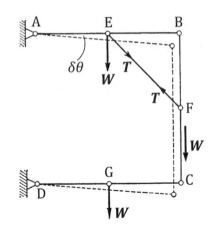

図 1.44 ピン止め棒構造の索の張力

$$T = 4\sqrt{2}\,W \tag{1.125}$$

(6-2) 図 1.45 のようなねじプレスがある．ハンドル HH に 100 N m のトルクを加えるとき，圧縮される物体に作用する圧縮力 P を求めよ．ただし，ねじのピッチは 4 mm で摩擦はないとする．

解 ハンドルを $\delta\theta$ 回す仮想変位を与えると，ねじは鉛直下方に $4\times(\delta\theta/$

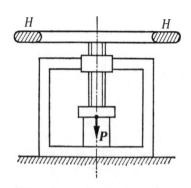

図 1.45 ねじプレスの圧縮力

$(2\pi))\times 10^{-3}$ m 進む．圧縮力を P とすれば，仮想仕事の原理は

$$100\cdot\delta\theta - 4P\frac{\delta\theta}{2\pi}\times 10^{-3} = 0 \tag{1.126}$$

式(1.126)から

$$P = 1.57\times 10^5 \text{ N} \tag{1.127}$$

（6-3） 図 1.46 のように，長さ $2l$ で重さ W の棒が，一端 A を滑らかで鉛直な壁に接し，その壁から水平距離 $s(s<l)$ だけ離れた滑らかな支点 C で支えられている．釣合の位置における壁と棒のなす角 θ を求めよ．

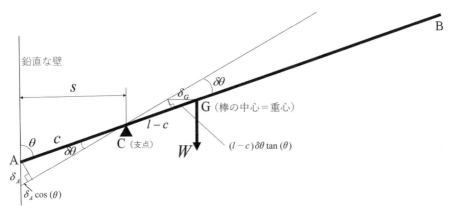

図 1.46 鉛直で滑らかな壁に接し滑らかな支点 C で支えられる棒

解 この系に対する外力は，棒の重心である AB の中点 G に作用する重力 W のみである．いま，棒を支点 C 回りに反時計方向に $\delta\theta$ だけ微小回転させる仮想変位を系に与える．このとき棒は，壁との接触点 A で微小量 δ_A だけ鉛直下方に滑って移動する．棒は，点 A と点 C 上で滑るだけであり，それらからの反力は仕事をしないから，この仮想変位は系に仕事をしない．そこで，唯一の外力である W も仕事をせず，点 G は水平に移動するので，鉛直成分が 0 であり，微小仮想変位 δ_G は水平になる．

48　　第1章　　　力

　図1.46において，この仮想回転変位 $\delta\theta$ による点 A の鉛直下方への微小仮想移動量を δ_A とすれば，$\delta_A \sin(\theta) = c\delta\theta$ すなわち $\delta_A = c\delta\theta/\sin(\theta)$ の関係があるから，支点 C における棒の傾き方向の仮想微小滑り量は $\delta_A \cos(\theta) = c\delta\theta\cos(\theta)/\sin(\theta) = c\delta\theta/\tan(\theta)$ になる．

　一方，図1.46において微小変位 δ_G は水平でなければならない．したがって棒の傾き方向の微小仮想滑り量は $\delta_G\sin(\theta) = (l-c)\delta\theta\tan(\theta)$ になる．これら両式を等置して三角形の公式 $\cos^2(\theta) + \sin^2(\theta) = 1$ を用いれば，$c = (l-c)\tan^2(\theta) = (l-c)\sin^2(\theta)/\cos^2(\theta) = (l-c)\sin^2(\theta)/(1-\sin^2(\theta))$, すなわち

$$c = l\sin^2(\theta) \tag{1.128}$$

さらに，$c\sin(\theta) = s$ であることから

$$\sin^3(\theta) = \frac{s}{l} \tag{1.129}$$

　式(1.129)は次のように簡単に求められる．$\overline{\mathrm{AG}} = l$ であるから，点 C を基準にとった点 G の高さ y は

$$y = l\cos(\theta) - s\cot(\theta) \tag{1.130}$$

角 θ が変化するとき，点 G が水平に動く所，すなわち θ が変化しても y が変化しない所が釣合の位置であるから

$$\frac{dy}{d\theta} = -l\sin(\theta) - s\frac{d\cot(\theta)}{d\theta} = 0 \tag{1.131}$$

ここで，部分微分の公式から

$$\frac{d\cot(\theta)}{d\theta} = d\left(\frac{\cos(\theta)}{\sin(\theta)}\right)/d\theta = \left(\frac{d\cos(\theta)}{d\theta}\sin(\theta) - \cos(\theta)\frac{d\sin(\theta)}{d\theta}\right)/\sin^2(\theta)$$

$$= \frac{-\sin^2(\theta) - \cos^2(\theta)}{\sin^2(\theta)} = -\frac{1}{\sin^2(\theta)} \tag{1.132}$$

　式(1.132)を式(1.131)に代入すれば式(1.129)を得る．

（6-4）　図1.47 に示す台秤において，レバー AB が水平で釣り合う場合，台DE は水平を保ち，荷重 W と荷重 w の関係は，台 DE 上の荷重 W の位置に無関係である．GF：GH ＝ 3：1，OA ＝ OB ＝a のとき，OB：OC ＝a：b を求めよ．

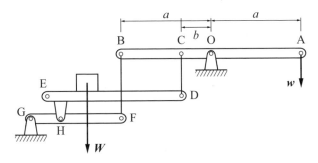

図 1.47 台秤の釣合位置

またこのとき,W と w の関係はどのようになるか.

解 GH の長さを 1（単位量）とする.レバー GF が点 G 回り反時計方向に微小角 θ だけ回転するとき,台秤内の各点の鉛直上方の変位量は,点 H → θ,点 E → θ,点 F → 3θ,点 B → 3θ,点 C と点 D → $3\theta \cdot (b/a)$,点 A → -3θ（鉛直下方すなわち荷重 W の方向に変位）になる.

台 DE は水平でなければならないので

$$3\theta \frac{b}{a} = \theta \tag{1.133}$$

式 (1.133) より

$$\mathrm{OB} : \mathrm{OC} = a : b = 3 : 1 \tag{1.134}$$

また,仮想仕事の原理により微小角 θ がなす系全体の仕事は 0 であるから

$$-W \cdot \theta + w \cdot (3\theta) = 0 \tag{1.135}$$

式 (1.135) より

$$W = 3w \tag{1.136}$$

1.2.3 分布する力

力が厳密に 1 点に集中すると,その部分の応力は無限大になり,それを受ける物体は必ず破壊するから,実際には物体は常に有限の大きさ（面積）で力を受けており,局部的な変形や強度を論じる場合には,集中荷重でも力の微視的分布状

態を無視できない．また，物体同士が線や面で接触している場合・送電線やつり橋の索のように自重が変形の主因になっている場合・航空機の翼や水中構造物のように流体の圧力が大きく影響する場合などには，最初から分布する力を考えなければならない．ここではいくつかの簡単な例を扱ってみる．

1） 分布荷重

図 **1.48** のように両端支持のはりに複数の荷重 $W_i(i=1, 2, 3, \cdots)$（図 1.48 では $i=1, 2$）が作用する場合に支点 A，B における反力 $\boldsymbol{R}_A$, $\boldsymbol{R}_B$ の大きさを求める場合には，個々の荷重についての反力をすべての荷重について重ね合わせればよい．すなわち，支点 B と A 回りのモーメントの釣合式より

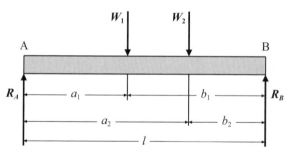

図 **1.48**　集中荷重

$$R_A = \frac{\sum_i W_i b_i}{l}, \qquad R_B = \frac{\sum_i W_i a_i}{l} \tag{1.137}$$

荷重が連続的に分布している場合には，これを微小面積または微小長さに作用する荷重の連なりと考え，個々の荷重による影響を重ね合わせればよい．連続分布の場合には，この重合わせは積分の形をとる．例えば図 **1.49** において単位長さあたりの荷重を q とすれば，分布荷重による点 A と B 回りの反時計方向のモーメントはそれぞれ

$$N_A = -\int_C^D qx\,dx, \qquad N_B = \int_C^D q(l-x)\,dx \tag{1.138}$$

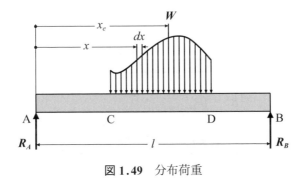

図 1.49　分布荷重

　分布荷重 q に対して x の関数形を与えると，式(1.138)からモーメントが計算できる．式(1.138)と支点反力 R_A，R_B によるモーメントの釣合式 $R_B \cdot l + N_A = 0$，$-R_A \cdot l + N_B = 0$ から

$$R_A = \frac{1}{l}\int_C^D q(l-x)dx, \qquad R_B = \frac{1}{l}\int_C^D qxdx \tag{1.139}$$

また，反力の釣合から

$$R_A + R_B = \int_C^D qdx = W \tag{1.140}$$

であり，分布荷重の作用は式(1.140)の荷重 W が

$$x_e = \frac{1}{W}\int_C^D qxdx \tag{1.141}$$

から求められる位置 x_e に作用する場合と同じになる．これは分布荷重に相当する集中荷重であり，**相当集中荷重**と言う．これを言い換えると，分布荷重の作用は荷重の分布形の図心に全荷重が集中して作用する場合と同じになる．

　図 1.50 のように等分布荷重 q を受ける片持ちばりでは，CB 間の荷重の合計は $q(l-x)$，その分布形の図心は断面 C から右方に $(l-x)/2$ の距離にあるから，任意断面 C におけるせん断力 Q と曲げモーメント N は，図 1.34 で定めた符号を参照して

$$Q = q(l-x), \qquad N = -\frac{l-x}{2} \cdot q(l-x) = -\frac{q}{2}(l-x)^2 \tag{1.142}$$

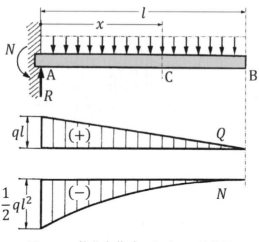

図 1.50 等分布荷重 q を受ける片持梁

となり，固定支点 A ($x=0$) における反力 R と曲げモーメント N はそれぞれ

$$R = ql, \qquad N = -\frac{ql^2}{2} \tag{1.143}$$

この例でははりの上部は引張応力，下部は圧縮応力を受けており，断面の応力分布による曲げモーメントが荷重による曲げモーメントと釣り合っている．

[問題 7]

(7−1) 図 1.51 のように，両端支持の長さ $l = 1.2\,\mathrm{m}$ のはりに左端の点 A では

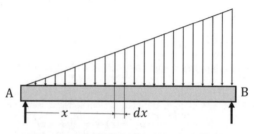

図 1.51 直線的に増加する分布荷重

0，右端の点 B では 6 000 N/m の直線的に増加する分布荷重を作用させるとき，支点反力と相当集中荷重を求めよ．

解 座標 x の原点をはりの左端点 A にとると，分布荷重は $q=q_0x/l$, $q_0=6\,000$ N/m で表される．したがって式(1.139)と式(1.140)より

$$R_A = \frac{1}{l^2}\int_0^l q_0 x(l-x)dx = \frac{q_0}{l^2}\left[\frac{x^2}{2}l - \frac{x^3}{3}\right]_0^l = \frac{1}{6}q_0 l = 1\,200 \text{ N}$$
$$R_B = \frac{1}{l^2}\int_0^l q_0 x^2 dx = \frac{q_0 l}{3} = 2\,400 \text{ N} \quad\quad (1.144)$$

$$W = R_A + R_B = 3\,600 \text{ N}$$

$$x_e = \frac{1}{W}\int_0^l qx\,dx = \frac{1}{Wl}\int_0^l q_0 x^2 dx = \frac{R_B \cdot l}{W} = \frac{2\,400 \times 1.2}{3\,600} = 0.8 \text{ m} \quad (1.145)$$

（7-2） 図 1.52 のように，固定支持されている底辺の中央点 O から頂点までの距離 a の正三角形の板に単位面積あたり q の等分布荷重が作用するとき，固定端に働くモーメントとせん断力を求めよ．

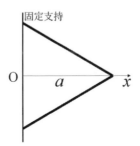

図 1.52 一端固定支持の正三角形板

解 固定端の中央点 O からの距離を x とする．距離 x の位置の板の幅は $2(a-x)\tan(30°) = \dfrac{2(a-x)}{\sqrt{3}}$ であるから，モーメント N とせん断力 P は

$$N = -\int_0^a q\frac{2}{\sqrt{3}}(a-x)x\,dx = -q\frac{2}{\sqrt{3}}\left[\frac{ax^2}{2} - \frac{x^3}{3}\right]_0^a = -\frac{\sqrt{3}}{9}qa^3 \quad (1.146)$$

$$P = \int_0^a q \frac{2}{\sqrt{3}}(a-x)dx = q\frac{2}{\sqrt{3}}\left[ax - \frac{x^2}{2}\right]_0^a = \frac{\sqrt{3}}{3}qa^2 \tag{1.147}$$

（7-3）図 1.53 のように，長さ l_1, l_2, l_3 のはりが点 C と D でピン結合され，両端 A と B で固定支持されている．これら 3 本のはりの全長に渡って，単位長さあたり q の分布荷重が作用するとき，各点に作用する力とモーメントを求めよ．

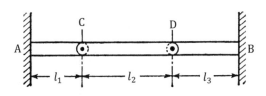

図 1.53　ピン結合はりへの作用力

解　ピン結合点 C と D は，中央はり l_2 に分布作用する荷重 ql_2 をその両側のはり l_1 と l_3 で支えるから，点 C と D に作用するせん断力はそれぞれ

$$P_C = \frac{l_2 q}{2}, \qquad P_D = -\frac{l_2 q}{2} \tag{1.148}$$

左右の固定端 A と B はそれぞれこのはり列構造の左右半分を支えるから，点 A と B に作用するせん断力はそれぞれ

$$P_A = \left(l_1 + \frac{l_2}{2}\right)q, \qquad P_B = -\left(\frac{l_2}{2} + l_3\right)q \tag{1.149}$$

点 A と B に作用する曲げモーメントはそれぞれ

$$N_A = -l_1 \frac{l_2}{2} q - \int_0^{l_1} xq\,dx = -l_1 \frac{l_1 + l_2}{2} q, \qquad N_B = -l_3 \frac{l_2 + l_3}{2} q \tag{1.150}$$

2） 懸垂線

たわみやすい索（例えば山間部に点在する鉄塔間をつなぐ高圧送電線）は，自重のためにたわんで，いわゆる懸垂線（カテナリ）と呼ばれる形をとる．図 1.54 のように，張力 $T(X, Y)$ で鉛直面 (x, y) 内に張られた索の微小長さ ds の部分

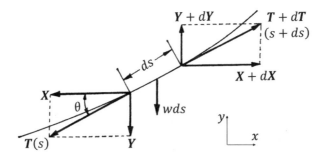

図 1.54 索の微小長さ部分に働く力

をとり，その部分に作用する力の釣合を考える．索の単位長さあたりの重さを w，鉛直面内の索の傾き角を θ とすれば，鉛直方向の力の釣合から

$$dY = w \cdot ds \tag{1.151}$$

また

$$ds = \sqrt{(dx)^2 + (dy)^2} = \sqrt{1 + \left(\frac{dy}{dx}\right)^2}\,dx, \qquad \frac{dy}{dx} = \tan\theta = \frac{Y}{X} \tag{1.152}$$

式(1.152)を式(1.151)に代入して

$$dY = w\sqrt{1 + \left(\frac{dy}{dx}\right)^2}\,dx \tag{1.153}$$

索の途中に水平方向の外力が作用しないときには張力の水平方向成分 X が一定であるから，式(1.151)と式(1.152)より

$$\frac{d^2y}{dx^2} = \frac{1}{X}\frac{dY}{dx} = \frac{w}{X}\frac{ds}{dx} = \frac{w}{X}\sqrt{1 + \left(\frac{dy}{dx}\right)^2} \tag{1.154}$$

式(1.154)が懸垂線を表す微分方程式である．
ここで

$$p = \frac{dy}{dx} \tag{1.155}$$

とおけば，式(1.154)より

$$\frac{dp}{dx} = \frac{w}{X}\sqrt{1 + p^2} \;\;\rightarrow\;\; dx = \frac{X}{w}\frac{dp}{\sqrt{1 + p^2}} \tag{1.156}$$

56   第1章   力

一方

$$p=\sinh(\theta)\quad(双曲線関数：後述式(1.166)と式(1.167)参照)\qquad(1.157)$$

とおけば

$$\frac{dp}{d\theta}=\cosh(\theta)\ \to\ dp=\cosh(\theta)d\theta\qquad(1.158)$$

また

$$\sqrt{1+p^2}=\sqrt{1+\sinh^2(\theta)}=\cosh(\theta)\qquad(1.159)$$

式(1.156)右式に式(1.158)と式(1.159)を代入して

$$d\theta=\frac{w}{X}dx\qquad(1.160)$$

式(1.160)を積分して

$$\theta=\frac{w}{X}(x-C_1)\qquad(1.161)$$

式(1.161)を式(1.157)に代入すれば，式(1.155)より

$$\frac{dy}{dx}=\sinh\left(\frac{w}{X}(x-C_1)\right)\qquad(1.162)$$

式(1.162)をもう一度積分すれば，懸垂線の形は

$$y=\frac{X}{w}\cosh\left(\frac{w}{X}(x-C_1)\right)+C_2\qquad(1.163)$$

索の弧の長さは，式(1.152)の左式と式(1.162)と式(1.159)より

$$ds=\sqrt{1+\left(\frac{dy}{dx}\right)^2}\,dx=\cosh\left(\frac{w}{X}(x-C_1)\right)dx\ \to\ s=\frac{X}{w}\sinh\left(\frac{w}{X}(x-C_1)\right)+C_3$$

$$(1.164)$$

式(1.163)と次式(1.164)に含まれる積分定数 C_1，C_2，C_3 は，両端の条件から決められる．

張力 T は式(1.152)の右式と式(1.162)より

$$T=\sqrt{X^2+Y^2}=X\sqrt{1+\left(\frac{dy}{dx}\right)^2}=X\cosh\left(\frac{w}{X}(x-C_1)\right)\qquad(1.165)$$

吊橋のように水平方向の単位長さあたり一定の荷重 w が作用していると見なされる場合には，式(1.154)より $Xd^2y/dx^2=w$ となり，索の形は放物線になる．

ここで，双曲線関数に関しては，指数関数の間に

$$
\left.\begin{array}{l}
\sinh(x)=\dfrac{\exp(x)-\exp(-x)}{2}, \qquad \cosh(x)=\dfrac{\exp(x)+\exp(-x)}{2} \\[2mm]
\exp(x)=\cosh(x)+\sinh(x), \qquad \exp(-x)=\cosh(x)-\sinh(x)
\end{array}\right\}
$$

$$(1.166)$$

の関係が成り立つ．

式(1.166)を参照すれば，双曲線関数の間には以下の関係があることが分かる．

$$
\left.\begin{array}{l}
\dfrac{d\sinh(x)}{dx}=\cosh(x), \qquad \dfrac{d\cosh(x)}{dx}=\sinh(x) \\[2mm]
\cosh^2(x)-\sinh^2(x)=1 \\[2mm]
\cosh^2(x)+\sinh^2(x)=\dfrac{1}{2}\cosh(2x)
\end{array}\right\}
$$

$$(1.167)$$

3） 静水圧

静止している流体では，その中に想定した任意の境界面の両側の部分が互いにその境界面に垂直な力を及ぼし合っているが，境界面に平行な力は存在しない．境界面に平行な力が現れるのは，相接している部分が相対速度を持つときであり，ニュートン流体（水・油・空気など私達の身近に存在しニュートンの粘性法則に従う流体）の遅い流れでは，速度勾配に比例する力が働く．この力の原因が**粘性**である（粘性について詳しく知りたい読者は参考文献 12 の 359 頁以降を参照）．本項では，静止流体について論じる．

図 1.55 のように，流体中に任意の 1 点 P をとり，その点を含む任意の微小四面体を作る．四面体は微小であるから，圧力は各面で一様であるとみなしてよい．面 ABC，面 BCD に作用する圧力 p_1，p_2 に基づく力は $p_1\triangle$ABC，$p_2\triangle$BCD（$\triangle$ 印は三角形の面積）であり，流体の比重量（単位体積に作用する重力）をその作用方向をも考慮してベクトル γ で表せば，四面体（体積 δv）に作用する重力は $\gamma\cdot\delta v$ である．面 ABD，面 ACD に作用する力は，これら両面に垂直であり両面に接する AD 方向成分は 0 であるから，AD 方向を z 軸（ベクトル $\boldsymbol{z}$ で表現）にとり，四面体に作用する力の釣合を考えると

$$
p_1\cdot\triangle\mathrm{ABC}\cdot\cos(\boldsymbol{p}_1,\ \boldsymbol{z})+p_2\cdot\triangle\mathrm{BCD}\cdot\cos(\boldsymbol{p}_2,\ \boldsymbol{z})+\gamma\cdot\boldsymbol{z}\cdot\delta v=0 \qquad (1.168)
$$

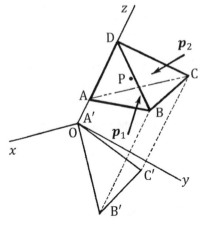

図 1.55 静水圧 (1)

$\triangle ABC$, $\triangle BCD$ の xy 平面への正射影は $\triangle A'B'C' = \triangle ABC \cdot \cos(\boldsymbol{p}_1, \boldsymbol{z}) = -\triangle BCD \cdot \cos(\boldsymbol{p}_2, \boldsymbol{z})$ であるから，式(1.168)は

$$(p_1 - p_2) \cdot \triangle A'B'C' + \gamma \cdot \boldsymbol{z} \cdot \delta v = 0 \tag{1.169}$$

四面体の一辺の長さを微小量 ε とすれば，xy 平面への正射影 $\triangle A'B'C'$ の面積は ε^2 の程度（$O(\varepsilon^2)$：O は大きさの程度（オーダー）を意味する）であり，δv は ε^3 の程度（オーダー）であるから，式(1.169)を参照すれば，$p_1 - p_2 = O(\varepsilon)$．したがって，四面体を無限に小さくした極限（$\varepsilon \to 0$）では $p_1 = p_2$ となる．四面体の形状は任意にとっているから，流体内の任意の点における圧力はどの方向をとっても等しいことが分かる．

一様な重力の場で釣り合って静止している流体の圧力分布を調べる．比重量を γ とすれば，x，y 軸を水平に，z 軸を鉛直下向きにとり，図 1.56 に示すような面積 da，高さ dz の流体の微小六面体に関する力の釣合から

$$pda - (p + \frac{\partial p}{\partial z} dz) da + \gamma da dz = 0$$

すなわち

$$\frac{\partial p}{\partial z} = \gamma \tag{1.170}$$

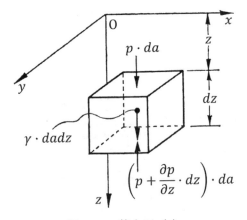

図 1.56 静水圧 (2)

同様にして

$$\frac{\partial p}{\partial x}=0, \quad \frac{\partial p}{\partial y}=0 \tag{1.171}$$

通常の流体の場合のように非圧縮性のときには $\gamma=$ 一定であるから，$z=0$ における圧力を p_0 として式(1.170)を積分すると

$$p-p_0=\gamma z \tag{1.172}$$

であり，圧力は深さに比例して増大する．水平面を $z=0$ にとると，p_0 は水平面の大気圧になり，液体内の圧力 p は式(1.172)より $p=p_0+\gamma z$ になる．

図 1.57 のように，水面から深さ z_1 と z_2 の間に置かれた高さ $h=z_2-z_1$，幅 b の鉛直壁の片面に作用する水の力を求めてみる．深さ z にある微小面積 $b\cdot dz$ に作用する力は $\gamma zb\cdot dz$ であるから，その合力すなわち**全圧力** P は

$$P=\int_{z_1}^{z_2}\gamma zb\cdot dz=\frac{\gamma b}{2}(z_2{}^2-z_1{}^2)=\gamma b\frac{(z_1+z_2)}{2}(z_2-z_1)=\gamma\cdot\bar{z}bh \tag{1.173}$$

ここで $\bar{z}=(z_1+z_2)/2$ は，壁の平均深さ，言い換えると壁面の重心位置である．式(1.173)は，全圧力の大きさが重心における圧力の大きさ $\gamma\bar{z}$ と同じ大きさの圧力が全面積 bh に一様に分布しているとした場合と等価であることを意味する．この場合には圧力は一様分布ではないので，全圧力 P の作用点の深さ z_c は重心

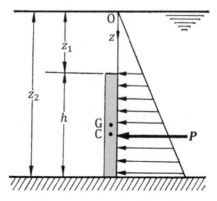

図 1.57 全圧力と圧力の中心

とは異なる．この z_c を**圧力の中心**と言う．

水面上の原点 O 回り反時計方向のモーメントの釣合式は

$$P \cdot z_c - \int_{z_1}^{z_2} (\gamma z b \cdot z) dz = 0 \tag{1.174}$$

式(1.174)に式(1.173)を代入して

$$z_c = \frac{\gamma b \int_{z_1}^{z_2} z^2 dz}{P} = \frac{(z_2^3 - z_1^3)/3}{(z_2^2 - z_1^2)/2} = \frac{2(z_2^3 - z_1^3)}{3(z_2^2 - z_1^2)} \tag{1.175}$$

$h = z_2 - z_1$ と $\bar{z} = (z_1 + z_2)/2$ であるから，壁面の圧力の中心 z_c と重心 $\bar{z}$ 間の距離は

$$z_c - \bar{z} = \frac{2(z_2^3 - z_1^3)}{3(z_2^2 - z_1^2)} - \frac{z_2 + z_1}{2} = \frac{4(z_2^3 - z_1^3) - 3(z_2 + z_1)(z_2^2 - z_1^2)}{6(z_2^2 - z_1^2)}$$

$$= \frac{z_2^3 - 3z_2^2 z_1 + 3z_2 z_1^2 - z_1^3}{6(z_2 - z_1)(z_2 + z_1)} = \frac{1}{12} \frac{(z_2 - z_1)^3}{(z_2 - z_1)(z_2 + z_1)/2} = \frac{h^2}{12\bar{z}}$$

$$\tag{1.176}$$

式(1.176)から，壁面の圧力の中心 z_c は重心 $\bar{z}$ から $h^2/12\bar{z}$ だけ鉛直下方にあることが分かる．

壁面が鉛直ではなく傾斜している場合にも，圧力の中心の位置は式(1.175)と

同一になる．

次に図 **1.58** のように，比重量（単位体積あたりの重量）の流体中に沈んでいる体積 V の任意形状の物体に作用する力を求める．物体の表面を形作る閉曲面 s を部分面 ds_1 で貫いて物体内に入り部分面 ds_2 から物体外に出る z 軸（鉛直方向下向き）に平行な角柱を作る．流体からの圧力 p_1，p_2 によって面 ds_1，ds_2 に作用する鉛直方向下向き，上向きの力をそれぞれ f_1，f_2 とすれば，f_1 は AB（A は液表面）間の液柱の重さに等しく，f_2 は AC 間の液柱の重さに等しい．したがって (f_2-f_1) は部分面 ds_1，ds_2 間の液柱の重さに等しい鉛直上向きの力である．この考えを推し進めて物体全表面に渡る和をとると，物体は比重量 γ の流体から大きさ γV の力を鉛直上向きに受けることが分かる．この力が**浮力**であり，合モーメントについても同じことが言えるから，**浮力の中心**は物体が排除した流体の重心と一致する．これを**アルキメデスの原理**と言う．

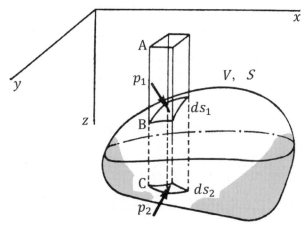

図 **1.58** 浮 力

物体が流体（液体）の表面に浮かんで釣合の状態にあるためには，浮力の大きさ γV（V は物体が排除した流体の体積）が物体の重さ W に等しく，浮力の中心と重心が同一の鉛直線上に存在しなければならない．ここで図 **1.59** のように，

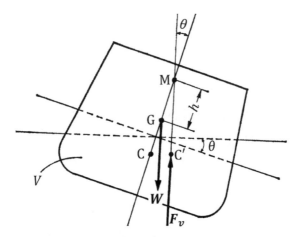

図 **1.59** 浮力の中心とメタセンタ

　この物体にモーメントが作用して物体が鉛直線上から θ だけ傾いたときを考える．この傾きによって浮力 F_v の中心は C から C′ に移る．C′ を通る浮力 F_v が直線 $\overline{\text{CG}}$ と交わる点を M，$\overline{\text{GM}} = h$ とする．浮力の大きさは $F_v = \gamma V = W$ であり，このときモーメント $F_v h \sin \theta$ が物体を元の位置に戻す向きに作用する．

　このようにモーメントが物体を復元する向きに作用する場合には釣合が成立し，物体は安定である．しかし，M が G より下にある場合には，逆にモーメントは傾きをさらに増大する向きに作用し，物体は不安定になる．M を**メタセンタ**，h をメタセンタの高さと言う．メタセンタの高さを求めてみよう．図 **1.60** のように物体が時計方向に微小角 $d\theta$ だけ傾いた場合には，左側の斜線部分による浮力が減じ右側の部分の浮力が左側と同一量だけ増加する．そのため，浮力の中心は C から C′ に移り，左右の浮力の増減による偶力のモーメントは $\overline{\text{CC}'} \cdot \gamma V$ に等しくなる．図 1.60 の右半分にある斜線部分の微小体積の重さは $\gamma dV = \gamma x d\theta dx dy$ であるから

$$\overline{\text{CC}'} \cdot \gamma V = \iint x \cdot \gamma dV = \gamma \iint x^2 d\theta dx dy = \gamma d\theta \iint x^2 dx dy \tag{1.177}$$

また，$d\theta$ は微小であり近似的に $\sin(d\theta) \simeq d\theta$ であるから

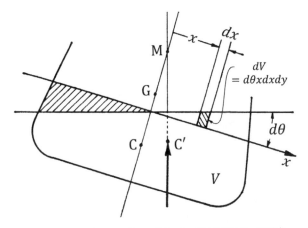

図 1.60 メタセンタの高さ（y 軸は紙面に垂直）

$$\overline{CC'} = \overline{CM} \cdot \sin(d\theta) \simeq \overline{CM} \cdot d\theta = (\overline{CG} + h) \cdot d\theta \tag{1.178}$$

式(1.177)と式(1.178)より，メタセンタ h の高さは

$$h = \frac{\overline{CC'}}{d\theta} - \overline{CG} = \frac{1}{V}\iint x^2 dx dy - \overline{CG} \tag{1.179}$$

ここで 2 重積分（面積積分）は，浮かぶ物体が占める流体表面全体について実行する．

[問題 8]

(8-1) 長さ $L=100$ m，1 m あたりの重さが $w=2$ kgf の鋼索が，間隔 $l=80$ m，高さの差 $h=20$ m の 2 点に，図 1.61 のように吊るされている．最大のたるみと最大の張力を求めよ．

解 最大のたるみ δ が生じる位置を原点 O にとった座標系 (x, y) で考えると，計算が簡単になる．

　$x=0$ で $dy/dx=0$ であるから式(1.162)より $C_1=0$，また $x=0$ で $y=0$ であるから式(1.163)より $C_2=-X/w$（双曲線関数を定義する式(1.166)と式(1.167)参

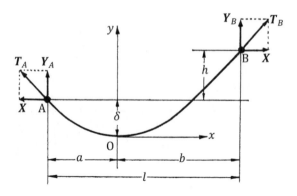

図 1.61 釣り下げた鋼索のたるみと張力

照).したがって,鋼索の形を与える式(1.163)は

$$y = \frac{X}{w}\left(\cosh\left(\frac{xw}{X}\right) - 1\right) \quad (1.180)$$

A, B両点の座標はそれぞれ $(-a, \delta)$, $(b, \delta+h)$ であるから,式(1.180)より

$$\delta = \frac{X}{w}\left(\cosh\left(\frac{aw}{X}\right) - 1\right), \quad \delta + h = \frac{X}{w}\left(\cosh\left(\frac{bw}{X}\right) - 1\right) \rightarrow$$

$$\frac{hw}{X} = \cosh\left(\frac{bw}{X}\right) - \cosh\left(\frac{aw}{X}\right) \quad (1.181)$$

次に,$x=0$ で $s=0$ とすれば,式(1.164)より

$$C_1 = 0, \ C_3 = 0 \ \rightarrow \ s = \frac{X}{w}\sinh\left(\frac{xw}{X}\right) \quad (1.182)$$

策の長さが L であるから,式(1.182)より

$$\frac{Lw}{X} = \frac{(-s(x=-a) + s(x=b))w}{X} = \sinh\left(\frac{aw}{X}\right) + \sinh\left(\frac{bw}{X}\right) \quad (1.183)$$

$a+b=l$ であるから,式(1.181)と式(1.183)から a, b, X を求めることができる.式(1.183)の2乗から式(1.181)の2乗を差し引いて,式(1.166)と式(1.167)を適用すれば,$a+b=l$ であるから

$$\left(\frac{w}{X}\right)^2 (L^2 - h^2)$$

$$
= \sinh^2\left(\frac{aw}{X}\right) + 2\sinh\left(\frac{aw}{X}\right)\sinh\left(\frac{bw}{X}\right) + \sinh^2\left(\frac{bw}{X}\right)
$$

$$
- \cosh^2\left(\frac{aw}{X}\right) + 2\cosh\left(\frac{aw}{X}\right)\cosh\left(\frac{bw}{X}\right) - \cosh^2\left(\frac{bw}{X}\right)
$$

$$
= -2 + \frac{1}{2}\left(\exp\left(\frac{aw}{X}\right) - \exp\left(-\frac{aw}{X}\right)\right)\left(\exp\left(\frac{bw}{X}\right) - \exp\left(-\frac{bw}{X}\right)\right)
$$

$$
+ \frac{1}{2}\left(\exp\left(\frac{aw}{X}\right) + \exp\left(-\frac{aw}{X}\right)\right)\left(\exp\left(\frac{bw}{X}\right) + \exp\left(-\frac{bw}{X}\right)\right)
$$

$$
= -2 + 2 \times \frac{1}{2}\left(\exp\left(\frac{(a+b)w}{X}\right) + \exp\left(\frac{-(a+b)w}{X}\right)\right) = 2\left(\cosh\left(\frac{lw}{X}\right) - 1\right)
$$

$$(1.184)$$

L, h, l が与えられているから，式(1.184)より w/X を求めることができる．

次に，最大たるみ点の位置 a を求める．それには式(1.166)と式(1.167)を参照して式(1.181)と式(1.183)から bw/X を消去すればよいが，手計算による式の展開が複雑なので，途中を省略して結果だけを示すと

$$
\cosh\left(\frac{aw}{X}\right) = \frac{1}{\sqrt{1 - (h/L)^2}} \cosh\left(\frac{lw}{2X}\right) - \frac{1}{2}\frac{hw}{X} \tag{1.185}
$$

式(1.185)より最大たるみ点の位置 a を求めることができる．

最大の張力は右端点 B で生じ，式(1.165)より

$$
T_B = X\cosh\left(\frac{bw}{X}\right) = X\cosh\left(\frac{aw}{X}\right) + hw \tag{1.186}
$$

式(1.186)より，右端点 B の張力は左端点 A の張力より hw だけ大きいことが分かる．

式(1.184)に数値を入れて

$$
\frac{1}{2}(100^2 - 20^2)\left(\frac{w}{X}\right)^2 = 4\,800\left(\frac{w}{X}\right)^2 = \cosh\left(\frac{80w}{X}\right) - 1
$$

数値表を用いて計算すると

$$
\frac{w}{X} = 0.028\,2\ \mathrm{m^{-1}}, \qquad \cosh\left(\frac{lw}{X}\right) = 4.824\,8, \qquad \cosh\left(\frac{lw}{2X}\right) = 1.706\,6
$$

式(1.185)から

$$\cosh\left(\frac{aw}{X}\right)=\frac{1.706\,6}{\sqrt{1-0.2^2}}-\frac{1}{2}\times20\times0.028\,2=1.460 \ \rightarrow\ \frac{aw}{X}=0.926 \ \rightarrow$$

$$a=\frac{0.926}{0.028\,2}=32.8\ \text{m}$$

したがって

$$\delta=\frac{1}{0.028\,2}(1.460-1)=16.3\ \text{m}, \qquad X=\frac{2}{0.028\,2}=70.9\ \text{kgf},$$

$$T_B=70.9\times1.460+20\times2=144\ \text{kgf}$$

両端が同じ高さに吊るされている場合には，懸垂線は対称となり，式(1.180) に $x=l/2$，$y=\delta$ を代入して，$\delta=\frac{X}{w}\left(\cosh\left(\frac{lw}{2X}\right)-1\right)$. 式(1.183)に $a=b=l/2$ を代入して，$\frac{1}{2}\frac{Lw}{X}=\sinh\left(\frac{lw}{2X}\right)$. L と w が与えられているから，この式から X を求めることができる．Y の最大値すなわち A，B 両点における Y の値は，索の半分の重量 $=Lw/2$ である．与えられた数値を入れて，$\frac{100/2}{X/w}=\sinh\left(\frac{80/2}{X/w}\right)$ より

$$\frac{X}{w}=33.8\ \text{m} \ \rightarrow\ \delta=33.8\left(\cosh\left(\frac{40}{33.8}\right)-1\right)=33.8\times0.78=26.4\ \text{m},$$

$$X=33.8\times2=67.6\ \text{kgf}, \qquad Y_{A,B}=100\ \text{kgf}, \qquad T=\sqrt{67.6^2+100^2}=120\ \text{kgf}$$

(8-2)　**図1.62** のように，一端 A でピン止めされている半径 $r=2$ m で 4 分の 1 円の形をした高さ $h=2.4$ m の水門がある．水門を閉じておくために必要な他端 B に加えるべき鉛直下方の力 F を求めよ．

解　水門表面の水平から下方角 θ の点を C とする．点 A から点 C までの深さは $r\sin(\theta)$，水面から点 A までの深さは $h-r$，水の比重量は $\gamma=0.98\times10^4$ N/m^3 である．単位幅 1 m あたりの点 A 回りのモーメントの釣合式は

$$\int_0^{\pi/2}r\sin(\theta)\cdot((h-r)+r\sin(\theta))\gamma\cdot rd\theta-rF=0 \tag{1.187}$$

式 (1.187) より

$$F=\gamma r(h-r)\int_0^{\pi/2}\sin(\theta)d\theta+\gamma r^2\int_0^{\pi/2}\sin^2(\theta)d\theta=\gamma r(h-r)[-\cos(\theta)]_0^{\pi/2}$$

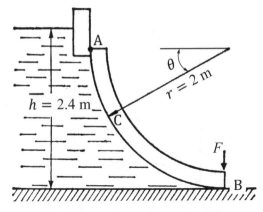

図1.62 円状の水門に加える力

$$+\gamma r^2 \int_0^{\pi/2} \frac{1-\cos(2\theta)}{2} d\theta = \gamma r(h-r) + \gamma r^2 \left[\frac{\theta}{2} - \frac{\sin(2\theta)}{4}\right]_0^{\pi/2}$$

$$= \gamma\left(r(h-r) + \frac{r^2}{2}\frac{\pi}{2}\right) = 0.98 \times 10^4 (2 \times 0.4 + 3.14) = 38\,600 \text{ N} \quad (1.188)$$

(8-3) 半径 R, 長さ l, 比重量 γ' の一様な円柱が, その軸を鉛直にして比重量 $\gamma(\gamma>\gamma')$ の液体の表面に浮かんでいる. 浮力の中心 C, メタセンタ M を求めよ. また, 釣合が安定であるための条件を示せ.

解 図1.63に示す円筒部分では, 高さ a の液柱（体積 V）の重量と高さ l の円柱の重量が等しいから

$$a = \frac{\gamma'}{\gamma} l \quad (1.189)$$

浮力の中心 C と円筒の重心 G 間の距離は, 式(1.189)を用いて

$$\overline{CG} = \frac{l}{2} - \frac{a}{2} = \frac{l}{2}\left(1 - \frac{\gamma'}{\gamma}\right) \quad (1.190)$$

図1.63のように, 円柱中心を原点にとった円断面上の水平 x 軸からの角を θ, 半径 r の位置における微小面積を $rd\theta dr$ とすれば, $x = r\cos(\theta)$, $V = \pi R^2 a$ であるから, 式(1.179)と式(1.189)より

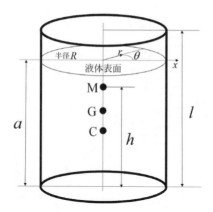

図 1.63 液体に浮かぶ一様な円柱

$$h = \frac{1}{\pi R^2 a} \int_0^R \int_0^{2\pi} (r\cos(\theta))^2 r d\theta dr - \frac{l}{2}\left(1 - \frac{\gamma'}{\gamma}\right)$$

$$= \frac{1}{\pi R^2 a} \int_0^R r^3 \left(\int_0^{2\pi} \frac{1+\cos(2\theta)}{2} d\theta\right) dr - \frac{l}{2}\left(1 - \frac{\gamma'}{\gamma}\right)$$

$$= \frac{1}{\pi R^2 a} \int_0^R r^3 dr \left[\frac{\theta}{2} + \frac{\sin(2\theta)}{4}\right]_0^{2\pi} - \frac{l}{2}\left(1 - \frac{\gamma'}{\gamma}\right)$$

$$= \frac{1}{\pi R^2 a} \int_0^R r^3 dr \left[\frac{\theta}{2}\right]_0^{2\pi} - \frac{l}{2}\left(1 - \frac{\gamma'}{\gamma}\right) = \frac{\gamma R^2}{4\gamma' l} - \frac{l}{2}\left(1 - \frac{\gamma'}{\gamma}\right) \quad (1.191)$$

釣合が安定であるためには，$h>0$．これと式(1.191)より

$$\frac{\gamma R^2}{4\gamma' l} > \frac{l}{2}\left(1 - \frac{\gamma'}{\gamma}\right) \quad (1.192)$$

式(1.192)より

$$\frac{R}{l} > \sqrt{2\frac{\gamma'}{\gamma}\left(1 - \frac{\gamma'}{\gamma}\right)} \quad (1.193)$$

1.2.4 摩擦と力の釣合

いままでは，物体同士はすべて滑らかな接触を行うと仮定し，摩擦を考えないで問題を扱ってきた．しかし現実には物体同士の接触面には必ず摩擦力が働く．

動物の歩行や車の走行が可能なのも，物体がそこに静止しているのも，構造物や機械を組み立てることができるのもすべて摩擦のためであり，摩擦はしばしば支配的な働きをする重要な現象である．

摩擦がない接触面では面に垂直な方向の力だけしか作用できないが，実際の接触面にはすべて摩擦があるので，面に垂直な方向とある角をなして力を作用させても，摩擦力（摩擦に起因する反力）によって力は釣り合うことができる（**図 1.64**）．しかし，作用する接線方向の力が大きくなり，角 θ がある値以上になると，摩擦力はある大きさ以上にはならないから，支えられずに滑り始める．作用力の面に垂直な成分を N，摩擦力を F とすれば，支えられ止まっているときには $F \leq \mu_s N$，滑っているときには $F = \mu_k N$，が成立する．ここで，μ_s は**静摩擦係数**，μ_k は**動摩擦係数**である．これは固体同士の乾燥摩擦の場合に成立する法則であり，**クーロンの法則**（Charles Augustin de Coulomb：1736－1806）と呼ばれる．これらの摩擦係数は，接触している物体の種類・接触面の状態・周辺の雰囲気によってその値が変化する．

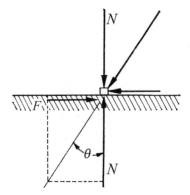

図 1.64 摩擦力 F（摩擦による反力）

固体同士の接触面に生じる摩擦の発生機構を説明する．すべての固体表面には必ず凹凸が存在し，その接触面の様相は，**図 1.65** に示すように
1． 一方の凸部が他方の凹部に入り込む．

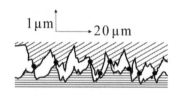

図 1.65 固体面同士の接触（黒丸は真実接触部分）

2. 巨視的には全面でぴったり密着して接触しているように見えるが，真実に接触している部分の面積は全面積よりはるかに小さい．この真実接触部分だけで全荷重を支えるので，真実接触部分には非常に大きい局部集中圧力が生じて必ずつぶれ，双方の物質は分子融合して一体化し，凝着状態になる．

上記の2つの現象が接触面間の相対滑りを妨げ，静摩擦力を生じる．このような接触状態で静止している2物体間に接触面に平行な方向の相対速度を与えると，下記の2つの現象が生じる．
1. 硬いほうの凸部が柔らかいほうの凸部を削りとる．
2. 真実接触部分の凝着がはがれる．

滑りの開始時には，この削れとはがれを生じさせるために大きい力が必要になるので，大きい抵抗力が発生する．いったん滑り始めると，接触面間には微視的に見ると非常に大きい相対速度が存在するので，凸部が凹部に入り込む時間も2物体が凝着する時間も無い．そのために，接触面間の面圧力が同一でも，相対速度が存在しない初期静止状態より滑りに対する抵抗力が小さくなる．これが，動摩擦力が静摩擦力より小さい理由である．

実現象における摩擦力は，静摩擦力から動摩擦力に不連続に変化するのではなく，図 1.66 のように，相対速度 v が小さい領域では相対速度の0からの増大と共に次第に減少し，静摩擦力から動摩擦力へと連続的に移行していく．相対速度がもっと増加すると，動摩擦力の領域に入る．動摩擦力は相対速度の広い範囲でほとんど一定になる．相対速度がさらに大きくなり，接触面間に発生する摩擦熱が増大して物体内部の熱伝導により周囲に散逸する熱の量を超えると，接触面に熱が蓄積して温度が上昇し，そのため物体が軟化して真実接触面が増大し，その

1.2 物体に作用する力　71

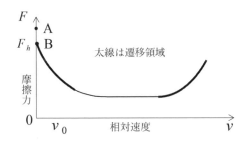

A: 静摩擦力
B: 相対滑り開始時の摩擦力 $= F_h$

図 1.66 接触面間の相対速度と摩擦力の関係

部分が高熱のために溶解し始め，凝着が広範囲に生じる．こうして摩擦力は急増する．

［問題 9］

(9-1) 図 1.67 のように粗い斜面に置かれた重さ W の物体を用いて静摩擦係数 μ_s を求める方法を考えよ．

解 斜面からの反力のうち，斜面に平行な方向の成分を F，斜面に垂直な方向の成分を N とする．物体が静止しているときには力の釣合が成立しており

$$N = W\cos(\alpha), \qquad F = W\sin(\alpha) = N\tan(\alpha) \tag{1.194}$$

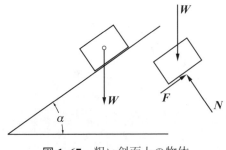

図 1.67 粗い斜面上の物体

物体がまさに滑り落ちようとするときの斜面の角 θ_s を**静摩擦角**と言う．このときには $F=\mu_s N$ であり，式(1.194)より

$$\mu_s = \tan(\theta_s) \tag{1.195}$$

このことから，滑り始めるときの角 $\alpha=\theta_s$ を測定して静摩擦係数 μ_s を求めることができる．

$\alpha>\theta_s$ の場合には物体は滑り始める．これを止めるために必要な力は，斜面に平行で上向きに，$W(\sin(\alpha)-\mu_s\cos(\alpha))$ である．一方，斜面に沿って上方に引っ張られまさに動き出そうとするときの力は，$W(\sin(\alpha)+\mu_s\cos(\alpha))$ である．

(9-2) 前問題を参照し，ねじを回すトルクを求めよ．

解 この問題は，**図 1.68** のように，斜面にある物体を鉛直方向の力 W に抗して水平方向の力 P で押し上げる場合に相当する．このときには $F=\mu_s N$ であるから，力の釣合は

$$P=N\sin(\alpha)+\mu_s N\cos(\alpha), \quad W=N\cos(\alpha)-\mu_s N\sin(\alpha) \tag{1.196}$$

式(1.196)の右式より

$$N=W\frac{1}{\cos(\alpha)(1-\mu_s\tan(\alpha))} \tag{1.197}$$

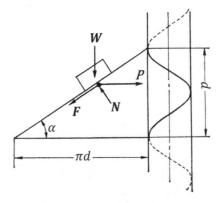

図 1.68 ねじを回すトルク

1.2 物体に作用する力　　73

式 (1.197) を式 (1.196) の左式に代入して式 (1.195) ($\mu_s = \tan(\theta_s) = \sin(\theta_s)/\cos(\theta_s)$) を用いれば，三角関数の加法定理より

$$P = N(\sin(\alpha) + \mu_s \cos(\alpha)) = W \frac{\sin(\alpha) + \mu_s \cos(\alpha)}{\cos(\alpha) - \mu_s \sin(\alpha)} = W \frac{\tan(\alpha) + \tan(\theta_s)}{1 - \tan(\alpha)\tan(\theta_s)}$$

$$= W \frac{\sin(\alpha)\cos(\theta_s) + \cos(\alpha)\sin(\theta_s)}{\cos(\alpha)\cos(\theta_s) - \sin(\alpha)\sin(\theta_s)} = W \frac{\sin(\alpha + \theta_s)}{\cos(\alpha + \theta_s)} = W \tan(\alpha + \theta_s)$$

$$(1.198)$$

ねじ山の有効径を d，ピッチを p とすれば，有効円周は πd，図 1.68 に示すように $\tan(\alpha) = p/(\pi d)$ であるから，必要なトルクは式 (1.198) と式 (1.195) より

$$T = P \cdot \frac{d}{2} = \frac{Wd}{2} \frac{p + \pi d \mu_s}{\pi d - p \mu_s} \tag{1.199}$$

斜面にある物体が滑り落ちようとするのを止めるのに必要な水平方向の力 P' は，同様にして

$$P' = W \tan(\alpha - \theta_s) \tag{1.200}$$

$\alpha < \theta_s$ ならば別に力を加えなくても落下しないので，逆止めの条件は $\alpha < \theta_s$ である．移動用ねじでは α を大きくとるが，固定用ねじでは緩まないようにするために α は小さいほうがよい．メートルねじやウイットウオースねじでは，$\alpha = 2°\sim3°$ の程度である．

（9-3）　問題 9-1 を参照し，くさびを押し込む問題を考察せよ．

解　くさびの問題も同じである．くさびを押し込む力 P とくさびによる水平方向のすき間を拡げる力 Q の関係は，**図 1.69** のように反力 $-Q$ がくさびの両側面に作用することを考慮し，式 (1.198) の W を Q と置き換えた式を用いて

$$P = Q(\tan(\alpha_1 + \theta_s) + \tan(\alpha_2 + \theta_s)) \tag{1.201}$$

式 (1.201) から，くさびを押し込む力 P が同一であれば，すき間を拡げる力 Q は角 α_1，α_2 が小さいほど大きくなる．

例えば，角 $\alpha_1 + \theta_s = \alpha_2 + \theta_s = 30°$ の場合には $Q = P/(2\tan(30°)) = 0.867P$ であり，その角が $15°$ の場合には $Q = 1.87P$ になる．角 α_1，α_2 が大きく摩擦が小さいと，くさびは飛び出そうとする．この場合には，$\alpha_1 + \alpha_2 < 2\theta_s$ であればくさびはもは

74　第1章　力

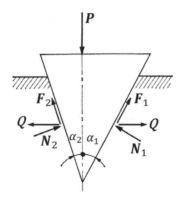

図 1.69 くさびに働く力

や飛び出すことはない．

(9-4) 外径 20 mm の締結用ねじを 2 Nm のトルクで締め付けた．締付け力はいくらか．ねじはメートルねじ第 1 号（有効径 $d=18.4$ mm，ピッチ $p=2.5$ mm）である．摩擦がない場合とねじ面の静摩擦係数が 0.2 の場合について求めよ．

解　図 1.68 より

$$\tan(\alpha) = \frac{p}{\pi d} = \frac{2.5}{3.14 \times 18.4} = 0.0432 \tag{1.202}$$

摩擦がない場合には，締付け力は

$$P_0 = 2/((18.4 \times 10^{-3}/2) \times 0.0432) = 5032 \text{ N} \tag{1.203}$$

摩擦がある場合には式(1.198)より

$$\tan(\alpha + \theta_s) = \frac{\tan(\alpha) + \mu_s}{1 - \mu_s \tan(\alpha)} = \frac{0.0433 + 0.2}{1 - 0.2 \times 0.0433} = 0.2454 \tag{1.204}$$

したがって

$$P_s = \frac{2 \times 10^3}{(d/2) \times \tan(\alpha + \theta_s)} = \frac{2 \times 10^3}{(18.4/2) \times 0.2454} = 885.9 \text{ N} \tag{1.205}$$

(9−5) テーパー 1/10 の円錐形プラグを同じ形の孔に 50 000 N の力で押し込んだ．これを引き抜くために必要な力を求めよ．ただし静摩擦係数は 0.2 とする．

解 押し込むときと引き抜くときの力をそれぞれ P, P' とすれば，式(1.198)を参照して

$$P = W\frac{\tan(\alpha) + \tan(\theta_s)}{1 - \tan(\alpha)\tan(\theta_s)}, \qquad P' = W\frac{\tan(\alpha) - \tan(\theta_s)}{1 + \tan(\alpha)\tan(\theta_s)} \qquad (1.206)$$

テーパーが 1/10 だから $\tan(\alpha)=0.05$, $\mu_s = \tan(\theta_s)=0.2$, $P=50\,000$ N．式(1.206)にこれらを用いて

$$P' = P\frac{(\tan(\alpha) - \tan(\theta_s))(1 - \tan(\alpha)\tan(\theta_s))}{(\tan(\alpha) + \tan(\theta_s))(1 + \tan(\alpha)\tan(\theta_s))}$$

$$= 50\,000\frac{(0.05 - 0.2)(1 - 0.01)}{(0.05 + 0.2)(1 + 0.01)} = 29\,410\text{ N} \qquad (1.207)$$

(9−6) 図 1.70 はアルミニウム板の圧延機である．2 組のローラが同一の角速度で回転しており，右の 1 組のローラは左の組のローラより直径がわずかに大きい．ローラと板との間に滑りが生じないためには，ローラを板に押し付ける力 F の大きさはいくらか．ただし，材料の引張りに対する降伏応力は 400 N/mm^2, ローラと板の間の静摩擦係数は 0.8 である．

解 ローラの単位幅あたりの力を考える．力は板の両面に作用し，$2F \cdot 0.8 \geq 400$ であるから

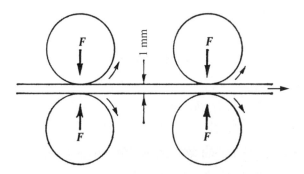

図 1.70　アルミニウム板の圧延機

$$F \geq \frac{400}{1.6} = 250 \text{ N/mm} \tag{1.208}$$

(9−7) 図 **1.71** のように，1端を粗い水平な床面上に，他端を粗い鉛直な壁に立てかけた長さ l の棒に鉛直下向きに荷重をかける．棒が滑らないためには，荷重点はどの範囲になければならないか．また，どこに荷重をかけても滑らないための棒と床面のなす角を求めよ．ただし，棒と床面，棒と壁面の静摩擦係数をそれぞれ μ_1, μ_2 とする．

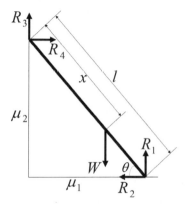

図 **1.71** 粗い床と粗い壁に立てかけた棒

解 床面における垂直上方と水平左方の反力の大きさをそれぞれ R_1 と R_2, 壁面における水平上方と垂直右方の反力の大きさをそれぞれ R_3 と R_4 とする．鉛直下方の荷重を W, 棒と床面のなす角を θ, 壁面と荷重点間の距離を x とする．

力の釣合は

$$R_1 + R_3 = W, \quad -R_2 + R_4 = 0 \tag{1.209}$$

床面と棒の接触点におけるモーメントの釣合は

$$W(l-x)\cos(\theta) - R_4 l \sin(\theta) - R_3 l \cos(\theta) = 0 \tag{1.210}$$

壁面と床面には静摩擦が存在するから，棒が滑らないためには

$$R_3 - \mu_2 R_4 \leq 0, \qquad -R_2 + \mu_1 R_1 \leq 0 \tag{1.211}$$

式(1.209)の左式と式(1.210)から R_3 を消去して $l \cos(\theta)$ で割れば

$$R_1 = R_4 \tan(\theta) + \frac{Wx}{l} \tag{1.212}$$

式(1.211)の右式から式(1.209)の右式を引いて式(1.212)を代入すれば

$$R_4(1 - \mu_1 \tan(\theta)) \leq \frac{\mu_1 Wx}{l} \tag{1.213}$$

式(1.209)の左式から式(1.212)を引いて

$$R_3 = W\left(1 - \frac{x}{l}\right) - R_4 \tan(\theta) \tag{1.214}$$

式(1.211)の左式と式(1.214)より

$$R_4(\mu_2 + \tan(\theta)) \geq W\left(1 - \frac{x}{l}\right) \tag{1.215}$$

式(1.213)と式(1.215)より

$$l > x \geq l \frac{1 - \mu_1 \tan(\theta)}{1 + \mu_1 \mu_2} \tag{1.216}$$

$\tan(\theta) \geq 1/\mu_1$ の場合には，x が $0 < x < l$ の範囲内のすべての値の下で式(1.213)を満足するから，どこに荷重をかけても棒は滑らない．$\tan(\theta) < 1/\mu_1$ の場合には，棒が滑らないための荷重点の位置 x は式(1.216)を満足する必要がある．

(9−8) **図1.72** に示すように，上面がローラを左に押して下面に平行に動くとき，下面が引きずられて一緒に動くようにするためには，両面間の挟角 α をどのように選べばよいか．ただし，下面とローラ間の静摩擦係数を 0.1 とする．

解 上面・下面とローラとの接触線（紙面に垂直方向）をそれぞれ A・B，ローラの中心線（紙面に垂直方向）を O とする．ローラが滑らないためには，接触線 B に作用する接線力と垂直力の比が静摩擦係数以下であればよい．図 1.72 のように，三角形 ΔOAB は 2 等辺三角形でその底角は ∠OBA＝α/2 である．面 AB に沿って作用する圧縮力を F とすれば，接線力は $F \sin(\alpha/2)$，垂直力は

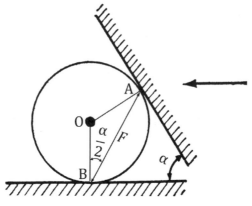

図 1.72 ローラーを介した水平面の移動

$F \cos(\alpha/2)$ であるから，接線力と垂直力の比は $\tan(\alpha/2)$ である．したがって

$$\tan(\alpha/2) \leq 0.1 \quad \text{すなわち} \quad \alpha \leq 11.42° = 11°25' \tag{1.217}$$

(9-9) 半径 R，高さ H，密度 ρ の円柱が，粗い水平な床面上に，中心軸が鉛直（床面に垂直）になるように置かれている．円柱の端面と床面の間の静摩擦係数が μ_s であるとき，円柱に中心軸回りの回転を起こさせるために必要なトルク N を求めよ．

解 円筒の体積は $\pi R^2 H$，床と円筒の接触部である円筒底辺部の面積は πR^2 であるから，接触圧力 p は

$$p = \frac{\pi R^2 H \rho g}{\pi R^2} = H \rho g \tag{1.218}$$

回転を起こすとき，床面からの抵抗に勝つために必要なトルクは，式(1.218)から

$$N > \int_0^R 2\pi r dr \cdot p \cdot \mu_s \cdot r = 2\pi H \rho g \mu_s \int_0^R r^2 dr = 2\pi H \rho g \mu_s \frac{R^3}{3} \tag{1.219}$$

第2章 運動

2.1 質点の運動（速度と加速度）

空間を運動する1つの質点の位置を表す**位置ベクトル** $r(x, y, z)$ は時間の関数であり

$$r = r(t), \quad x = x(t), \quad y = y(t), \quad z = z(t) \tag{2.1}$$

時刻 $t \cdot t + \Delta t$ の位置ベクトルを $r \cdot r + \Delta r$ とすれば、Δr は Δt 時間における位置の変化であるから、時刻 t における**速度** v は

$$v = \lim_{\Delta t \to 0} \frac{\Delta r}{\Delta t} = \frac{dr}{dt} = \dot{r} \tag{2.2}$$

で表される極限のベクトルとして定義される.

図 2.1 のように軌道上にとった定点 P_0 からの曲線 s に沿った長さを考え、時刻 $t \cdot t + \Delta t$ における位置 $P \cdot P'$ に対応する $s \cdot s + \Delta s$ をとると、ベクトル $\Delta r / \Delta s$ は、$\overline{PP'}$ と同じ方向・同じ向きを持っているから、$\Delta s \to 0$ の極限では曲線の点 P における接線の方向を与え、その大きさは単位量1である. したがって、$t = dr/ds$ は s が増加する向きにとった接線方向の単位ベクトルを表す. この t を**接線ベクトル**と言う. これを用いると、$r = r(s)$, $s = s(t)$ であるから、速度 v は

$$v = \frac{dr}{dt} = \frac{dr}{ds} \cdot \frac{ds}{dt} = \frac{ds}{dt} \cdot t \tag{2.3}$$

になる. $|ds/dt|$ は速度の大きさ v を示し、速度は軌道の接戦方向で運動の向きと同じ向きを持つベクトルで表される.

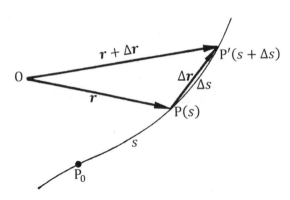

図 2.1　質点の変位と速度

固定点 O を原点とする座標系 (x, y, z) (位置は $r=xi+yj+zk$：i, j, k は座標軸方向の単位ベクトル) に対する接線の余弦 ($dx/ds, dy/ds, dz/ds$) (接線の**方向余弦**と言う) を用いて接線ベクトルを表現すれば

$$t = \frac{dr}{ds} = \frac{dx}{ds}i + \frac{dy}{ds}j + \frac{dz}{ds}k \tag{2.4}$$

式(2.4)を式(2.3)に代入すれば，速度は

$$v = \frac{ds}{dt}\frac{dx}{ds}i + \frac{ds}{dt}\frac{dy}{ds}j + \frac{ds}{dt}\frac{dz}{ds}k = \frac{dx}{dt}i + \frac{dy}{dt}j + \frac{dz}{dt}k = v_x i + v_y j + v_z k \tag{2.5}$$

式(2.5)は $r=xi+yj+zk$ を時間 t で直接微分しても直ちに求めることができる．

これから速度の成分と大きさは

$$v_x = \frac{dx}{dt} = \dot{x}, \quad v_y = \frac{dy}{dt} = \dot{y}, \quad v_z = \frac{dz}{dt} = \dot{z}, \quad v = \left|\frac{ds}{dt}\right| = \sqrt{v_x^2 + v_y^2 + v_z^2} \tag{2.6}$$

次に加速度について論じる．微小時間 Δt の間の速度の変化を Δv とすれば加速度 a は

$$a = \lim_{\Delta t \to 0}\frac{\Delta v}{\Delta t} = \frac{dv}{dt} = \dot{v} = \ddot{r} = \frac{d^2x}{dt^2}i + \frac{d^2y}{dt^2}j + \frac{d^2z}{dt^2}k \tag{2.7}$$

で表され，その成分 (a_x, a_y, a_z) と大きさは

$$a_x = \dot{v}_x = \ddot{x}, \quad a_y = \dot{v}_y = \ddot{y}, \quad a_z = \dot{v}_z = \ddot{z}, \quad a = \sqrt{a_x^2 + a_y^2 + a_z^2} \tag{2.8}$$

2.1 質点の運動（速度と加速度）　　81

　図 2.2 左図は，質点が空間（図 2.1）内の位置 P から P′ に移動する間の速度ベクトル v の変動を示す．この速度ベクトル v を定まった点 O_v に始点を置いて描く（この平面を**速度平面**と言う）と，終点は図 2.2 中央図と図 2.2 右図のようになり，その終点 Q の動き（Q→Q′）によって v の変化すなわち加速度を直感的に表すことができる．Q がこの速度平面上に描く曲線を**ホドグラフ**と呼ぶ．Δv の方向（＝速度変化の方向＝加速度の方向）は，一般に速度 v そのものの方向とは一致せず，図 2.2 中央図のようにこのホドグラフの接線方向に一致する．そして加速度は，速度の大きさと方向の両方の時間変化の割合を示す 2 つの項 Δv_t と Δv_n から成っている（図 2.2 右図）．

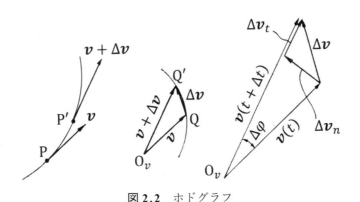

図 2.2　ホドグラフ

　図 2.3 左図のように，空間（図 2.1）内の質点の軌道を示す曲線 s 上で微小量 Δs 離れた 2 つの点 P，P′ における**接線ベクトル**（接線方向の単位ベクトル）t，$t' = t + \Delta t$ を考える．そして，これら 2 つの接線ベクトルにそれぞれ垂線を立て，それらの交点 O_R（変位空間の原点 O とは異なる）からの垂線の長さを ρ と記し，それらの交点における微小挟角を $\Delta \varphi$ とする．これら 2 つの接線ベクトルの始点である P と P′ を一致させて記すと，図 2.3 右図のように微小頂角 $\Delta \varphi$ の二等辺三角形になる．この二等辺三角形の斜辺の長さは接線ベクトルの長さで単位量 1 であるから，$\Delta s \to 0$ の極限における微小挟角 $\Delta \varphi$ は，角の定義（角＝円周／半

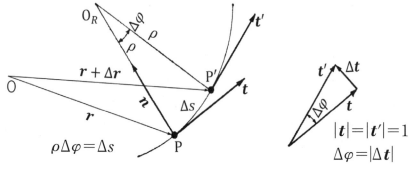

図 2.3 曲率・曲率半径

径：単位はラジアン）により $\Delta\varphi=|\Delta t|$ となる．そして図 2.3 左図のように，接線ベクトル（大きさは一定で単位量 1）の方向の変化量（スカラー）は

$$\left|\frac{d\bm{t}}{ds}\right|=\lim_{\Delta s\to 0}\left|\frac{\Delta\bm{t}}{\Delta s}\right|=\lim_{\Delta s\to 0}\frac{\Delta\varphi}{\Delta s}=\frac{d\varphi}{ds}=\frac{1}{\rho} \qquad (2.9)$$

式(2.9)が示す量 $1/\rho$ は接線ベクトルが変化する割合を示し，**曲率**と呼ばれる．そしてその逆数 ρ は，$\rho\cdot d\varphi=ds$ であることから，**曲率半径**と言う．

接線ベクトル $\bm{t}$ は単位量 1 のベクトルでありその大きさは変わらないから，$\Delta\bm{t}$ の方向の極限は $\bm{t}$ に垂直で $\bm{t}$ と $\bm{t}'$ が決定する平面内にあり，**曲率中心** O_R の方向を向いている．これを**主法線**と言う．曲率中心の方向を向く主法線で大きさ 1 の単位ベクトルすなわち**主法線ベクトル $\bm{n}$**（$\bm{n}$ 自身も時間 t の関数であり $\bm{n}(t)$）を用いると

$$\frac{d\bm{t}}{ds}=\frac{1}{\rho}\bm{n} \qquad (2.10)$$

となる．主法線ベクトル $\bm{n}$ を 3 次元空間座標上で表現すれば，式(2.4)と式(2.10)から

$$\bm{n}=\rho\frac{d\bm{t}}{ds}=\rho\frac{d\bm{r}/ds}{ds}=\rho\frac{d^2\bm{r}}{ds^2}=\rho\frac{d^2x}{ds^2}\bm{i}+\rho\frac{d^2y}{ds^2}\bm{j}+\rho\frac{d^2z}{ds^2}\bm{k} \qquad (2.11)$$

主法線ベクトル $\bm{n}$ の大きさが 1 であることから，曲率 $1/\rho$ は式(2.11)を用いて

$$\frac{1}{\rho} = \sqrt{\left(\frac{d^2x}{ds^2}\right)^2 + \left(\frac{d^2y}{ds^2}\right)^2 + \left(\frac{d^2z}{ds^2}\right)^2} \tag{2.12}$$

さて加速度 $\boldsymbol{a}$ は，速度 $\boldsymbol{v}$ の式(2.3)を時間 t でさらに微分して式(2.6)と式(2.11)を用いれば

$$\boldsymbol{a} = \dot{\boldsymbol{v}} = \frac{d^2s}{dt^2}\boldsymbol{t} + \frac{ds}{dt}\frac{d\boldsymbol{t}}{dt} = \frac{dv}{dt}\boldsymbol{t} + \frac{ds}{dt}\left(\frac{d\boldsymbol{t}}{ds}\frac{ds}{dt}\right) = \frac{dv}{dt}\boldsymbol{t} + \left(\frac{ds}{dt}\right)^2\frac{d\boldsymbol{t}}{ds} = \frac{dv}{dt}\boldsymbol{t} + \frac{v^2}{\rho}\boldsymbol{n} \tag{2.13}$$

となり，加速度が接線方向に dv/dt，主法線方向に v^2/ρ の成分を有するベクトルであることが分かる．これらのうち前者は接線加速度 $\boldsymbol{a}_t$ であり，速度の大きさが変わる割合を示す．また後者は速度の方向が変わる割合すなわち法線加速度 $\boldsymbol{a}_n$ を示す．3次元空間内において $\boldsymbol{n}' = \boldsymbol{t} \times \boldsymbol{n}$ で表現される単位ベクトル $\boldsymbol{n}'$ を**従法線ベクトル**と言う．式(2.13)から明らかなように，従法線ベクトル方向の加速度成分は0である．

運動を考えるとき，問題によっては直交直線系の代わりに**極座標**を用いる方が都合が良い場合がある．いま**図 2.4** と**図 2.5** のような平面内の運動を考え，運動中の質点の原点Oからの距離を半径 r としその半径 r の基準軸（ここでは x 軸にとる）からの角を θ とすれば，極座標 (r, θ) と直交座標 (x, y) の関係は，

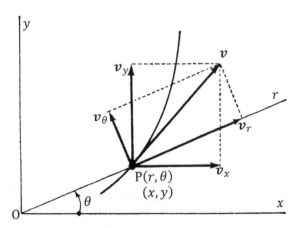

図 2.4 平面座標と曲座標における速度

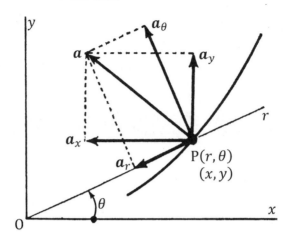

図 2.5　平面座標と曲座標における加速度

$x = r\cos(\theta)$, $y = \sin(\theta)$ となる．したがって

$$\left.\begin{array}{l} v_x = \dot{x} = \dot{r}\cos(\theta) - r\sin(\theta)\cdot\dot{\theta} \\ v_y = \dot{y} = \dot{r}\sin(\theta) + r\cos(\theta)\cdot\dot{\theta} \end{array}\right\} \quad (2.14)$$

$$\left.\begin{array}{l} a_x = \ddot{x} = \ddot{r}\cos(\theta) - 2\dot{r}\dot{\theta}\sin(\theta) - r\dot{\theta}^2\cos(\theta) - r\ddot{\theta}\sin(\theta) \\ a_y = \ddot{y} = \ddot{r}\sin(\theta) + 2\dot{r}\dot{\theta}\cos(\theta) - r\dot{\theta}^2\sin(\theta) + r\ddot{\theta}\cos(\theta) \end{array}\right\} \quad (2.15)$$

となる．速度・加速度の r 方向（動径方向）成分を $v_r \cdot a_r$，これらに垂直な θ 方向（方位角方向）成分を $v_\theta \cdot a_\theta$ とすれば

$$\left.\begin{array}{l} v_r = v_y \sin(\theta) + v_x \cos(\theta) \\ v_\theta = v_y \cos(\theta) - v_x \sin(\theta) \end{array}\right\} \quad (2.16)$$

$$\left.\begin{array}{l} a_r = a_y \sin(\theta) + a_x \cos(\theta) \\ a_\theta = a_y \cos(\theta) - a_x \sin(\theta) \end{array}\right\} \quad (2.17)$$

の関係が成立する．式(2.16)に式(2.14)を代入して三角関数の関係式 $\sin^2(\theta) + \cos^2(\theta) = 1$ を用いれば

$$\left.\begin{array}{l} v_r = \dot{r}\sin^2(\theta) + r\sin(\theta)\cos(\theta)\cdot\dot{\theta} + \dot{r}\cos^2(\theta) - r\sin(\theta)\cos(\theta)\cdot\dot{\theta} = \dot{r} \\ v_\theta = \dot{r}\sin(\theta)\cos(\theta) + r\cos^2(\theta)\cdot\dot{\theta} - \dot{r}\sin(\theta)\cos(\theta) + r\sin^2(\theta)\cdot\dot{\theta} = r\dot{\theta} \end{array}\right\}$$

$$(2.18)$$

式(2.17)に式(2.15)を代入して，結果の式を同様に変形（途中省略）すれば

$$a_r = \ddot{r} - r\dot{\theta}^2, \quad a_\theta = 2\dot{r}\dot{\theta} + r\ddot{\theta} \tag{2.19}$$

となる．ここで $\dot{\theta}$ は**角速度**, $\ddot{\theta}$ は**角加速度**である．

空間運動に対しては，図 **2.6** の**円柱極座標** (r, θ, z) を用いる場合と，図 **2.7** の**球極座標** (r, θ, φ) を用いる場合がある．前者では z 軸は直交直線座標系のままであり，$x = r\cos(\theta)$・$y = r\sin(\theta)$・$z = z$ であるから，$v_z = \dot{z}$・$a_z = \ddot{z}$ であり，v_r・v_θ・a_r・a_θ に対しては式(2.18)と式(2.19)が成立する．一方後者では図 2.7 より

$$x = r\sin(\theta)\cos(\varphi), \quad y = r\sin(\theta)\sin(\varphi), \quad z = r\cos(\theta) \tag{2.20}$$

$$\left.\begin{array}{l} v_x = \dot{r}\sin(\theta)\cos(\varphi) + r\cos(\theta)\cos(\varphi)\cdot\dot{\theta} - r\sin(\theta)\sin(\varphi)\cdot\dot{\varphi} \\ v_y = \dot{r}\sin(\theta)\sin(\varphi) + r\cos(\theta)\sin(\varphi)\cdot\dot{\theta} + r\sin(\theta)\cos(\varphi)\cdot\dot{\varphi} \\ v_z = \dot{r}\cos(\theta) - r\sin(\theta)\cdot\dot{\theta} \end{array}\right\} \tag{2.21}$$

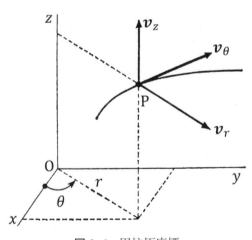

図 **2.6**　円柱極座標

r 方向の方向余弦は，x/r, y/r, z/r, すなわち $\sin(\theta)\cos(\varphi)$, $\sin(\theta)\sin(\varphi)$, $\cos(\theta)$ であるから，式(2.18)を導いたときと同一の三角関数の関係式を用いれば

$$v_r = \dot{r}((\sin(\theta)\cos(\varphi))^2 + (\sin(\theta)\sin(\varphi))^2 + \cos^2(\theta))$$

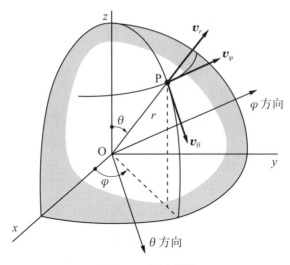

図 2.7　球極座標

$$+r\cdot\dot{\theta}(\sin(\theta)\cos(\theta)\cos^2(\varphi)+\sin(\theta)\cos(\theta)\sin^2(\varphi)-\sin(\theta)\cos(\theta))$$
$$-r\cdot\dot{\varphi}(\sin^2(\theta)\sin(\varphi)\cos(\varphi)-\sin^2(\theta)\sin(\varphi)\cos(\varphi))=\dot{r} \quad (2.22)$$

θ 方向・φ 方向の方向余弦は，それぞれ $(\cos(\theta)\cos(\varphi),\ \cos(\theta)\sin(\varphi),\ -\sin(\theta))\cdot(-\sin(\varphi),\ \cos(\varphi),\ 0)$ であるから，同様にして

$$v_\theta = r\dot{\theta}, \qquad v_\varphi = r\sin(\theta)\cdot\dot{\varphi} \quad (2.23)$$

加速度も同様にして求められ

$$\left.\begin{array}{l}a_r=\ddot{r}-r\dot{\theta}^2-r\dot{\varphi}^2\sin^2(\theta),\qquad a_\theta=r\ddot{\theta}+2\dot{r}\dot{\theta}-r\dot{\varphi}^2\sin(\theta)\cos(\theta)\\ a_\varphi=r\ddot{\varphi}\sin(\theta)+2\dot{r}\dot{\varphi}\sin(\theta)+2r\dot{\varphi}\dot{\theta}\cos(\theta)\end{array}\right\} \quad (2.24)$$

これらの式で $\theta=\pi/2=$ 一定 $(\therefore\dot{\theta}=\ddot{\theta}=0)$ と置き，改めて $\varphi\to\theta$ と書き換えると，平面運動の場合の式(2.19)が得られる．

図 2.8 のように点 P が円弧に沿って運動するとき，この運動は円の中心を通り運動平面に垂直な軸を回転軸とする回転運動である．大きさが回転の速さ（回転軸まわりの角速度）ω で，回転の向きに右ねじを回したときそれが進む向きにとった回転軸上のベクトル ω を，**角速度ベクトル**と言う．このように角速度をベ

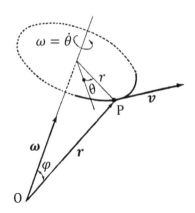

図 2.8 角速度ベクトル

クトルで表現すると，回転運動をする点 P の速度 v は，回転軸上の点 O からの位置ベクトル r を用いて

$$v = \omega \times r \tag{2.25}$$

で表すことができる（× はベクトル積を意味するので，v の方向は ω から r へ回転する右ねじの進行方向すなわち回転円の接線方向）．この関係から点 P の加速度 a は

$$a = \dot{v} = \frac{d}{dt}(\omega \times r) = \dot{\omega} \times r + \omega \times v = r\dot{\omega} \cdot t + r\omega^2 \cdot n \tag{2.26}$$

式(2.26)右辺の第 1 項は式(2.19)右式右辺の第 2 項であり，接線方向の加速度成分を表す．また式(2.26)右辺の第 2 項は式(2.19)左式右辺の第 2 項であり，主法線方向の加速度成分（半径に沿って中心の方向に向かうこの加速度成分を**向心加速度**と呼ぶ）を表す．

[問題 10]

(10-1)　図 2.9 のように，半径 r の円周上を速度 v で運動する質点の加速度を求めよ．

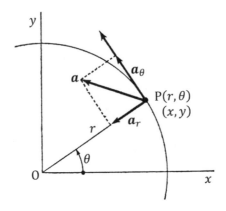

図 2.9　円周上を運動する点 P の加速度

解　r は一定 ($\dot{r}=0$) であるから，角速度を $\dot{\theta}=v/r=\omega$ と記せば，式(2.19)より

$$a_r = -r\dot{\theta}^2 = -r\omega^2 = -\frac{v^2}{r}, \qquad a_\theta = r\ddot{\theta} = r\dot{\omega} = \dot{v} = \frac{dv}{dt} \tag{2.27}$$

(10-2)　等速円運動のホドグラフを描き，これを用いて向心加速度を図上に示せ．

解　図 2.10 左図のように，点 P が半径 r の円周上を大きさ一定の速度 v で運動

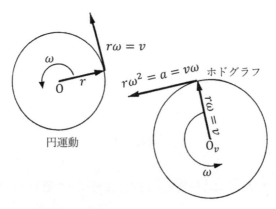

図 2.10　等速円運動とそのホドグラフ

している．角速度を ω（一定）と記せば $v=r\omega$ であるから，ホドグラフは半径 $v=r\omega$ の円になる（図2.10右図）．このホドグラフ上で点Pはやはり角速度 ω の等速円運動をしているから，加速度の大きさは $v\cdot\omega=r\omega\cdot\omega=r\omega^2$ になり，その方向は明らかに図2.10左図の向心方向（運動円の中心Oへの方向）になっている．

(10-3) 図2.11に示すピッチ p のらせん曲線に沿って鉛直下向き（$-z$ の方向）の一定加速度 g で落下する質点 M の加速度と速度を求めよ．

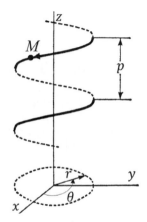

図2.11 らせん曲線に沿って落ちる質点

[解] 円柱極座標 (r, θ) を用いる．質点 M の運動は，拘束条件が r（らせん曲線の半径）＝一定，$z=-p\theta/(2\pi)$，$\ddot{z}=-g$ であるから

$$\ddot{\theta}=-\frac{2\pi\ddot{z}}{p}=\frac{2\pi g}{p} \tag{2.28}$$

これを時間積分して

$$\dot{\theta}=\frac{2\pi gt}{p}+c_1, \qquad \dot{z}=-\dot{\theta}\frac{p}{2\pi}=-gt+c_2 \tag{2.29}$$

ここで c_1 と c_2 は積分定数であり，$t=0$ で $\dot{\theta}=0$，$\dot{z}=0$ とすれば，$c_1=0$，$c_2=0$．したがって式(2.18)と式(2.19)より

90 　第 2 章 運　　　　動

$$v_r = \dot{r} = 0, \qquad v_\theta = r\dot{\theta} = -\frac{2\pi r}{p}gt, \qquad v_z = -gt$$

$$a_r = -r\dot{\theta}^2 = -r\left(\frac{2\pi gt}{p}\right)^2, \qquad a_\theta = r\ddot{\theta} = \frac{2\pi rg}{p}, \qquad a_z = \ddot{z} = -g \qquad (2.30)$$

らせん運動は，磁界中の電子の運動や流体の渦運動などに見られる．

(10-4)　静止している点が加速度 a で直線上を動き出し，一様に加速度を増して，T 秒後には $2a$，$2T$ 秒後には $3a\cdots$ になるとする．nT 秒後における速度，および通過した距離を求めよ．

解　加速度は

$$\alpha = \alpha(t) = \left(1 + \frac{t}{T}\right)a \qquad (2.31)$$

nT 秒後における速度 v_{nT} と通過した距離 s_{nT} は

$$v_{nT} = \int_0^{nT}\left(1 + \frac{t}{T}\right)a\,dt = a\left[t + \frac{t^2}{2T}\right]_0^{nT} v_{nT} = anT\left(1 + \frac{n}{2}\right)$$

$$s_{nT} = \int_0^{nT} a\left(t + \frac{t^2}{2T}\right)dt = a\left[\frac{t^2}{2} + \frac{t^3}{6T}\right]_0^{nT} = \frac{an^2T^2}{6}(3 + n) \qquad (2.32)$$

(10-5)　打上げ花火のように，空中の 1 点において一定の初速度 v_0 で種々の方向に放射された多くの質点は，t 秒後には半径 v_0t の球面上にあることを示せ．

解　鉛直面 (x, z) 内で水平方向の x 軸より角 θ 上方に向かって初速度 v_0 で放射された質点は，鉛直下方に重力加速度 $-g$ が作用するから，時間 t 秒後の位置は

$$x = v_0t\cos(\theta), \qquad z = v_0t\sin(\theta) - \frac{g}{2}t^2 \qquad (2.33)$$

式(2.33)より

$$\cos^2(\theta) = \left(\frac{x}{v_0t}\right)^2, \qquad \sin^2(\theta) = \left(\frac{z + gt^2/2}{v_0t}\right) \qquad (2.34)$$

式(2.34)を三角形の公式 $\cos^2(\theta) + \sin^2(\theta) = 1$ に代入して

$$x^2 + \left(z + \frac{gt^2}{2}\right)^2 = v_0^2t^2 \qquad (2.35)$$

式(2.35)は,質点がこの鉛直面(x, z)内で半径$v_0 t$の円周線上にあることを意味する.このことは任意の鉛直面内で成立するから,すべての質点は半径$v_0 t$の球面上にある.

(10−6) 半径rの円周上を角速度ωで運動する点Pの円周上の他の任意の点Qに対する角速度はいくらか.

解 図 **2.12** に示すように,点Pが円周上を速度ωrで運動している円の中心点をOとし,点Pから角ωtだけ遅れた円周上の点をQとする.ΔOPQは両斜辺が半径rの2等辺三角形である.点Pと点Qを結ぶ線分$\overline{PQ}$の中点Rに垂線を下せば,ΔOPRは角$\angle$POR$=\omega t/2$の直角三角形であるから,線分$\overline{PQ}$の長さは,$\overline{PQ}=2\overline{PR}=2r\sin(\omega t/2)$になる.

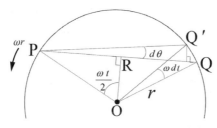

図 2.12 円周上を移動する点Pの円周上の他の点Qに対する角速度

Qから微小角速度ωdtだけ進んだ円周上の点をQ′とすれば,微小線分$\overline{QQ'}=\omega r dt$である.また,角$\angle$OQQ′$=$角$\angle$ORQ$=\pi/2$であるから,角$\angle$PQQ′$=$角$\angle$ROQ$=$角$\angle$ROP$=\omega t/2$となる.したがって,点Q′から線分$\overline{PQ}$に下した微小垂線の長さは$\omega r dt \sin(\omega t/2)$になる.一方角$\angle$QPQ′$=d\theta$とおけば,この微小垂線の長さは$\overline{PQ}d\theta$に等しくなり,$2r\sin(\omega t/2)d\theta=\omega r dt \sin(\omega t/2)$.この関係から,求める角速度は

$$\dot{\theta}=\frac{d\theta}{dt}=\frac{\omega}{2} \tag{2.36}$$

2.2 剛体の運動

2.2.1 剛体とは

物体は質点が連続的に分布している質点系であり，そのうちすべての質点間の距離が一定で変わらないものが**剛体**である．剛体では，その中にとった任意の直線は運動中も運動後も同じ長さの直線であり，任意の3直線で作られる三角形は運動によってその形や大きさを変えない．三角形の3頂点すなわち1直線上にない任意の3点の位置を定めれば，剛体内の他の点はこの3点からいつも定まった距離にあるから，剛体の位置は完全に決まる．空間における1点の自由度は3であるから，三角形の3頂点は $3 \times 3 = 9$ の自由度を持つ．これから3辺の長さが変化しないという3つの拘束を差し引くと，剛体の運動の自由度は6である．

剛体は変形しない物体である．実際の物体に力が作用すればそれに応じて必ず多少の変形をする．しかし一般に固体のような変形しにくい物体では，物体全体の移動による運動に対してこの変形による運動は極めて小さいから，物体を剛体と見なし簡略化して取り扱うことができる．

2.2.2 並進運動と回転運動

図 **2.13** のように，2つの質点がそれぞれ速度 v_1 と v_2 で運動しているとき，質

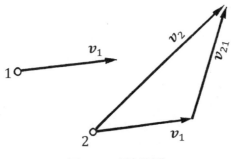

図 **2.13** 回転運動

点 2 の速度を質点 1 から見ると

$$\boldsymbol{v}_{21} = \boldsymbol{v}_2 - \boldsymbol{v}_1 \tag{2.37}$$

$\boldsymbol{v}_{21}$ は質点 2 の質点 1 に対する**相対速度**であり，$\boldsymbol{v}_{12} = -\boldsymbol{v}_{21}$ は質点 1 の質点 2 に対する相対速度を表す．2 質点を剛体内の任意の 2 点とすると，2 点間の距離は変わらないから，剛体が相対速度を持つとすれば，それは 2 点を結ぶ方向に垂直である．

相対速度がない場合には，剛体内のどの点の速度も同じ大きさであり，剛体はこの速度で動く．これを**並進運動**と言い，任意の 1 点（例えば重心）の運動で剛体全体の並進運動を代表させることができる．

剛体内の任意の 1 点 P が，他の 1 点 A に対して相対速度を持つ場合には，相対速度の方向は線分 $\overline{\mathrm{AP}}$ に垂直であり，点 P あるいは線分 $\overline{\mathrm{AP}}$ は，**図 2.14** に示すように，点 A を通るある軸（回転軸）回りに回転し，角速度 ω を持つ．このとき，剛体内の他のすべての点（例えば図 2.14 内の点 Q）も同じ軸回りに回転し，同じ角速度を持つことは明らかである．このような運動を剛体の**回転運動**と言う．

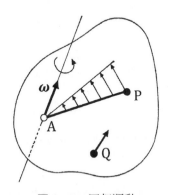

図 2.14　回転運動

2.2.3　平面運動

固定された平面内の並進運動や固定された回転軸の回りの回転運動のように，

剛体内のすべての点が空間に固定された1平面内に平行に動くとき，剛体は**平面運動**をすると言う．実際の機械の各部は，平面運動を利用しているものが多い．平面運動では，この平面に垂直な任意の直線上にある剛体の点はすべて同じ運動をするから，この静止平面への射影の運動によって，剛体の平面運動を完全に表現することができる．

図 2.15 の図形は，空間に固定された平面（O−xy）への剛体の射影であり，剛体はこの平面に平行な平面運動をしているとする．このような平面図形の位置は，図形内の任意の2点A，Bの位置を定めれば定まり，運動は線分 $\overline{AB}$ の運動によって代表させることができる．この線分の位置は，点Aの座標（x_A, y_A）と線分 $\overline{AB}$ が x 軸となす角 θ の3個によって決められる．このように剛体の平面運動は自由度3の運動である．

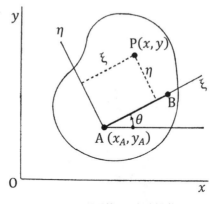

図 2.15　剛体の平面運動

この運動を数式で表す際には，剛体に固定した任意の座標系（A−$\xi\eta$）をとれば便利である．ξ 軸と一致する線分 $\overline{AB}$ が x 軸となす角が θ であるとき，点Aにおいて空間に固定した座標系（A−xy）と剛体に固定した座標系（A−$\xi\eta$）の関係を，図 2.16(a)と同図(b)に示す．

2.2 剛体の運動　95

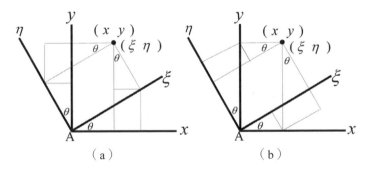

図 2.16　平面における座標系 (A−xy) と (A−ξη) の関係

まず同図 (a) から

$$\left.\begin{array}{l}x=\xi \cos(\theta)-\eta \sin(\theta) \\ y=\xi \sin(\theta)+\eta \cos(\theta)\end{array}\right\} \quad (2.38)$$

式 (2.38) を行列・ベクトル形式で書くと

$$\begin{Bmatrix}x\\y\end{Bmatrix}=\begin{bmatrix}\cos(\theta) & -\sin(\theta) \\ \sin(\theta) & \cos(\theta)\end{bmatrix}\begin{Bmatrix}\xi\\\eta\end{Bmatrix}=[T]\begin{Bmatrix}\xi\\\eta\end{Bmatrix} \quad (2.39)$$

式 (2.39) 内の行列 [T] を，2 次元平面における**座標変換行列**と言う．

次に式 (2.38) の逆の座標変換を考える．同図 (b) から

$$\left.\begin{array}{l}\xi=x\cos(\theta)+y\sin(\theta) \\ \eta=-x\sin(\theta)+y\cos(\theta)\end{array}\right\} \quad (2.40)$$

式 (2.39) の逆の座標変換は，式 (2.40) より

$$\begin{Bmatrix}\xi\\\eta\end{Bmatrix}=[T]^{-1}\begin{Bmatrix}x\\y\end{Bmatrix}=\begin{bmatrix}\cos(\theta) & \sin(\theta) \\ -\sin(\theta) & \cos(\theta)\end{bmatrix}\begin{Bmatrix}x\\y\end{Bmatrix}=[T]^{T}\begin{Bmatrix}\xi\\\eta\end{Bmatrix} \quad (2.41)$$

式 (2.41) から明らかなように，座標変換行列の場合には逆行列と転置行列が等しく

$$[T]^{-1}=[T]^{T} \quad (2.42)$$

座標変換行列が有する式 (2.42) の関係は，2 次元平面のみではなく 3 次元空間でも成立する．

剛体内の各点の座標 ξ, η は，剛体に固定されており時間に関係なく一定であ

96　　第2章　運　　　　動

るから，剛体の平面運動は剛体内の基準点 A の並進変位と座標系 (A−ξη) の回転によって表され

$$x_A = f_1(t), \qquad y_A = f_2(t), \qquad \theta = f_3(t) \tag{2.43}$$

の3式によって完全に決めることができる．

式(2.38)を用いれば，剛体内の任意の点 P(ξ, η) の位置 x, y は

$$\left. \begin{array}{l} x = x_A + \xi \cos(\theta) - \eta \sin(\theta) \\ y = y_A + \xi \sin(\theta) + \eta \cos(\theta) \end{array} \right\} \tag{2.44}$$

式(2.44)右辺の第1項は基準点 A の並進変位，第2項と第3項は基準点 A 回りの回転変位を表す．速度は

$$\left. \begin{array}{l} v_x = \dot{x} = \dot{x}_A - (\xi \sin(\theta) + \eta \cos(\theta))\dot{\theta} = \dot{x}_A - (y - y_A)\dot{\theta} \\ v_y = \dot{y} = \dot{y}_A + (\xi \cos(\theta) - \eta \sin(\theta))\dot{\theta} = \dot{y}_A + (x - x_A)\dot{\theta} \end{array} \right\} \tag{2.45}$$

式(2.45)右辺の第1項は基準点 A の並進速度，第2項は基準点 A 回りの回転速度を表す．加速度は式(2.44)を用いて

$$\left. \begin{array}{l} a_x = \ddot{x} = \ddot{x}_A - (\xi \cos(\theta) - \eta \sin(\theta))\dot{\theta}^2 - (\xi \sin(\theta) + \eta \cos(\theta))\ddot{\theta} \\ \qquad = \ddot{x}_A - (x - x_A)\dot{\theta}^2 - (y - y_A)\ddot{\theta} \\ a_y = \ddot{y} = \ddot{y}_A - (\xi \sin(\theta) + \eta \cos(\theta))\dot{\theta}^2 + (\xi \cos(\theta) - \eta \sin(\theta))\ddot{\theta} \\ \qquad = \ddot{y}_A - (y - y_A)\dot{\theta}^2 + (x - x_A)\ddot{\theta} \end{array} \right\} \tag{2.46}$$

式(2.46)右辺の第1項は基準点 A の並進加速度，第2項と第3項は基準点 A 回りの回転加速度を表し，これらのうち第2項は法線加速度，第3項は接線加速度を表す．このように，回転加速度は法線加速度と接線加速度からなる．

　剛体の運動を表す際には，剛体に固定する座標系はどのように選んでもさしつかえない．都合の良い点（例えば重心）を原点にとって考えてかまわない．基準点をどこにとっても $\theta' = \theta + const.$, $\dot{\theta}' = \dot{\theta}$ であるから，その点回りの剛体の角速度は同じなのである．

2.2.4　瞬　間　中　心

　図 2.17 のように，剛体 AB が時間 Δt の後に A_1B_1 に移動するとき，この移動

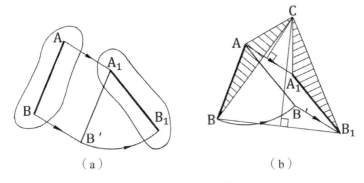

図 2.17 並進運動と回転運動の合成

は並進と回転の合成によって表すことができて，同じ移動を同図(a)では並進 AB→A₁B′ と回転 A₁B′→A₁B₁，同図(b)では回転 AB→AB′ と並進 AB′→A₁B₁ によって表している．しかし，剛体を代表する線分 AB 内の任意の2点（ここでは両端の2点 A と B を採用）の移動を表す2つの線分 AA₁ と BB₁ の垂直2等分線の交点を C とすると，点 C の回りの角 ∠ACA₁＝∠BCB₁ の回転のみによってもこの運動を表すことができる．Δt＝0 の極限においては，剛体の運動はすべてこのような回転のみの運動をしていると考えることができて，この瞬間の回転中心 C を**瞬間中心**と呼ぶ．この点 C を通り平面に垂直な直線がこの剛体の**瞬間回転軸**である．純粋な並進運動の場合には交点は求まらないが，このときには瞬間中心が無限遠方にあると考えればよい．また2本の垂直2等分線が一致する場合には，線分 AB と線分 A₁B₁ の延長線の交点が瞬間中心になる．

　図 2.15 において，運動する平面 (A−ξη) は剛体に固定された無限平面であるが，いま，この平面上で速度が 0 すなわち $\dot{x}=\dot{y}=0$ になるような点 C(x_C, y_C) があるかどうかを調べてみる．この平面上の点に対しては式(2.44)，(2.45)，(2.46)の各式はそのまま成立するから，式(2.45)において $\dot{x}=\dot{y}=0$，$x=x_C$，$y=y_C$ とおくことにより，このような点の座標は

$$x_C = x_A - \frac{\dot{y}_A}{\dot{\theta}}, \qquad y_C = y_A + \frac{\dot{x}_A}{\dot{\theta}} \tag{2.47}$$

この点は剛体の運動に伴って刻々その位置を変えるが，ある時刻にこの点を図 2.15 の基準点 A に選べば，基準点の速度は 0 であるから，$x_A = x_C$, $y_A = y_C$, $\dot{x}_A = 0$, $\dot{y}_A = 0$ を式(2.45)に代入して，

$$\dot{x} = -(y - y_C)\dot{\theta}, \qquad \dot{y} = (x - x_C)\dot{\theta} \tag{2.48}$$

になり，この時刻（瞬間）における剛体の運動は動かない点 C を中心とする回転運動と同じであることが分かる．いま求めた点 C は瞬間中心にほかならない．

瞬間中心は，各瞬間においては動かない点であるが，剛体の運動に伴って移動する．その軌跡を**瞬間中心の軌跡**と言う．瞬間中心の軌跡は，例えば図 2.18 の点 $C_1, \cdots, C_5$ ように示されるが，このほかに，剛体に跡づけして，かつて瞬間中心であった点とこれから瞬間中心になろうとする点の軌跡を剛体内に $O_1, \cdots, O_5$ のように描くことができる．図 2.18 はちょうど C_2（または O_2）が瞬間中心になっている場合であり，次の時刻には C_3 と O_3 が一致して瞬間中心となる．$C_1, \cdots, C_5$ は固定空間に跡づけした瞬間中心の軌跡で**固定軌跡**，$O_1, \cdots, O_5$ は移動する剛体に跡づけした瞬間中心の軌跡で**移動軌跡**と呼ばれる．剛体は後者が前者の上を滑らないで転がる運動をする．

式(2.47)は空間に固定した座標 x, y で示した瞬間中心の軌跡で，固定軌跡で

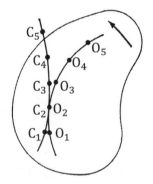

図 2.18 固定軌跡と移動軌跡

ある．剛体に固定した座標 ξ_C, η_C で示すと，式(2.44)と式(2.47)から

$$\left.\begin{array}{l} x_C = x_A - \dot{y}_A/\dot{\theta} = x_A + \xi_C \cos(\theta) - \eta_C \sin(\theta) \\ y_C = y_A + \dot{x}_A/\dot{\theta} = y_A + \xi_C \sin(\theta) + \eta_C \cos(\theta) \end{array}\right\} \quad (2.49)$$

である．式(2.49)を時間 t で微分して $\dot{x}_c = \dot{y}_c = 0$, $\dot{\xi}_c = \dot{\eta}_c = 0$ とおいた式と $\cos^2(\theta) + \sin^2(\theta) = 1$ の関係から

$$\left.\begin{array}{l} \xi_C = (\dot{x}_A \sin(\theta) - \dot{y}_A \cos(\theta))/\dot{\theta} \\ \eta_C = (\dot{x}_A \cos(\theta) + \dot{y}_A \sin(\theta))/\dot{\theta} \end{array}\right\} \quad (2.50)$$

が得られ，これは移動軌跡を示している．

図 **2.19** のように，半径 R の円柱が平面上を軸に垂直な方向に進む転がり運動を調べる．円柱の中心 O の速度を v, 回転の時計回りの角速度を ω とする．円柱の平面との接触点 C の中心 O に対する相対速度は v とそれとは反対向きに $R\omega$ であるから，点 C の速度は $v-R\omega$ である．滑らずに転がるためには，接触点における平面と円柱の相対速度が 0 でなければならないから，$v = R\omega$ であり，点 C が瞬間中心になる．逆に円柱の中心が動かないで完全に滑ってしまう場合には，O が瞬間中心である．滑りながら転がる場合には，直線 OC 上の点 O から h の距離にある点 h で速度 $v - h\omega = 0$ であるから，この点 $h = v/\omega$ が瞬間中心になる．

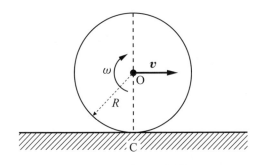

図 **2.19** 転がり運動

[問題 11]

(11−1) 図 2.20 のように，辺の長さがそれぞれ l と m である長方形の板 ABCD が，共に滑らかで水平な床と鉛直な壁に沿って滑り落ちる鉛直面内の運動をする．点 A の速度 v_A と加速度 a_A が与えられるとき，点 C の速度と加速度を求めよ．また板の回転角速度と回転角加速度を求めよ．さらに瞬間中心とその軌跡を求めよ．

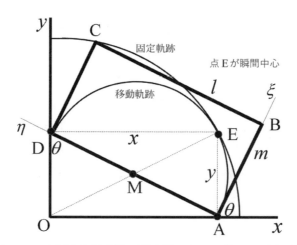

図 2.20 水平床と鉛直壁の間を滑りながら落ちる長方形板

解 板に固定された座標系として，点 A を原点に辺 AB と AD をそれぞれ ξ 軸と η 軸に選ぶ．床と ξ 軸のなす角を θ ($\theta=0 \to 90°$) とすると

$$x_A = l\sin(\theta), \qquad \dot{x}_A = l\cos(\theta)\cdot\dot{\theta} = v_A \tag{2.51}$$

したがって，

$$\dot{\theta} = \frac{v_A}{l\cos(\theta)} \tag{2.52}$$

$$x_C = m\cos(\theta), \qquad y_C = l\cos(\theta) + m\sin(\theta) \tag{2.53}$$

であるから，点 C の速度と加速度は式(2.52)と式(2.53)より

$$\left.\begin{aligned}\dot{x}_C &= -m\sin(\theta)\cdot\dot{\theta} = -v_A\frac{m}{l}\tan(\theta)\\\dot{y}_C &= (-l\sin(\theta)+m\cos(\theta))\dot{\theta} = v_A\left(\frac{m}{l}-\tan(\theta)\right)\end{aligned}\right\} \tag{2.54}$$

$$\left.\begin{aligned}\ddot{x}_C &= -\frac{m}{l}\left(a_A\tan(\theta)+\frac{v_A}{\cos^2(\theta)}\dot{\theta}\right) = -\frac{m}{l}\left(a_A\tan(\theta)+\frac{v_A{}^2}{l\cos^3(\theta)}\right)\\\ddot{y}_C &= a_A\left(\frac{m}{l}-\tan(\theta)\right)-\frac{v_A}{\cos^2(\theta)}\dot{\theta} = a_A\left(\frac{m}{l}-\tan(\theta)\right)-\frac{v_A{}^2}{l\cos^3(\theta)}\end{aligned}\right\} \tag{2.55}$$

図 2.20 において，点 A と点 D はそれぞれ床（x 軸）と壁（y 軸）に沿って動くから，点 A と点 D における x 軸と y 軸からの垂線の交点 E$(x,\ y)$ が，板がこの図に位置する時刻における瞬間中心である．平面座標の原点である点 O から点 E までの線分の距離は一定値 l であるから，固定軌跡は点 O を中心とする半径 l の円周上にある．一方，板が滑り始める $\theta = 0°$ のときの瞬間中心は板の角 D に，滑り終わる $\theta = 90°$ のときの瞬間中心は板の角 A にあるから，移動軌跡は板の辺 AD の中点 M を中心とする半径 $l/2$ の円周上にある．板は，この図の時刻において，点 E で移動軌跡が固定軌跡の上を転がる回転運動をしている．この回転運動の各速度を ω とすれば，$v_A = y\omega$ であるから，式(2.52)より

$$\left.\begin{aligned}\omega &= \frac{v_A}{y} = \frac{v_A}{l\cos(\theta)} = \dot{\theta}\\\dot{\omega} &= \frac{1}{l\cos(\theta)}\left(a_A+\frac{v_A\sin(\theta)}{\cos(\theta)}\dot{\theta}\right) = \frac{1}{l\cos(\theta)}\left(a_A+\frac{v_A{}^2\sin(\theta)}{l\cos^2(\theta)}\right)\end{aligned}\right\} \tag{2.56}$$

（11−2） **図 2.21** はころ軸受である．外半径が r_1 の内輪を ω_1，内半径が r_2 の外輪を ω_2 の角速度で回転させるとき，半径 r のころの公転の角速度 Ω と自転の角速度 ω を求めよ．

解 ころと内輪・外輪の間で相互間の滑りがないとすれば，接触点 P と Q の速度を考えて，次の関係式が得られる．

$$r_1\omega_1 = (r_1+r)\Omega-r\omega, \qquad r_2\omega_2 = (r_1+r)\Omega+r\omega \tag{2.57}$$

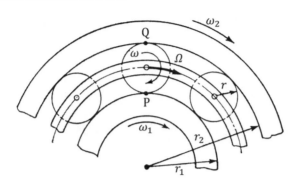

図 2.21　ころ軸受

また $r=\dfrac{r_2-r_1}{2}$ であるから，式(2.57)から，

$$\Omega=\frac{r_1\omega_1+r_2\omega_2}{r_1+r_2}, \qquad \omega=\frac{r_2\omega_2-r_1\omega_1}{r_2-r_1} \tag{2.58}$$

多くの使用状態では $\omega_2=0$ であり，一般の標準寸法に対しては $r_1/(r_1+r_2)$ は約 0.4，$r_2/(r_1+r_2)$ は約 0.6 であるから，$\Omega\simeq 0.4\omega_1$, $\omega\simeq -2\omega_1$ となる．

(11-3)　図 2.22 のように，長さ 1 m の棒の両端 A と B がそれぞれ矢印の方向に動く．端 A の速度が $v_A=1$ m/s のとき，端 B の速度 v_B と棒の回転角速度 ω を求めよ．

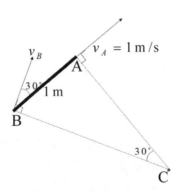

図 2.22　両端が動く棒

解 棒の両端 A と B から，それらの速度に垂直な 2 本の直線（図 2.22 の点線）を立てると，それらが交わる点 C が棒の瞬間中心であり，この時刻には棒は点 C の回りに回転運動をしている．△ABC は直角三角形で $\overline{CA}=\sqrt{3}$ m，$\overline{CB}=2$ m であるから

$$v_B = \frac{2v_A}{\sqrt{3}} = 1.155 \text{ m/s}, \qquad \omega = \frac{v_A}{\sqrt{3}} = 0.578 \text{ rad/s} \tag{2.59}$$

(11-4) 図 2.23 のピストン・クランク機構において，クランクの角速度を ω とする．ピストン P の速度 v_P は，点 D を図の位置にとると，$\omega \cdot \overline{OD}$ で与えられることを示せ．

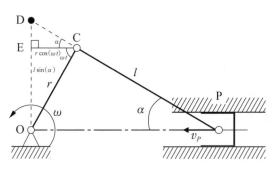

図 2.23 ピストン・クランク機構

解 クランクと連接棒（コネクティングロッド）の長さをそれぞれ r，l とする．クランクピン（点 C）が直線 $\overline{OP}$ 上にある時刻を初期（$t=0$）とする．クランクの回転角が ωt のときの連接棒の傾き角を α とすれば，幾何学的関係から

$$r\sin(\omega t) = l\sin(\alpha) \tag{2.60}$$

線分 $\overline{OD}$ の長さは，三角形の公式 $\sin^2(\alpha)+\cos^2(\alpha)=1$ と式(2.60)を用いて

$$\overline{OD} = \overline{OP}\tan(\alpha) = (l\cos(\alpha)+r\cos(\omega t))\tan(\alpha)$$

$$= l\cos(\alpha)\frac{\sin(\alpha)}{\cos(\alpha)} + \frac{r\sin(\alpha)\cos(\omega t)}{\cos(\alpha)} = l\sin(\alpha)\left(1+\frac{r\cos(\omega t)}{l\cos(\alpha)}\right)$$

$$= l\sin(\alpha)\left(1+\frac{r\cos(\omega t)}{l\sqrt{1-\sin^2(\alpha)}}\right) = l\sin(\alpha)\left(1+\frac{r\cos(\omega t)}{\sqrt{l^2-r^2\sin^2(\omega t)}}\right) \tag{2.61}$$

ピストン P の速度 v_P は線分 $\overline{OP}$ の時間微分の負値であるから，式(2.60)と式(2.61)と上記公式を用いて

$$v_P = -\frac{d}{dt}(r\cos(\omega t)+l\cos(\alpha)) = -\frac{d}{dt}(r\cos(\omega t)+\sqrt{l^2-r^2\sin^2(\omega t)})$$

$$= r\omega\sin(\omega t) - \frac{d\sqrt{l^2-r^2\sin^2(\omega t)}}{dt} = r\omega\sin(\omega t) + \frac{2r^2\sin(\omega t)\omega\cos(\omega t)}{2\sqrt{l^2-r^2\sin^2(\omega t)}}$$

$$= \omega r\sin(\omega t)\left(1+\frac{r\cos(\omega t)}{\sqrt{l^2-r^2\sin^2(\omega t)}}\right) = \omega\left(l\sin(\alpha)+\frac{lr\sin(\alpha)\cos(\alpha)}{l\sqrt{1-\sin^2(\alpha)}}\right)$$

$$= \omega(l\sin(\alpha)+r\cos(\omega t)\tan(\alpha)) = \omega\cdot(\overline{OE}+\overline{ED}) = \omega\cdot\overline{OD} \tag{2.62}$$

(11−5) 図 2.24 のように，クランク CB が点 C の回りを一定の角速度 ω で反時計方向に回転し，クランクピン B は点 O でピン止めされた直線棒 OA 内に設けられた棒の長さ方向の溝の中を滑るようになっている．この機構は切削工具 M の早戻り機構に利用することができるが，戻り工程の時間と切削工程の時間の比を求めよ．ただし，$r/h=\sqrt{3}/2$ である．

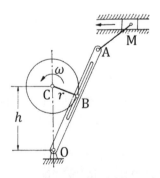

図 2.24 早戻り機構

解 戻り工程から切削工程に切り替わる瞬間には，クランクが回転しても棒は止まっている．そこで，この瞬間にはクランクの先端 B は棒 OA と同一の方向に移

動する．このことは，この瞬間には △OBC が直角三角形であり角 ∠OBC が直角であることを意味する．$r/h = \sqrt{3}/2 = \sin(60°)$ であるから，支持点 O とクランクの回転中心 C を結ぶ線分 OC と棒 OA のなす角は ∠COB=60° になる．クランクは一定の角速度で回転しているから，棒の先端の点 A は，$-60° \to 0° \to 60°$ の120° 間（戻り工程：クランクが $-30° \to 0° \to 30°$ の 60° 間）は右方向に素早く動き，$60° \to 0° - 60°$ の間（切削工程：クランクが $30° \to 180° : -180° \to -30°$ の360°−60°=300° 間）は左方向にゆっくり動く．クランク CB は一定速度で回転するから，その時間の比は，60°/300°=1/5 になる．

(11−6) 空間 (x, y, z) 内にある大きさ一定のベクトル $\boldsymbol{A}$ の成分が時間の関数で与えられるとき，$\boldsymbol{A}$ と $\dot{\boldsymbol{A}}$ は互いに直角になっていることを証明せよ．

解 $\boldsymbol{A}(x(t), y(t), z(t))$ において，大きさは $x^2+y^2+z^2=r^2$（r：一定）であるから，この式の両辺を時間 t で微分すれば，$x\dot{x}+y\dot{y}+z\dot{z}=0$ の関係式が得られる．一方ベクトル $\boldsymbol{A}$ 自身を時間で微分すれば，$\dot{\boldsymbol{A}}(\dot{x}(t), \dot{y}(t), \dot{z}(t))$ になる．したがって上記の関係式は，$\boldsymbol{A} \cdot \dot{\boldsymbol{A}}=0$（ベクトル $\boldsymbol{A}$ とベクトル $\dot{\boldsymbol{A}}$ の内積が 0）すなわち両ベクトルが直交していることを示す．これは，もしベクトル $\boldsymbol{A}$ の始点を球の中心に固定した（ベクトル $\boldsymbol{A}$ は球の半径となる）とすれば終点が時間と共に半径 r（一定）の球表面上を移動することを意味するから，その速度ベクトル $\dot{\boldsymbol{A}}$ は常に球の半径 r と直角方向になる．

(11−7) 図 2.25 のように，一端を床にピン止めされた棒が高さ h のブロックで支えられている．ブロックが一定速度 v_0 で水平右方向に移動するとき，棒の角速度を求めよ．

解 棒の床とのピン止め点 O からブロックの左上角（かど）との接触点 P までの距離を r とする．棒の床に鉛直な方向からの傾き角が θ であるから，幾何学的関係から $h=r\cos(\theta)$．微小時間 dt にブロックの角 P は水平右方向に速度 $v_0 dt$ だけ進むから，その棒に垂直な方向の成分は $v_0 dt \cos(\theta)$．微小時間 dt に角 θ が

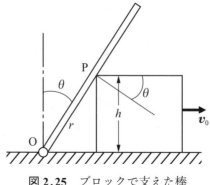

図 2.25 ブロックで支えた棒

$d\theta$ だけ増加するとすれば，$rd\theta = v_0 dt \cos(\theta)$ の関係がある．これらから棒の角速度 $\dot{\theta}$ は

$$\dot{\theta} = \frac{d\theta}{dt} = \frac{v_0}{r}\cos(\theta) = \frac{v_0}{h}\cos^2(\theta) \tag{2.63}$$

(11-8) 図 2.26 のように，水平面上を滑りながら転がる円柱の瞬間中心の軌跡は $y = dx/d\theta$ を満たすことを示せ．ただし，x は円柱の中心が水平方向に動く距離，θ は円柱の回転角，y は円柱の中心から鉛直上方に測った距離である．

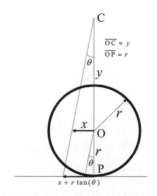

図 2.26 水平面上を滑りながら転がる円筒

[解] 円柱の移動量が x のとき，円柱の中心点 O から移動方向に長さ x のベクトルを描き，その終点から円柱の回転角 θ だけ時計回りに傾いた直線を引くと，それと鉛直方向の直線 $\overline{\mathrm{OP}}$ の交点 C が瞬間中心であり，この瞬間円柱は点 C を中心にした時計回りの回転運動をしている．

このとき $y\tan(\theta)=y\sin(\theta)/\cos(\theta)=x$ の関係があり，円柱と水平面の接触点 P が滑りながら転がる距離は $x+r\tan(\theta)$ である．中心点 O の移動量と角 θ が共に微小量 dx と $d\theta$ のときには $\sin(d\theta)\simeq d\theta$，$\cos(d\theta)\simeq 1$ であるから，上記の関係は $yd\theta=dx$ となり，$y=dx/d\theta$ が成立する．

(11−9) 図 **2.27** のような 4 節リンク機構で，クランク $\overline{\mathrm{O_1O_2}}$ が角速度 $\dot{\theta}=25\,\mathrm{rad/s}$ で回転するとき，$\theta=60°$，$\varphi=120°$ の位置における点 $\mathrm{O_3}$ の速度を求めよ．

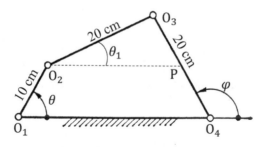

図 **2.27**　4 節リンク機構

[解] 点 $\mathrm{O_2}$ から引いた固定節 $\overline{\mathrm{O_1O_4}}$ に平行な直線と節 $\overline{\mathrm{O_4O_3}}$ の交点を P とすれば，図 2.27 から角 $\angle \mathrm{O_1O_4P}=180°-\varphi=60°=\theta$ になるから明らかに，長さ $\overline{\mathrm{O_3P}}=\overline{\mathrm{PO_4}}=10\,\mathrm{cm}$ である．点 $\mathrm{O_2}$ における挟角 $\angle \mathrm{PO_2O_3}=\theta_1$ とする．

この 4 節リンク機構のホドグラフを示す図 **2.28** について説明する．節 $\overline{\mathrm{O_1O_2}}$ と $\overline{\mathrm{O_4O_3}}$ はそれぞれ固定点 $\mathrm{O_1}$ と $\mathrm{O_4}$ の回りを反時計回りに回転する運動をしているから，点 $\mathrm{O_2}$ と $\mathrm{O_3}$ の速度 v_2 と v_3 はそれぞれそれらの節に直角な方向（＝回転半径の接線方向）になる．これらの速度は節 $\overline{\mathrm{O_2O_3}}$ 両端の速度なので，この節の速

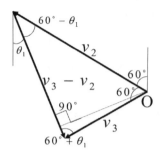

図 2.28　4 節リンク機構のホドグラフ

度はそれらの相対速度 v_3-v_2 になるが，節の長さは 20 cm ＝一定なので，この相対速度の方向はこの節に直角の方向になる．これらの事項を考慮してホドグラフを描くと，図 2.28 のようになる．

まず点 O_2 の速度の大きさは

$$v_2 = 10 \text{ cm} \times 25 \text{ rad/s} = 250 \text{ cm/s} \tag{2.64}$$

図 2.27 中の三角形 $\Delta O_3 O_2 P$ の点 O_3 からの対辺 $\overline{O_2 P}$ に下した垂線の長さが $O_3 P \sin(\angle O_3 P O_2) = 10 \sin(60°) = 5\sqrt{3}$ cm であるから，$20 \sin(\theta_1) = 5\sqrt{3}$ cm．これから

$$\sin(\theta_1) = \frac{\sqrt{3}}{4}, \qquad \cos(\theta_1) = \sqrt{1 - \sin^2(\theta_1)} = \frac{\sqrt{13}}{4} \tag{2.65}$$

一方，図 2.28 のホドグラフ中の三角形の頂点 O から底辺 v_3-v_2 への垂線の長さから

$$v_2 \sin(60° - \theta_1) = v_3 \sin(60° + \theta_1) \tag{2.66}$$

式 (2.66) に三角形の和の公式（加法定理），式 (2.64)，$\sin(60°) = \sqrt{3}/2$，$\cos(60°) = 1/2$ を適用して

$$v_3 = \frac{\sin(60°)\cos(\theta_1) - \cos(60°)\sin(\theta_1)}{\sin(60°)\cos(\theta_1) + \cos(60°)\sin(\theta_1)} v_1 = \frac{\sqrt{3}\sqrt{13} - 1 \times \sqrt{3}}{\sqrt{3}\sqrt{13} + 1 \times \sqrt{3}} \cdot 250$$

$$= \frac{(\sqrt{13}-1)^2}{(\sqrt{13}+1)(\sqrt{13}-1)} \cdot 250 = \frac{(3.606-1)^2}{12} \cdot 250 = 141 \text{ cm/s} \tag{2.67}$$

2.2 剛 体 の 運 動 109

(11−10)　運動する点 $(x,\ y)$ が時間 t の関数として，次のように与えられている．速度，ホドグラフ，加速度を求めよ．

(a)　　　$x(t)=A\exp(nt),\qquad y(t)=B\exp(-nt)$　　　　　　　　(2.68)

(b)　　　$x(t)=A\cosh(\omega t)\cdot\cos(\omega t),\qquad y(t)=A\cosh(\omega t)\cdot\sin(\omega t)$　(2.69)

解　(a)　　速度は，式(2.68)を時間で微分して

$$\dot{x}(t)=An\exp(nt),\qquad \dot{y}(t)=-Bn\exp(-nt)\tag{2.70}$$

ホドグラフは，式(2.70)より

$$\dot{x}(t)\cdot\dot{y}(t)=-ABn^2\tag{2.71}$$

式(2.71)は，ホドグラフが，$t=0$ で $(\dot{x}=An,\ \dot{y}=-Bn)$ を起点とし，$t\to\infty$ で $(\dot{x}\to\infty,\ \dot{y}\to0)$ に収束する双曲線，であることを示す．

加速度は，式(2.70)を時間で微分して

$$\ddot{x}(t)=An^2\exp(nt),\qquad \ddot{y}(t)=Bn^2\exp(-nt)\tag{2.72}$$

(b)　　式(1.166)と式(1.167)を参照する．速度は，式(2.69)を時間で微分して

$$\left.\begin{array}{l}\dot{x}(t)=A\omega(-\cosh(\omega t)\sin(\omega t)+\sinh(\omega t)\cos(\omega t))\\[4pt]\dot{y}(t)=A\omega(\cosh(\omega t)\cos(\omega t)+\sinh(\omega t)\sin(\omega t))\end{array}\right\}\tag{2.73}$$

ホドグラフは，式(2.73)より

$$\dot{x}^2+\dot{y}^2=A^2\omega^2(\cosh^2(\omega t)+\sinh^2(\omega t))=\frac{A^2\omega^2}{2}\cosh(2\omega t)\tag{2.74}$$

式(1.166)から，式(2.74)は，ホドグラフが，$t=0$（式(2.73)参照）で $(\dot{x}=0,\ \dot{y}=A\omega)$ を起点とし，t の増加と共に半径が $A\omega\sqrt{\dfrac{\cosh(2\omega t)}{2}}$ に比例して増大し続け，ωt が小さい（$\cosh(\omega t)\simeq1$）ときにはらせん，ωt が大きいときには等角らせん，であることを示す．

加速度は，式(2.73)を時間で微分して

$$\begin{aligned}\ddot{x}(t)&=A\omega^2(-\sinh(\omega t)\sin(\omega t)-\cosh(\omega t)\cos(\omega t)+\cosh(\omega t)\cos(\omega t)\\&\quad-\sinh(\omega t)\sin(\omega t))=-2A\omega^2\sinh(\omega t)\sin(\omega t),\\[4pt]\ddot{y}(t)&=A\omega^2(\sinh(\omega t)\cos(\omega t)-\cosh(\omega t)\sin(\omega t)+\cosh(\omega t)\sin(\omega t)\\&\quad+\sinh(\omega t)\cos(\omega t))=2A\omega^2\sinh(\omega t)\cos(\omega t)\end{aligned}\tag{2.75}$$

110   第2章 運   動

（11-11）　らせん曲線 $x=r\cos(\theta)$，$y=r\sin(\theta)$，$z=k\theta$ の接線・主法線・従法線の方向余弦を求めよ．また，問題（10-3）（図 2.11）の質点 M の接線方向の加速度を求めよ．

解　らせん曲線上の回転角 θ は x 軸が始点 0 で反時計回りを正としている．$A=\sqrt{r^2+k^2}$ とおけば，微小角 $d\theta$ 回転したときの変位は $dx=-yd\theta$，$dy=xd\theta$，$dz=kd\theta$ であるから，接線ベクトル $\boldsymbol{t}$ の方向余弦は $\left(\dfrac{-y}{A},\ \dfrac{x}{A},\ \dfrac{k}{A}\right)$．主法線ベクトル $\boldsymbol{n}$（半径上で回転中心向き）の方向余弦は $\left(\dfrac{-x}{r},\ \dfrac{-y}{r},\ 0\right)$．従法線ベクトル $\boldsymbol{n}'=\boldsymbol{t}\times\boldsymbol{n}$ の方向余弦はベクトル積の定義式（1.8）と $x^2+y^2=r^2$ より $\left(\dfrac{ky}{rA},\ -\dfrac{kx}{rA},\ \dfrac{r}{A}\right)$．

図 2.11 では，鉛直下方の加速度は重力加速度 g であり，質点が鉛直下方に距離 p 進む間のピッチ円上の移動距離は $\sqrt{p^2+(2\pi r)^2}$ であるから，接線方向加速度は

$$a_t=\frac{g\sqrt{p^2+(2\pi r)^2}}{p}=g\sqrt{1+\left(\frac{2\pi r}{p}\right)^2}\tag{2.76}$$

2.2.5　一 般 運 動

　初めに，剛体内の 1 点が固定され，この点の回りに剛体が回転して姿勢を変える場合を考える．2.2.1 項で説明したように，剛体の位置は 1 直線上にない任意の 3 点によって完全に決まるから，固定点を O とし点 O のほかにこのような 2 点（点 P と点 Q）をとる．

　いま，**図 2.29** に示すように，点 P と点 Q がそれぞれ点 P′ と点 Q′ に移ったとしよう．線分 $\overline{\text{PP}'}$ の垂直 2 等分面と線分 $\overline{\text{QQ}'}$ の垂直 2 等分面の交線を直線 $\overline{\text{OR}}$，もし 2 平面が一致する場合には平面 OPQ と平面 OP′Q′ の交線を直線 $\overline{\text{OR}}$，とする．そうすると図 2.29 に対する幾何学的考察から，直線 $\overline{\text{OR}}$ がこの回転の軸になることが分かる．またこの回転角の大きさは，平面 OPR と平面 OP′R のなす

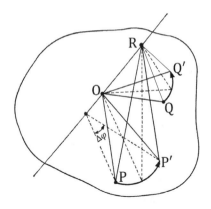

図 2.29 固定点回りの剛体の回転

挟角あるいは平面 OQR と平面 OQ'R のなす挟角（どちらも $\Delta\varphi$）である．時間 Δt の間にこの回転が行われたとし，$\Delta t \to 0$ の極限をとると，直線 $\overline{\mathrm{OR}}$ はこの瞬間の回転軸となり，角速度は $\lim_{\Delta t \to 0} \Delta\varphi/\Delta t = d\varphi/dt = \dot{\varphi}$ である．回転軸上の回転右ねじ方向に大きさが $\omega = \dot{\varphi}$ の角ベクトル $\boldsymbol{\omega}$ をとれば，図 2.14 でも述べたように，剛体のある瞬間の回転運動は $\boldsymbol{\omega}$ によって決まる．

そして，剛体内の任意の点 P の速度 $\boldsymbol{v}$ は，その点の位置ベクトルを $\boldsymbol{r}$ とすると

$$\boldsymbol{v} = \boldsymbol{\omega} \times \boldsymbol{r} \tag{2.77}$$

試みに，$\boldsymbol{\omega}$ を 1.1.1 項で説明した平行四辺形の法則によって $\boldsymbol{\omega}_1$ と $\boldsymbol{\omega}_2$ に分解し（$\boldsymbol{\omega} = \boldsymbol{\omega}_1 + \boldsymbol{\omega}_2$），この $\boldsymbol{\omega}_1$，$\boldsymbol{\omega}_2$ による点 P の速度を求めてみると

$$\boldsymbol{\omega}_1 \times \boldsymbol{r} + \boldsymbol{\omega}_2 \times \boldsymbol{r} = (\boldsymbol{\omega}_1 + \boldsymbol{\omega}_2) \times \boldsymbol{r} = \boldsymbol{\omega} \times \boldsymbol{r} \tag{2.78}$$

となる．すなわち，回転軸が同一の点を通り同時に行われる $\boldsymbol{\omega}_1$ と $\boldsymbol{\omega}_2$ の回転運動はそれらのベクトル和の角速度ベクトル $\boldsymbol{\omega} = \boldsymbol{\omega}_1 + \boldsymbol{\omega}_2$ の 1 つの回転運動と同じになることが分かる．

角速度 $\boldsymbol{\omega}$ の x，y，z 方向の成分を ω_x，ω_y，ω_z と記せば

$$\boldsymbol{\omega} = \omega_x \boldsymbol{i} + \omega_y \boldsymbol{j} + \omega_z \boldsymbol{k} \tag{2.79}$$

であるから，式(1.8)より

112 第2章 運　　　動

$$v=\boldsymbol{\omega}\times\boldsymbol{r}=\begin{vmatrix} \boldsymbol{i} & \boldsymbol{j} & \boldsymbol{k} \\ \omega_x & \omega_y & \omega_z \\ x & y & z \end{vmatrix}=\begin{vmatrix} \omega_y & \omega_z \\ y & z \end{vmatrix}\boldsymbol{i}+\begin{vmatrix} \omega_z & \omega_x \\ z & x \end{vmatrix}\boldsymbol{j}+\begin{vmatrix} \omega_x & \omega_y \\ x & y \end{vmatrix}\boldsymbol{k} \tag{2.80}$$

であり，式(2.77)を座標軸方向の成分で表せば（ベクトル積に関しては式(1.8)参照）

$$v_x=\omega_y z-\omega_z y, \qquad v_y=\omega_z x-\omega_x z, \qquad v_z=\omega_x y-\omega_y x \tag{2.81}$$

　次に，固定点がない剛体の一般運動について考えよう．一般運動も図2.15の平面運動の場合と同様に，剛体中にとった基準点A（例えば重心）の運動（＝並進運動）と，点A回りの回転運動によって表される．これらは，剛体に固定した座標系（A$-\xi\eta\zeta$）の空間に固定した座標系（O$-xyz$）に対する運動として表される．まず点Aは座標(x_A, y_A, z_A)で決まる．次に点A回りの運動は，回転軸の方向を決める2個の変数（例えば図2.7の球極座標系におけるθとφ）と回転軸の回りに回転したときの位置を決めるもう1つの変数を定めれば決まる．あるいは後で述べるように，ξ, η, ζ軸の方向を決めるオイラー角(θ, φ, ϕ)によって定まる．すなわち，3次元空間内の一般運動は6（＝並進3＋回転3）個の互いに独立した変数によって決まる．

　ある瞬間における点Aの速度を$\boldsymbol{v}_A$，その瞬間の点Aの回りの回転の角速度ベクトルを$\boldsymbol{\omega}$，剛体内の任意の点Pの点Aに対する位置ベクトルを$\boldsymbol{r}'$とすれば，点Pの速度$\boldsymbol{v}$は

$$\boldsymbol{v}=\boldsymbol{v}_A+\boldsymbol{\omega}\times\boldsymbol{r}' \tag{2.82}$$

平面運動の場合にも述べたように，$\boldsymbol{\omega}$は点Aをどこにとっても同一である．このことを確かめるために，図2.30に示すように，別の点A$'$を基準点に取って調べてみる．点A$'$から見た角速度ベクトルを$\boldsymbol{\omega}'$とすれば，点Pの速度$\boldsymbol{v}'$は

$$\boldsymbol{v}'=\boldsymbol{v}'_A+\boldsymbol{\omega}'\times\boldsymbol{r}'' \tag{2.83}$$

一方，点A$'$の速度は$\boldsymbol{v}'_A=\boldsymbol{v}_A+\boldsymbol{\omega}\times(\boldsymbol{r}'-\boldsymbol{r}'')$である．点Aから見た点Pの速度を$\boldsymbol{v}$とすれば，$\boldsymbol{v}=\boldsymbol{v}'$であるから

$$\boldsymbol{v}=\boldsymbol{v}_A+\boldsymbol{\omega}\times\boldsymbol{r}'=\boldsymbol{v}'=\boldsymbol{v}'_A+\boldsymbol{\omega}'\times\boldsymbol{r}''=(\boldsymbol{v}_A+\boldsymbol{\omega}\times(\boldsymbol{r}'-\boldsymbol{r}''))+\boldsymbol{\omega}'\times\boldsymbol{r}''$$

$$=\boldsymbol{v}_A+\boldsymbol{\omega}\times\boldsymbol{r}'-(\boldsymbol{\omega}-\boldsymbol{\omega}')\times\boldsymbol{r}'' \tag{2.84}$$

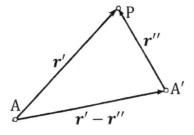

図 2.30　空間内の 2 つの基準点

したがって

$$(\boldsymbol{\omega}-\boldsymbol{\omega}')\times \boldsymbol{r}''=0 \tag{2.85}$$

が得られる．点 P は任意にとった点であり，$\boldsymbol{\omega}$，$\boldsymbol{\omega}'$ は $\boldsymbol{r}''$ と独立なベクトルであるから，式(2.85)より $\boldsymbol{\omega}=\boldsymbol{\omega}'$ となる．これは，角速度ベクトル $\boldsymbol{\omega}$ は基準点をどこにとっても同一であり剛体の回転を一義的に定めるベクトルである，ことを意味する．

　さて，点 A の運動を回転軸の方向とそれに垂直な方向の速度成分に分けてみる．回転に回転軸方向の並進運動が加わるときは，ねじをねじ込むように，その方向に回転しながら進むらせん運動になり，回転運動自体は変化しない．ところが，回転軸に垂直な方向の並進運動が回転運動に加わるときには，それらは剛体の回転軸に垂直な平面に平行な平面運動と見なされ，瞬間回転軸回りの角速度 $\boldsymbol{\omega}$ の一つの回転運動で置き換えられる．結局剛体の任意の一般運動は，① 並進運動，② 回転運動，③ 回転運動と回転軸方向の並進運動の合成（ねじ込み運動＝らせん運動）の 3 種類に分けられ，②と③の回転軸（瞬間回転軸）は一義的に決まる．

　剛体の運動に固定点がある場合には，瞬間回転軸はその固定点を通り，その軌跡は錐体面である．剛体の運動は空間に跡づけした瞬間回転軸錐体（ハーポールホード錐）の上を剛体上に跡づけした瞬間回転軸錐体（ポールホード錐）が頂点を一致させながら滑らずに転がる運動で表すことができる（平面の場合の図 2.18 と空間の場合（後述）の図 7.44 を参照）．

2.2.6 相対運動

空間に固定した座標系を**固定座標系**,運動する座標系を**運動座標系**と言い,固定座標系に対して記述した運動を**絶対運動**,この運動から運動座標系の運動を差し引いて運動座標系から見たそれに相対的な運動を**相対運動**と言う.

まず平面内の運動を考える.図 2.31 に示すように,運動座標系を $(A-\xi\eta)$ とすれば,点 P の固定座標系 $(O-xy)$ に対する位置は

$$\left. \begin{array}{l} x = x_A + \xi\cos(\theta) - \eta\sin(\theta) \\ y = y_A + \xi\sin(\theta) + \eta\cos(\theta) \end{array} \right\} \tag{2.86}$$

で与えられる.式 (2.86) は,一見,式 (2.44) と同一であるが,式 (2.44) 中の ξ, η は時間に無関係な定数であるのに対し,式 (2.86) 中の ξ, η は相対座標であり時間 t の関数であることが異なる.

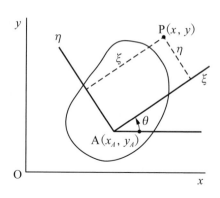

図 2.31 運動座標系

$(A-\xi\eta)$ をある物体上に固定した座標系とすると,$(\dot{\xi}, \dot{\eta})$ はその物体に対する点 P の相対速度,あるいは物体と共に動いている観測者から見た点 P の速度である.私達が地球上を移動している物体を見るとき,動く地球に対する相対的な運動を観察しているのである.

厳密には宇宙に固定座標と言うものは存在しないから,私達は自身で固定座標を定義しない限り,固定座標に対する運動を観察することはできない.

まず速度 $\boldsymbol{v}$ を考える．式(2.86)を時間 t で微分すれば速度の成分は

$$\left.\begin{aligned}
v_x &= \dot{x} = \dot{x}_A - (\xi \sin(\theta) + \eta \cos(\theta))\dot{\theta} + (\dot{\xi}\cos(\theta) - \dot{\eta}\sin(\theta)) \\
v_y &= \dot{y} = \dot{y}_A + (\xi \cos(\theta) - \eta \sin(\theta))\dot{\theta} + (\dot{\xi}\sin(\theta) + \dot{\eta}\cos(\theta))
\end{aligned}\right\} \tag{2.87}$$

式(2.87)右辺のうち第 1 項＋第 2 項は式(2.45)と同一であり，点 P を運動座標系に固定して運搬する場合の速度になるから，これを**運搬速度**と言う．式(2.87)右辺の第 3 項は**相対速度**を表し，**絶対速度＝運搬速度＋相対速度**である．

次に加速度 $\boldsymbol{a}$ を考える．式(2.87)を時間 t で微分すれば加速度の成分は

$$\left.\begin{aligned}
a_x &= \ddot{x} = \ddot{x}_A - (\xi\cos(\theta) - \eta\sin(\theta))\dot{\theta}^2 - (\xi\sin(\theta) + \eta\cos(\theta))\ddot{\theta} \\
&\quad + (\ddot{\xi}\cos(\theta) - \ddot{\eta}\sin(\theta)) + 2(-\dot{\xi}\sin(\theta) - \dot{\eta}\cos(\theta))\dot{\theta} \\
a_y &= \ddot{y} = \ddot{y}_A - (\xi\sin(\theta) + \eta\cos(\theta))\dot{\theta}^2 + (\xi\cos(\theta) - \eta\sin(\theta))\ddot{\theta} \\
&\quad + (\ddot{\xi}\sin(\theta) + \ddot{\eta}\cos(\theta)) + 2(\dot{\xi}\cos(\theta) - \dot{\eta}\sin(\theta))\dot{\theta}
\end{aligned}\right\} \tag{2.88}$$

となる．式(2.88)右辺の第 1 項・第 2 項・第 3 項は式(2.46)と同一であり，点 P を運動座標系に固定して運搬する場合の加速度になるから，これらをまとめて**運搬加速度**と言う．式(2.88)右辺の第 4 項は**相対加速度**を表す．式(2.88)右辺の第 5 項は**コリオリ**（Gaspard Gustave de Coriolis：1792－1843）が発見し提唱したことから，**コリオリの加速度**と呼ばれる．固定空間内を運動（回転を伴う）する物体に固定した移動空間に対して相対運動する点の加速度は，**絶対加速度＝運搬加速度＋相対加速度＋コリオリの加速度**として表現できる．

式(2.88)から加速度の運動座標系方向の成分を求めると（問題（12－1）参照）

$$\left.\begin{aligned}
a_\xi &= a_x\cos(\theta) + a_y\sin(\theta) = \ddot{x}_A\cos(\theta) + \ddot{y}_A\sin(\theta) - \xi\dot{\theta}^2 - \eta\ddot{\theta} + \ddot{\xi} - 2\dot{\eta}\dot{\theta} \\
a_\eta &= -a_x\sin(\theta) + a_y\cos(\theta) = -\ddot{x}_A\sin(\theta) + \ddot{y}_A\cos(\theta) - \eta\dot{\theta}^2 + \xi\ddot{\theta} + \ddot{\eta} + 2\dot{\xi}\dot{\theta}
\end{aligned}\right\} \tag{2.89}$$

となる．式(2.89)右辺の第 1 項〜第 4 項は運搬加速度，第 5 項の $\ddot{\xi}$ と $\ddot{\eta}$ は相対加速度，第 6 項はコリオリの加速度である．

相対速度ベクトルを $\boldsymbol{v}_{rel}$，その運動座標系上の成分を $(\dot{\xi},\ \dot{\eta})$，運動座標系の角速度ベクトルを $\boldsymbol{\omega}$，その大きさを $\omega(=\dot{\theta})$ と記せば，コリオリの加速度 $\boldsymbol{a}_c = (a_{c\cdot\xi},\ a_{c\cdot\eta})$ は

$$\boldsymbol{a}_c = 2\boldsymbol{\omega} \times \boldsymbol{v}_{rel} \quad (a_{c\cdot\xi} = -2\omega\cdot\dot{\eta},\ a_{c\cdot\eta} = 2\omega\cdot\dot{\xi}) \quad (2.90)$$

となる．コリオリの加速度の大きさは $2\omega|\boldsymbol{v}_{rel}|$，方向は $\boldsymbol{v}_{rel}$ に直角で $\boldsymbol{v}_{rel}$ を回転方向（図 2.32 の反時計回り）に 90°回した向きになる．コリオリの加速度は運動座標系が回転を伴わないときには 0，また回転しても運動座標系に対し相対的に静止しているときすなわち相対速度がないときにも 0 になる．

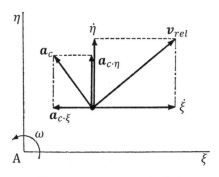

図 2.32　コリオリの加速度

コリオリの加速度の正体を調べるために，点 O の回りに一定角速度 ω で反時計回り（＝正回転の方向）に回転している管の中を回転中心 O から半径 r 方向外向きに動く小球の加速度を調べてみる．図 2.33 で，小球の初めの位置を 1，時間

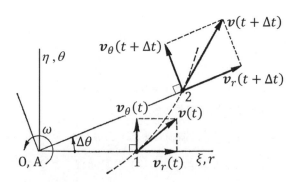

図 2.33　回転する管内の小球の運動

Δt 後の位置を 2 と記す．管軸を ξ 軸（$= r$ 軸）にとり，絶対速度 $\boldsymbol{v}$ を ξ, η 方向すなわち r, θ 方向の速度である $\boldsymbol{v}_r$, $\boldsymbol{v}_\theta$ に分けてそれぞれの速度の変化を考えると，**表 2.1** のようになる．まず絶対速度の r 方向成分 $\boldsymbol{v}_r$ は，表 2.1 の上段のように，その大きさが半径の増加する方向（$\boldsymbol{e}_r$ 方向）に $\ddot{r}\Delta t$ だけ増加すると共に，その傾き（方向）が円周上の反時計回りの方向（$\boldsymbol{e}_\theta$ 方向）に $v_r\Delta\theta = v_r\omega\Delta t$ だけ変化（増加）する．一方絶対速度の θ 方向成分 $\boldsymbol{v}_\theta$ は，表 2.1 の下段のように，その大きさが半径の微小増加量 $v_r\Delta t$ によって円周方向（$\boldsymbol{e}_\theta$ 方向）に $v_r\Delta t\omega$ だけ増加すると共に，その傾き（方向）が向心方向（半径が減少する $-\boldsymbol{e}_r$ の方向）に $-v_\theta\Delta\theta = -r\omega\Delta\theta = r\omega^2\Delta t$ だけ変化する．

表 2.1　小球の速度変化

		大きさの変化	方向の変化
$\Delta\boldsymbol{v}_r$	$v_r(t+\Delta t)$　$\boldsymbol{e}_\theta$　$\Delta\theta$　$\boldsymbol{e}_r$　$\boldsymbol{v}_r(t)$	$\ddot{r}\Delta t \cdot \boldsymbol{e}_r$	$v_r\Delta\theta \cdot \boldsymbol{e}_\theta$
$\Delta\boldsymbol{v}_\theta$	$\boldsymbol{v}_\theta(t+\Delta t)$　$\Delta\theta$　$\boldsymbol{v}_\theta(t)$　$\boldsymbol{e}_\theta$　$\boldsymbol{e}_r$	$v_r\Delta t\omega \cdot \boldsymbol{e}_\theta$	$\begin{aligned}&-v_\theta\Delta\theta \cdot \boldsymbol{e}_r\\ =&-r\omega\Delta\theta \cdot \boldsymbol{e}_r\end{aligned}$

$(\Delta\theta = \Delta t\omega)$

これら 4 通りの変化を合わせると加速度は

$$\boldsymbol{a} = \lim_{\Delta t \to 0}\frac{\Delta\boldsymbol{v}_r + \Delta\boldsymbol{v}_\theta}{\Delta t} = (\ddot{r} - r\omega^2)\boldsymbol{e}_r + 2\omega v_r\boldsymbol{e}_\theta = (\ddot{r} - r\omega^2)\boldsymbol{e}_r + 2\boldsymbol{\omega}\times\boldsymbol{v}_r \quad (2.91)$$

式（2.91）右辺の第 1 項は相対加速度と向心加速度（回転による運搬加速度）の和であり，第 2 項はコリオリの加速度である．コリオリの加速度は，相対速度 $\boldsymbol{v}_r$ が方向を変えるために生じる加速度（$\boldsymbol{\omega}\times\boldsymbol{v}_r$）と，半径が大きくなり回転よる運搬速度 $\boldsymbol{v}_\theta$ の大きさが増すための加速度（$\boldsymbol{\omega}\times\boldsymbol{v}_r$）の和から構成されている．

空間運動における相対運動の場合も同じである．運動座標系の原点の運動による運搬速度，運搬加速度は簡単に求められるから，原点が固定しその回りに任意に回転する運動座標系（O－$\xi\eta\varsigma$）を考え，相対座標（ξ, η, ς）を持つ点Pの絶対速度，絶対加速度を求めてみる（図2.34）．

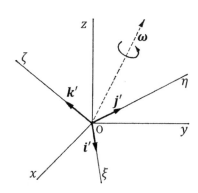

図2.34　運動（回転）座標系

運動座標系の座標軸方向の単位ベクトルをi', j', k'とすると，点Pの位置ベクトルr'は

$$r' = \xi i' + \eta j' + \varsigma k' \tag{2.92}$$

である．これを時間で微分すると，i', j', k'も座標系と共に方向が変わり，時間の関数であるから

$$\frac{dr'}{dt} = (\dot{\xi}i' + \dot{\eta}j' + \dot{\varsigma}k') + \left(\xi\frac{di'}{dt} + \eta\frac{dj'}{dt} + \varsigma\frac{dk'}{dt}\right) \tag{2.93}$$

となる．式(2.93)から明らかなように，（$\dot{\xi}$, $\dot{\eta}$, $\dot{\varsigma}$）を成分とするベクトルはr'の時間微分dr'/dtではない．しかし運動座標系（O－$\xi\eta\varsigma$）上の観測者から見ると，r'の成分はいつも（ξ, η, ς）で，その人から見た時間成分は（$\dot{\xi}$, $\dot{\eta}$, $\dot{\varsigma}$）を成分とするベクトルである．これをd^*r'/dtと書くことにする．また，式(2.77)を運動座標系の単位ベクトルに適用すれば，$di'/dt = \omega \times i'$, $dj'/dt = \omega \times j'$, $dk'/dt = \omega \times k'$のように書けるから，式(2.92)と式(2.93)より

$$\frac{d\boldsymbol{r}'}{dt}=\frac{d^*\boldsymbol{r}'}{dt}+\boldsymbol{\omega}\times\boldsymbol{r}' \qquad \text{または} \qquad \boldsymbol{v}=\boldsymbol{v}_{rel}+\boldsymbol{\omega}\times\boldsymbol{r}' \tag{2.94}$$

となる．ここで，$\boldsymbol{v}_{rel}=d^*\boldsymbol{r}'/dt$ は相対速度，$\boldsymbol{\omega}\times\boldsymbol{r}'$ は運搬速度である．

式(2.94)の関係は任意のベクトルについて成立するから，加速度は

$$\boldsymbol{a}=\frac{d\boldsymbol{v}}{dt}=\frac{d^*\boldsymbol{v}}{dt}+\boldsymbol{\omega}\times\boldsymbol{v} \tag{2.95}$$

になる．これを書き直して

$$\boldsymbol{a}=\frac{d^2\boldsymbol{r}'}{dt^2}=\frac{d}{dt}\left(\frac{d\boldsymbol{r}'}{dt}\right)=\frac{d^*}{dt}\left(\frac{d\boldsymbol{r}'}{dt}\right)+\boldsymbol{\omega}\times\frac{d\boldsymbol{r}'}{dt}=\frac{d^*}{dt}\left(\frac{d^*\boldsymbol{r}'}{dt}+\boldsymbol{\omega}\times\boldsymbol{r}'\right)+\boldsymbol{\omega}\times\frac{d\boldsymbol{r}'}{dt}$$

$$=\frac{d^{*2}\boldsymbol{r}'}{dt^2}+\frac{d^*}{dt}(\boldsymbol{\omega}\times\boldsymbol{r}')+\boldsymbol{\omega}\times\left(\frac{d^*\boldsymbol{r}'}{dt}+\boldsymbol{\omega}\times\boldsymbol{r}'\right)$$

$$=\frac{d^{*2}\boldsymbol{r}'}{dt^2}+\frac{d^*\boldsymbol{\omega}}{dt}\times\boldsymbol{r}'+2\boldsymbol{\omega}\times\frac{d^*\boldsymbol{r}'}{dt}+\boldsymbol{\omega}\times(\boldsymbol{\omega}\times\boldsymbol{r}') \tag{2.96}$$

が得られる．式(2.96)の右辺第1項は相対加速度，第2項と第4項は運搬加速度である．そして，式(2.96)の第3項がコリオリの加速度なのである．2次元平面運動の場合の式(2.90)に関して述べたことと同様に3次元空間運動の場合にも，運動座標系の原点が回転を伴わないときすなわち図2.34で $\boldsymbol{\omega}=0$ のとき，および運動座標系内における相対運動が存在しないときすなわち $d^*\boldsymbol{r}'/dt=0$ のときには，コリオリの加速度は存在しないことが，式(2.96)第3項から明らかである．運動座標系 $(\mathrm{A}-\xi\eta\zeta)$ の原点 A が運動する場合には，式(2.94)の右辺と式(2.96)の右辺にその運動の速度 $\boldsymbol{v}_A=d\boldsymbol{r}_A/dt$ と加速度 $\boldsymbol{a}_A=d^2\boldsymbol{r}_A/dt^2$ を付け加えればよい．

［問題 12］

（12-1）　式(2.88)を用いて式(2.89)を導け．

解　三角関数の公式 $\cos^2(\theta)+\sin^2(\theta)=1$ を用いれば

$$a_\xi=a_x\cos(\theta)+a_y\sin(\theta)=\ddot{x}_A\cos(\theta)+\ddot{y}_A\sin(\theta)$$

$$+(-\xi\cos^2(\theta)+\eta\sin(\theta)\cos(\theta))\dot{\theta}^2+(-\xi\sin(\theta)\cos(\theta)-\eta\cos^2(\theta))\ddot{\theta}$$

$$+(\ddot{\xi}\cos^2(\theta)-\ddot{\eta}\sin(\theta)\cos(\theta))+2(-\dot{\xi}\sin(\theta)\cos(\theta)-\dot{\eta}\cos^2(\theta))\dot{\theta}$$

$$+(-\xi\sin^2(\theta)-\eta\sin(\theta)\cos(\theta))\dot{\theta}^2+(\xi\sin(\theta)\cos(\theta)-\eta\sin^2(\theta))\ddot{\theta}$$
$$+(\ddot{\xi}\sin^2(\theta)+\ddot{\eta}\sin(\theta)\cos(\theta))+2(\dot{\xi}\sin(\theta)\cos(\theta)-\dot{\eta}\sin^2(\theta))\dot{\theta}$$
$$=\ddot{x}_A\cos(\theta)+\ddot{y}_A\sin(\theta)-(\cos^2(\theta)+\sin^2(\theta))\xi\dot{\theta}^2$$
$$-(\cos^2(\theta)+\sin^2(\theta))\eta\ddot{\theta}+(\cos^2(\theta)+\sin^2(\theta))\ddot{\xi}-2(\cos^2(\theta)+\sin^2(\theta))\dot{\eta}\dot{\theta}$$
$$=\ddot{x}_A\cos(\theta)+\ddot{y}_A\sin(\theta)-\xi\dot{\theta}^2-\eta\ddot{\theta}+\ddot{\xi}-2\dot{\eta}\dot{\theta} \qquad (2.89\text{a})$$
$$a_\eta=-a_x\sin(\theta)+a_y\cos(\theta)=-\ddot{x}_A\sin(\theta)+\ddot{y}_A\cos(\theta)$$
$$-(-\xi\sin(\theta)\cos(\theta)+\eta\sin^2(\theta))\dot{\theta}^2-(-\xi\sin^2(\theta)-\eta\sin(\theta)\cos(\theta))\ddot{\theta}$$
$$-(\ddot{\xi}\sin(\theta)\cos(\theta)-\ddot{\eta}\sin^2(\theta))-2(-\dot{\xi}\sin^2(\theta)-\dot{\eta}\sin(\theta)\cos(\theta))\dot{\theta}$$
$$+(-\xi\sin(\theta)\cos(\theta)-\eta\cos^2(\theta))\dot{\theta}^2+(\xi\cos^2(\theta)-\eta\sin(\theta)\cos(\theta))\ddot{\theta}$$
$$+(\ddot{\xi}\sin(\theta)\cos(\theta)+\ddot{\eta}\cos^2(\theta))+2(\dot{\xi}\cos^2(\theta)-\dot{\eta}\sin(\theta)\cos(\theta))\dot{\theta}$$
$$=-\ddot{x}_A\sin(\theta)+\ddot{y}_A\cos(\theta)-(\sin^2(\theta)+\cos^2(\theta))\eta\dot{\theta}^2$$
$$+(\sin^2(\theta)+\cos^2(\theta))\xi\ddot{\theta}+(\sin^2(\theta)+\cos^2(\theta))\ddot{\eta}+2(\sin^2(\theta)+\cos^2(\theta))\dot{\xi}\dot{\theta}$$
$$=-\ddot{x}_A\sin(\theta)+\ddot{y}_A\cos(\theta)-\eta\dot{\theta}^2+\xi\ddot{\theta}+\ddot{\eta}+2\dot{\xi}\dot{\theta} \qquad (2.89\text{b})$$

(12−2) 円板に歯を付け一定の角速度比で連続回転の伝動を行わせるようにしたものを歯車と呼ぶ．図 2.35 では，同一直径の歯車 A と歯車 B をかみ合わせて，

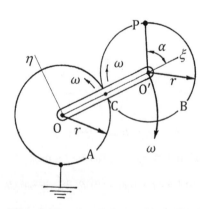

図 2.35 2つの歯車からなる回転系

その軸をクランクで連結してある．歯車 A を固定し，クランクを一定の角速度 ω で時計回りの方向に回転させると，歯車 B はいくらの角速度で回転するか．

噛み合う 2 歯車の相対運動の瞬間中心の軌跡を歯車上に書かせた円を**ピッチ円**と言う．**図 2.36** のように歯車の運動はピッチ円の転がり接触伝達と等価である．図 2.35 と図 2.36 では，両歯車が接触しているピッチ円上の点 C が歯車 B の運動の瞬間中心になっている．

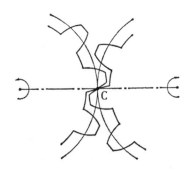

図 2.36 噛み合う歯車 1

次に，点 P の加速度をクランクとの角 α の関数として導き，それが最大値と最小値になるときの角 α の値と加速度の値を示せ．また，$\omega = 2$ rad/s，$r = 40$ mm，$\alpha = 90°$ であるとき，点 P の加速度を求めよ．

解 噛み合っている 2 歯車の運動は，2 つの円板が滑らずに転がる運動で置き換えられる．いまの場合，歯車 A と B の代りに転がり接触伝達をする同じ半径 r の 2 円板 A と B を考えればよい．

固定空間から見て時計回りの方向に角速度 ω で回転しているクランク $\overline{OO'}$（：角速度 ω の運動座標系）上から見ると，固定歯車（円板）A は相対的に反時計回りの方向に角速度 ω で回転しており，したがってそれと噛み合う歯車（円板）B はクランク $\overline{OO'}$ に対して相対的に時計回りの方向に角速度 ω で回転している．そこで歯車（円板）B の絶対運動は，クランクの固定空間からの角速度 ω と歯車

122　　第 2 章　運　　　　動

B の相対角速度 ω の和である，時計回りの角速度 $\omega+\omega=2\omega$ の回転になる．

　あるいは以下のように考えてもよい．歯車 B の時計回りの角速度を ω' とすれば，接触点 C の速度は，クランクの長さ（＝絶対空間の点 O からの回転半径）$2r$ とその時計回りの回転角速度 ω の積である $2r\omega$ と歯車 B の反時計回りのその点の速度 $-\omega'r$ の和，すなわち $2r\omega-r\omega'$ である．しかし絶対空間では瞬間中心である点 C は止まっているから，$2r\omega-r\omega'=0$．したがって $\omega'=2\omega$ となる．

　この歯車系の運搬運動はクランクの回転によって生じている．したがって系の運搬加速度のみを考えるときには，歯車 A の基礎からの固定を取り去り，系全体をクランクと一体化させた状態で，クランクと共に時計回りの方向に角速度歯車 ω で回転させればよい．その上でクランクに固定された運動座標系 (O$'-\xi\eta$) をとって考える．図 2.35 上で ξ 軸から角 α 傾いた点 P は，この一体化された系内でクランクの点 O 回りの回転運動により運搬されているから，その運搬加速度は ξ 軸方向に $-(2r+r\cos(\alpha))\omega^2$，$\eta$ 軸方向に $-r\sin(\alpha)\omega^2$ である．

　次に上記の運搬運動を除外して，相対速度のみを考える．点 P の相対加速度は，歯車 B の回転によって生じるからその回転中心方向（向心方向）に作用し，ξ 軸方向に $-r\cos(\alpha)\omega^2$，η 軸方向に $-r\sin(\alpha)\omega^2$ である．

　次に，クランクの点 O 回りの時計方向の回転 ω に起因する回転空間内で点 P が歯車 B の回転半径の接線上を時計回りに相対速度 $r\omega$ で動くから，コリオリの加速度（大きさ $2r\omega^2$）は，相対速度を運搬（クランクの回転）運動方向に 90° 回転させた（図 2.32 参照：ただしこの図では運搬回転方向が本問題と逆）方向（：向心方向）に作用する．そこでコリオリの加速度は，ξ 軸方向に $-2r\cos(\alpha)\omega^2$，η 軸方向に $-2r\sin(\alpha)\omega^2$ である．

　これらを合計すれば加速度は

$$\left.\begin{aligned}\xi\text{軸方向に} & -(2r+r\cos(\alpha)\omega^2)-r\cos(\alpha)\omega^2-2r\cos(\alpha)\omega^2\\ & =-(2+4\cos(\alpha))r\omega^2\\ \eta\text{軸方向に}(-1-1-2) & \sin(\alpha)r\omega^2=-4\sin(\alpha)r\omega^2\end{aligned}\right\}$$

（両式を合わせて）　(2.97)

三角形の公式 $\cos^2(\alpha)+\sin^2(\alpha)=1$ を用いれば，加速度の大きさは式(2.97)内の2つの式より

$$a=r\omega^2\sqrt{(-2-4\cos(\alpha))^2+(-4\sin(\alpha))^2}$$
$$=r\omega^2\sqrt{4+16\cos(\alpha)+16}=2r\omega^2\sqrt{5+4\cos(\alpha)} \qquad (2.98)$$

式(2.98)の角 α による微分値が 0 になるときに加速度が極値（最大または最小）になるから

$$\frac{da}{d\alpha}=2r\omega^2\frac{-4\sin(\alpha)}{2\sqrt{5+4\cos(\alpha)}}=0 \quad \text{より}$$
$$\alpha=0°\ \text{と}\ \alpha=180° \qquad (2.99)$$

であり，このとき加速度の極値（大きさ）は，式(2.97)より

$$a_{\max}=6r\omega^2\ (\text{最大値}),\ 2r\omega^2\ (\text{最小値}) \qquad (2.100)$$

で，方向はいずれも $-\xi$ 方向（向心方向）になる．

図 **2.37** に示すように，$\alpha=90°$ のときには $\cos(\alpha)=0$ であるから，式(2.98)に問題で与えられた数値 $\omega=2$ rad/s, $r=40$ mm を代入して

$$a=2\times0.04\times2^2\times\sqrt{5}=0.715\ 6\ \text{m/s}^2 \qquad (2.101)$$

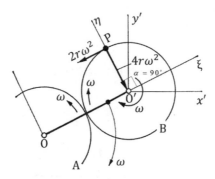

図 **2.37** 噛み合う歯車 2

(12−3) 遠心圧縮機や渦巻ポンプの羽根車の中では，図 **2.38** のように，羽根の間を流れる流体が羽根に沿って相対速度 v で流れている．毎分 18 000 回転する

124　第2章 運　　動

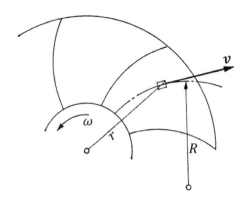

図 2.38　羽根車内の流体の運動（速度）

羽根車流路内の半径 $r=120$ mm の位置にある流体の微小要素に働く加速度を求めよ．ただし，その位置では $v=60$ m/s であり，回転しつつある羽根車上から見た相対的な流線は半径 $R=180$ mm の円弧であるとする．

解　図 2.39 を用いて説明する．

回転角速度を ω とすると

$$\omega = 2\pi \times 18\,000/60 = 600\pi \text{ rad/s} \tag{2.102}$$

運搬加速度は向心加速度のみであり

$$r\omega^2 = 0.12 \times (600\pi)^2 = 426\,400 \text{ m/s}^2 \tag{2.103}$$

相対速度は，流線の法線方向成分・接線方向成分で表すとそれぞれ

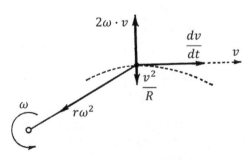

図 2.39　羽根車内の流体の運動（加速度）

$v^2/R = 60^2/0.18 = 20\,000\,[\mathrm{m/s^2}] \cdot dv/dt$ \hfill (2.104)

コリオリの加速度は

$2\omega \cdot v = 2 \times 600\pi \times 60 = 226\,200\,\mathrm{m/s^2}$ \hfill (2.105)

(12-4) こまがその軸回りに角速度 $\omega_1 = 100\,\mathrm{rad/s}$ で回転し，軸が鉛直方向と角 $\theta = 30°$ を保ちながら，鉛直軸の回りに角速度 $\omega_2 = 10\,\mathrm{rad/s}$ で回転している．こま自体の角速度を求めよ．

また，このこまの支点 O が水平面上に速度 v で円運動をするとき，瞬間回転中心軸を求めよ．

解 図 2.40 を用いて説明する．こまの傾き角 $\angle\mathrm{AOB} = 30°$ であり，平行四辺形 $\square\mathrm{OACB}$ の内角の合計は $360°$ であるから，角 $\angle\mathrm{OAC} = (360° - 2 \times 30°)/2 = 150°$. よって三角形 $\triangle\mathrm{OAC}$ の 3 辺の長さの関係に関する公式

$\overline{\mathrm{OC}} = \sqrt{\overline{\mathrm{OA}}^2 + \overline{\mathrm{AC}}^2 - 2 \times \overline{\mathrm{OA}} \times \overline{\mathrm{AC}} \times \cos(\angle\mathrm{OAC})}$ より，こま自体の角速度 ω は

$$\omega = \sqrt{\omega_1^2 + \omega_2^2 - 2\omega_1\omega_2\cos(150°)} = \sqrt{100^2 + 10^2 - 2\times 100 \times 10 \times (-\sqrt{3}/2)}$$
$$= \sqrt{11832} = 108.8\,\mathrm{rad/s} \hfill (2.106)$$

また，こまの支点 O が水平面上を速度 v で円運動するとき，こまの回転軸 ω に垂直な成分の大きさは，図 2.40 内の v' である．したがって瞬間回転中心軸は，同図内の 1 点鎖線が示すように，速度 v と回転軸 ω が作る平面内で回転軸 ω か

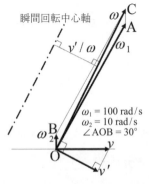

図 2.40　こまの角速度 ω と瞬間回転軸

ら垂直距離 v'/ω だけ離れ回転軸 ω に平行な直線になる．

(注) 三角形の辺長の関係に関する公式：3 辺の長さが a, b, c, 辺 a と辺 b が挟む内角が θ であるとき，3 辺間には $c=\sqrt{a^2+b^2-2ab\cos(\theta)}$ の関係がある．

(12-5) 図 2.41 は自動車の作動歯車装置である．旋回のときには，左右の後車輪がそれぞれ異なった角速度 ω_1 と ω_2 で回転する．エンジンからの動力はリングギヤを角速度 Ω で駆動し，これに取り付けられた直径 D の 2 個の傘歯車 A_1 と A_2 は，角速度 ω で回転しながら，車軸の回りを角速度 Ω で回転する．傘歯車 A_1 と A_2 と噛み合う傘歯車 B_1 と B_2 の直径は d である．これらの角速度の関係を求めよ．

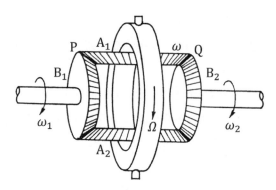

図 2.41 自動車の差動歯車装置

解 傘歯車同士の左右の噛合い部をそれぞれ P・Q，両部の速度をそれぞれ v_P・v_Q とすれば

$$v_P=\frac{1}{2}(\Omega d-\omega D)=\frac{1}{2}\omega_1 d, \qquad v_Q=\frac{1}{2}(\Omega d+\omega D)=\frac{1}{2}\omega_2 d \qquad (2.107)$$

式(2.95)内の 2 式から ω を消去して

$$\Omega=\frac{1}{2}(\omega_1+\omega_2) \qquad (2.108)$$

(12−6) 地球は太陽を中心とする半径 1.5 億 km の円運動を，金星はやはり太陽を中心とする同じ平面内にある半径 1.08 億 km の円運動をしている（**図 2.42**）．回る向きは同じであり，1 周にそれぞれ 365.2 日，224.7 日を要する．金星の地球に対する相対運動を求めよ．

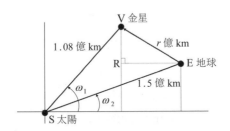

図 2.42 太陽を周回する金星と地球間の相対運動

解 太陽・金星・地球を共に質点とみなす．太陽・金星・地球が 1 直線の位置にあるときから t 日後の両惑星間の相対距離 r 億 km は，直角三角形 $\triangle$VRE の 3 辺間の関係を表す公式（問題 (12−4) の（注）参照）と，三角関数の公式 $\cos^2(\alpha) + \sin^2(\alpha) = 1$ と，直角三角形の 2 辺の和の公式を用いれば

$$r^2 = (1.5\cos(\omega_2 t) - 1.08\cos(\omega_1 t))^2 + (1.08\sin(\omega_1 t) - 1.5\sin(\omega_2 t))^2$$
$$= 1.08^2 + 1.5^2 - 2 \times 1.08 \times 1.5(\cos(\omega_1 t)\cos(\omega_2 t) + \sin(\omega_1 t)\sin(\omega_2 t))$$
$$= 3.42 + 3.24\cos((\omega_1 - \omega_2)t) = 3.42 + 3.24\cos(\omega t) \tag{2.109}$$

ここで相対運動の角速度は

$$\omega = \omega_1 - \omega_2 = 2\pi\left(\frac{1}{224.7} - \frac{1}{365.2}\right) = \frac{2\pi}{584.1} \tag{2.110}$$

相対運動は，太陽を中心とし 1 周に 584.1 日を要する円運動になる．

(12−7) **図 2.43** のように，点 P が半径 r の円板の円周上を一定の相対速度 v_{rel} で運動し，この円板は中心を通る円板に垂直な軸回りに角速度 ω，角加速度 $\dot{\omega}$ で回転している．v_{rel} の方向が円板の回転方向と同一であるとき，点 P の加速度を求めよ．

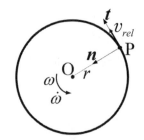

図 2.43　回転円板上を運動する点

解　点 P の加速度を，円板の法線上で回転中心 O に向かう向心方向（単位ベクトル n：主法線ベクトル）と接線上で円板の回転と同一方向（単位ベクトル t：接線ベクトル）に分けて考える．

運搬加速度は，点 P が回転円板上に静止して運搬されている（v_{rel} を無視）とするときの加速度であり，$r\omega^2 \cdot n + r\dot{\omega} \cdot t$ になる．また相対加速度は，静止している（ω を無視）円板上を点 P が速度 v_{rel} で運動するとしたときの加速度であり，$v_{rel}^2/r \cdot n$ になる．またコリオリの加速度は，相対速度を円板の回転の向きに沿って 90°回転させた方向（図 2.32 参照）すなわち主法線 n の方向であり，式 (2.90) より $2\omega \times v_{rel} = 2\omega v_{rel} \cdot n$ になる．

点 P の加速度はこれらの合計であり

$$n\text{方向}: r\omega^2 + 2\omega v_{rel} + \frac{v_{rel}^2}{r}, \quad t\text{方向}: r\dot{\omega} \tag{2.111}$$

(12-8)　図 2.44 のように，頂角 60°，高さ $h = 100$ mm $= 0.1$ m の円錐が錐面を水平面に接して一定の速度で滑らずに転がり，毎秒 1 回転（旋回）する．ある瞬間における最高点 B の速度，加速度はいくらか．

解　円錐が垂直軸 y 回りを毎秒 1 旋回するから，$\omega_2 = 2\pi$ rad/s．円錐の斜面の長さ $\overline{OA} = 2h/\sqrt{3}$ だから，点 A の速度は $\overline{OA}\omega_2 = (2h/\sqrt{3})\omega_2$．また円錐は中心線 OC 回りを角速度 ω_1 で回転するから，点 A の速度は同時に $\overline{CA}\omega_1 = (h/\sqrt{3})\omega_1$．

2.2 剛体の運動

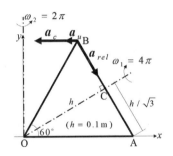

図 2.44 水平面を転がる円錐

これら両者は等しいから，$\omega_1 = 2\omega_2 = 4\pi$ rad/s．

点 B の速度は y 軸回りの旋回に起因する運搬速度 v_u と中心線 OC 回りの回転に起因する相対速度 v_{rel} の和になるから，旋回・回転の方向（紙面裏への方向）に

$$v_B = v_u + v_{rel} = \frac{h}{\sqrt{3}}\omega_2 + \frac{h}{\sqrt{3}}\omega_1 = 0.2\sqrt{3}\pi = 1.09 \text{ m/s} \tag{2.112}$$

次に加速度を求める．点 B は，旋回する円錐底面の外円周上を中心点 C の回りに相対的に回転している．運搬加速度 $\boldsymbol{a}_u$ は，回転（自転）を無視し y 軸回りの旋回（公転）のみによって運ばれる加速度であり，x 軸方向に $-(h/\sqrt{3})\omega_2^2$ である．相対加速度 $\boldsymbol{a}_{rel}$ は，旋回を無視し回転のみで生じる点 C 方向の向心加速度であり，x 軸方向に $(h/\sqrt{3})\omega_1^2 \times (1/2)$，$y$ 軸方向に $-(h/\sqrt{3})\omega_1^2 \times (\sqrt{3}/2)$ である．コリオリの加速度 $\boldsymbol{a}_c$ は，$2\omega_2 v_{rel} = 2\omega_1\omega_2 h/\sqrt{3}$ の大きさで，紙面裏に向いている相対速度を旋回 ω_2 の回転方向に 90°回転させた方向すなわち旋回の向心方向に作用する．図 2.44 内の太線はこれらの加速度を表す．これらの大きさを合計すれば，x 軸方向に $-(\omega_2^2 - \omega_1^2/2 + 2\omega_1\omega_2) \times h/\sqrt{3} = -(12/\sqrt{3})\pi^2 h$，$y$ 軸方向に $-h\omega_1^2/2 = -8\pi^2 h$．

全体の加速度の大きさは

$$\sqrt{(-4\sqrt{3})^2 + (-8)^2}\,\pi^2 h = \sqrt{112} \times 0.1\pi^2 = 10.45 \text{ m/s}^2 \tag{2.113}$$

(12-9) 図 2.45(a) に示すようなリンク機構がある．クランク $\overline{OC}$（長さ r）が中心点 O 回りに角速度 ω で回転すると，ピストン P は水平方向に往復運動をする．ホドグラフを用いる図式解法でピストン P の速度 v_P を求めよ．（クランクの回転力はピストンに大きな力となって加えられるので，この機構を倍力装置と呼ぶ）

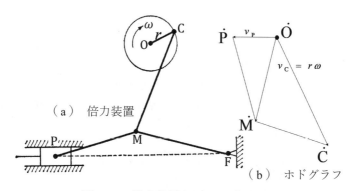

図 2.45 倍力装置とそのホドグラフ

解 図 2.45(b) はこの倍力装置のホドグラフである．以下にその書き方を説明する．その際，すべての機構要素（クランクとアーム）は剛体棒でありその長さは変化しないから，それらの速度（両端間の相対速度）は要素（剛体棒）に直角な方向でなければならないことを考慮する．

まず，ホドグラフ内に固定点 $\dot{O}$ を定める．この $\dot{O}$ は，実装置空間における回転中心点 O と不動点 F に相当する．次に，固定点 $\dot{O}$ からクランク $\overline{OC}$ に直角な方向に線分（長さは先端 C の速度ベクトル $v_C = r\omega$）を描き，その先端点を $\dot{C}$ とする．次に，点 $\dot{C}$ からアーム $\overline{CM}$ に直角方向に直線を描く．一方，固定点 $\dot{O}$ からアーム $\overline{FM}$ に直角な方向に直線を描く．これら両直線の交点を $\dot{M}$ とすれば，線分 $\dot{C}\dot{M}$ は実空間におけるアーム $\overline{CM}$ の相対速度である．次に，点 $\dot{M}$ からアー

ム $\overline{\mathrm{MP}}$ に直角な方向に直線を描く．一方，固定点 $\dot{\mathrm{O}}$ から水平な方向（実空間におけるピストンが動く方向）に直線を描く．これら2直線の交点を $\dot{\mathrm{P}}$ とすれば，$\overline{\dot{\mathrm{O}}\dot{\mathrm{P}}}$ が実空間におけるピストン P の速度 v_P である．この装置の入力と出力の間には力学エネルギー保存則が成立するから，ピストンからの出力は速度に逆比例（v_C/v_P）し，回転力が大きく増幅される．

第3章 力と運動の関係

3.1 ニュートンの法則

　1，2章では力学において基本量となる力と運動の各々について詳しく説明してきた．本章ではこれら両者の関係について論じる．両者の関係は，下記の**ニュートンの法則**（Sir Isaac Newton：1643-1727）によって初めて具体的に定義された．これによりこの関係に対する客観的数理記述が可能になり，力学が学問として誕生した．

第1法則：力が作用しない物体は0を含む一定の**速度**を有する（慣性の法則）
第2法則：力が作用する物体は作用力に比例する加速度を生じる（運動の法則）
第3法則：作用力に対し反作用力は常に逆向きで大きさが等しい（力の作用反作用の法則）

　これらのうち運動の法則は，力は物体の速度を変動させ（加速度（正・負）を与え）運動を変化させるものであると定義している．力を $\boldsymbol{F}$・速度を $\boldsymbol{v}$・加速度を $\boldsymbol{a}=\dot{\boldsymbol{v}}$（＝速度の時間微分）と記せば，運動の法則は

$$M\boldsymbol{a}=\boldsymbol{F} \quad\text{あるいは}\quad M\dot{\boldsymbol{v}}=\boldsymbol{F} \tag{3.1}$$

　式(3.1)で力と加速度を関連付ける比例定数 M は物体の属性（＝本来有する性質）であり，これを**質量**と呼ぶ．M が大きければ同じ力に対して生じる加速度（＝速度の時間変動）が小さい．これは，質量がいまのままの状態に慣れ変化・変動しにくい性質の程度すなわち慣性の大きさを表すから，質量 M を**慣性**とも呼ぶ．式(3.1)がベクトルで表現されていることは，速度の変化が大きさと方向

の両者を含むことを意味する．力を与えて式(3.1)を解けば物体の運動（速度）が得られるから，式(3.1)を運動方程式とも呼ぶ．

運動の法則を示す式(3.1)を次の形に書き換えてみよう．

$$-M\boldsymbol{a}+\boldsymbol{F}=0 \tag{3.2}$$

この形に書くとこの式は，力と同じ**次元**を持っている量（$-M\boldsymbol{a}$）と外力 $\boldsymbol{F}$ との力の釣合を示す方程式となる．このように考えたときの見かけの力（$-M\boldsymbol{a}$）を**慣性力**と呼ぶ．また，加速度を有する物体はこれに接する他の物体に（$-M\boldsymbol{a}$）の力を及ぼすと考え，この慣性力を**慣性反力**または**慣性抵抗**と呼ぶこともある．このように，加速度を有する物体には本来の作用力のほかに慣性力が働いていると解釈して，静力学における釣合式で動力学の問題を考えることができる．これを**ダランベールの原理**（Jean le Rond D'Alembert：1717−1783）と言う．

質量×速度 $M\boldsymbol{v}$ を**運動量**と言う．運動量を用いれば式(3.1)は

$$\frac{d}{dt}(M\boldsymbol{v})=\boldsymbol{F} \tag{3.3}$$

したがって第2法則は，"**運動量の時間変化の割合は作用する力に等しい**"とも表現できる．

第1法則は，第2法則において $\boldsymbol{F}=0$ とした特別の場合である．第3法則は，**作用力を与えることは受けること**，という，物体に働く力の基本的性質を表現する，運動とは無関係な法則である．

式(3.1)は物体の形状や寸法には無関係であるから，質量を大きさがない1点すなわち**質点**と考えればよい．質点は大きさを持たないから，回転や変形は意味がない．一般に力学では質量を，**質点**・**質点系**（複数の離散質点の集まり）・**剛体**（大きさを有するが変形しない連続物体）・**弾性体**（変形と運動の両者を伴う連続物体）のいずれかと考えて扱う．式(3.1)の運動の法則は，これらすべてに対して適用できる．

ニュートンの法則にはそれに到達する必然的な理由はないが，その正当性はこれまで行われたすべての実験検証によって例外なく確かめられている．もっとも，問題にしている物体の速度が非常に速く光の速度（3×10^8 m/s）に近いときとか，

大きさが原子程度以下の粒子の力・位置・運動に関してはこの法則は正当性を失い，厳密には近代力学（相対性原理・量子力学）に頼らなくてはならない．しかし私達が技術者として通常のものづくりに用いる学術の範囲内では，ニュートンの法則は例外なく正しいと考えても構わない．私達が実際の複雑な現象を解析する際に理論と実験が一致しないのは，問題を簡略化する際に行う仮定や省略などの不完全さが原因であり，ニュートンの法則が間違っているからでは決してない．

　質点の力学を基にして，その上に質点の集合体である質点系の力学，その特別の場合として質点が連続的に分布しており変形が生じない剛体の力学が組み立てられる．また固有の形を有し変形する固体・定まった形は持たず体積だけを有する液体・自由な状態では定まった形も体積も持たず自由に拡散する気体の挙動も，ニュートンの法則に基づいて解析できる．さらに，荷電粒子の運動から原子・分子やその集合体・私達が日常利用する機械・自動車・船舶・航空機から宇宙に存在する惑星や恒星に到るあらゆる物体の力と運動は，この運動の法則に従ってすべて解析できる．式(3.1)のような簡明な表現式のこのような適用範囲の広さは，物理学におけるニュートンの法則の卓越した重要性を示している．

　本書ではこの法則を，ものづくり工業に利用する立場から学んでいく．

例3.1　　質量 M の物体を図 3.1 のように鉛直上方に打ち出すとき，空気の抵抗がないとして，その運動を調べてみる．

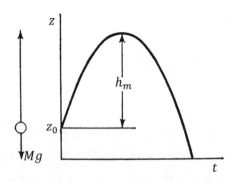

図 3.1　鉛直上方に打ち出す物体の運動

鉛直上向きに z 軸をとる．重力加速度を g と記せば，物体に働く力すなわち重さは鉛直下向きに Mg であるから，物体の運動方程式（運動の第 2 法則）は

$$M\ddot{z} = -Mg \quad \text{または} \quad \ddot{z} = -g \tag{3.4}$$

式(3.4)を時間 t で積分して

$$\dot{z} = v = -gt + v_0, \quad z = -\frac{1}{2}gt^2 + v_0 t + z_0 \tag{3.5}$$

ここで v_0, z_0 は，数学的には積分定数，物理的には時刻 $t=0$ における物体の速度と位置であり，あらかじめ与える初期条件である．

式(3.5)より，速度が $v=0$ となる時刻 t_m は $t_m = v_0/g$ であり，その時刻の最大上昇距離は $h_{\max} = z_{\max} - z_0 = v_0^2/(2g)$ で，以後は落下運動に移る．

ちなみに，加速度を $0.1g$ とか $5g$ のように重力加速度 g の倍数で表現する場合があり，例えば，深海の圧力を何千 g，強い遠心力の場を何十万 g などと言う．

例3.2　　負荷をかけないときの自然の長さ（自然長と言う）が l であるばねの下端に質量 M の物体を吊るすときの運動を考察しよう（**図 3.2**）．ばねは，それに外部から付加される力に比例する量 δ だけ変形（伸び・縮み）し，同時にその力と大きさが同一で方向が逆の反作用力（**復元力**と言う）を生じる．その比例

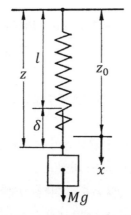

図 3.2　ばねに吊るされた物体

136 第3章 力と運動の関係

定数（剛性またはこわさと言う）を K と記す.

上端すなわちばねの固定端から z 軸を鉛直下方にとり下端までの距離を z とすれば，ばねの伸びは

$$z-l=\delta \tag{3.6}$$

ばねに作用する力は，z 軸方向に弾性力（内力）$-K(z-l)$ と重力（外力）Mg である．ばね自身の質量を無視すると，運動の法則から，

$$M\ddot{z}=-K(z-l)+Mg \tag{3.7}$$

物体を静かに吊るして力が釣り合っている状態では式(3.7)左辺が 0 で

$$Mg=K(z_0-l) \tag{3.8}$$

すなわち重力は弾性力と釣り合う．ここで z_0 は静的な釣合点の位置である．釣合点の位置から測った変位を $x(=z-z_0)$ と記せば

$$M\ddot{x}=-Kx \tag{3.9}$$

この運動方程式の解は

$$x=c_1 \sin\left(\sqrt{\frac{K}{M}}t\right)+c_2 \cos\left(\sqrt{\frac{K}{M}}t\right) \tag{3.10}$$

積分定数 c_1 と c_2 は初期条件を与えて決められる．sin と cos の項を 1 つにまとめると

$$x=a\cos\left(\sqrt{\frac{K}{M}}t+\alpha\right), \qquad a=\sqrt{c_1{}^2+c_2{}^2}, \qquad \tan(\alpha)=-\frac{c_1}{c_2} \tag{3.11}$$

物体の運動は，釣合点を中心として $\pm a$ を周期的に往復する**振幅 a の単振動**（単一の周波数からなる振動）であり，その**周期**は $T=2\pi\sqrt{M/K}$，振動数は $f=1/T$ である.

上記の例題 3.2 については，後述の 8 章で詳しく論じる.

例3.3　長さ l，断面積 a の棒材に外力 F を加えると，棒材は変形（伸び・縮み）する（**図 3.3**）．この静的釣合の状態について論じる.

これに類する問題は，主に力学のうち "材料力学" と言う分野で扱われる．重力の影響を無視すると，この状態で棒内の任意の断面に作用する内力（棒材内に

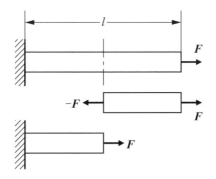

図 3.3　左端を固定した棒材

存在する力）は外力（棒材に外部から作用する力）に等しい $\boldsymbol{F}$（大きさ F）である．この内力に応じて棒の両端は，上記のニュートンの力の作用反作用の法則により，外部に $-\boldsymbol{F}$ を作用させる．この力は，外力で強制的に変形させられている棒が元の無負荷・自然長の状態に復元しようとして外部に作用させる抵抗力であり，外力に対する反作用力 $-\boldsymbol{F}$ である．この力を**復元力**と言う．これに対して外作用力 $\boldsymbol{F}$ は，棒の変形状態をそのまま保存しようとして外部から加え続ける力に変わる．この力を**保存力**と言う．保存力は，作用力とは異なり仕事をしない．外力を受けると変形して復元力を生じる物体を**弾性体**と言う．

この外力を受ける棒材の単位断面積あたりの力すなわち**応力**は，$\sigma = F/a$ である．また長さ l の棒の変形 Δl を εl とすれば，単位長さあたり変形の割合すなわち**ひずみ**は $\varepsilon = \Delta l/l$ である．外力を取り去ったときの棒材の形状が元の自然状態に復元可能な範囲内の変形を**弾性変形**と言い，この範囲の限界を**弾性限界**と言う．弾性限界内では**フックの法則**（Robert Hooke：1635−1703）が成立し，応力とひずみの比は材質によって定まる一定値 $E = \sigma/\varepsilon$ をとる．この定数 E を**縦弾性係数**あるいは**ヤング率**（Thomas Young：1773−1829）と言う．なお，これを超える量の変形を**塑性変形**と言う．

私達が日常用いる代表的な材料の縦弾性係数のおよその値を表 3.1 に示す．

材料の強さと変形を扱う材料力学では，主にフックの法則に従う線形弾性モデ

表 3.1 縦弾性係数 E 〔kgf/mm²〕

	鋼	アルミニウム	ガラス	合成樹脂
E の値	2.1×10^4	0.72×10^4	$\sim 0.7 \times 10^4$	$\sim 0.04 \times 10^4$

ルを利用して応力とひずみの問題を調べる.

例3.4　弾性体の変形が時間と共に変動する場合の運動方程式を導く.

　図 3.4 のように，互いに δx だけ離れた任意の 2 断面に挟まれた微小部分の左端が，変形によって u だけ微小変位する場合を考える．このときひずみは $\varepsilon = \partial u / \partial x$ で表されるから，応力は $\sigma = E \cdot \varepsilon = E \cdot \partial u / \partial x$ になる．弾性体の断面積を a とすれば，両断面に作用する力の差から，この微小部分に作用する力は x 軸の正の向きに $(\partial \sigma / \partial x) \cdot \delta x \cdot a$ である．一方密度を ρ とすれば，この微小部分の質量は $\rho \cdot a \cdot \delta x$ であるから，この微小部分の運動方程式は式(3.1)より

$$\rho \cdot a \cdot \delta x \cdot \frac{\partial^2 u}{\partial t^2} = \frac{\partial \sigma}{\partial x} \cdot \delta x \cdot a \quad \text{すなわち} \quad \rho \frac{\partial^2 u}{\partial t^2} = \frac{\partial \sigma}{\partial x} \tag{3.12}$$

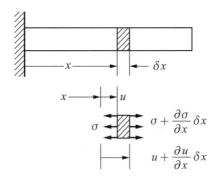

図 3.4　微小変形する個体

式(3.12)に応力 σ の上記定義式を代入して

$$\frac{\partial^2 u}{\partial t^2} = c^2 \frac{\partial^2 u}{\partial x^2}, \quad c = \sqrt{\frac{E}{\rho}} \tag{3.13}$$

式(3.13)は，ある場所の動的変位 $u=u(t, x)$ が時間と共に変動しながら他の場所に移動していく現象を支配する運動方程式であり，1次元の**波動方程式**と言われる．ここで，c は**弾性波**の進行速度である．

変位が時間変動しない静的な場合には，運動方程式は力の釣合式に帰着するが，この場合には当然，応力が時間軸上で一定である，という結果が得られる．

ここでは固体を考えたが，流体でも同じである．気体柱を考えると c は圧力変化が伝わる速度すなわち音速を表す．また真空の時空間の場でも同じ波動方程式が成り立ち，真空中を伝搬する電磁波や光を支配するのもこの波動方程式である．その場合には c は光速になる．電気が使えるのも電話ができるのもコンピュータが使えるのもスマートフォンで動画を見られるのも，すべて波動方程式が表現する諸現象のおかげである．このように一見難解な式(3.13)の波動方程式は，私達の日常生活に密着した極めて重要な方程式である．

例3.5　管の中の流体の定常的な流れを調べる．

図 **3.5** のように，流れの方向である管軸に垂直な断面をとり，その断面上の速度を一様と見なし，流れの平均値だけを問題とする1次元的な取り扱いができる

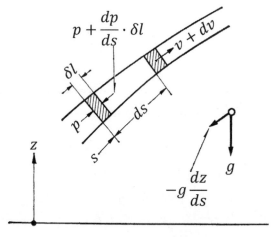

図 **3.5**　管中の流体の定常流れ

140   第3章　力と運動の関係

場合を考える．管壁による摩擦抵抗を考えないでよいならば，流体を加速する力は圧力 p に基づく力と重力である．断面積を a とし，管軸に沿って流れの向きに座標 s をとると，流体の δl 内の小部分（体積 $a\delta l$）に働く圧力 p に基づく力は，その部分の両端にかかる圧力差が $-(dp/ds)\delta l$ であるから，運動方向に $-(dp/ds)\delta l \cdot a$ である．また，流体の密度を ρ とすれば流体の δl 内の小部分の質量は $\rho \cdot a\delta l$ であるから，高さを z とすれば，重力の運動方向成分は $-\rho \cdot a\delta l \cdot g(dz/ds)$ となる．したがって流体の小部分の速度を v とすると，運動の法則（式(3.1)）は

$$\rho \cdot a\delta l \cdot \frac{dv}{dt} = -\frac{dp}{ds} \cdot a\delta l - \rho g \cdot a\delta l \frac{dz}{ds} \qquad \text{すなわち} \qquad \frac{dv}{dt} = -\frac{1}{\rho}\frac{dp}{ds} - g\frac{dz}{ds}$$

(3.14)

速度は，流体の小部分は流れて行くにつれて変化するが時間的には変化しない定常流れの場合には場所のみの関数であるから，式(3.14)右式の左辺は

$$\frac{dv}{dt} = \frac{dv}{ds}\frac{ds}{dt} = v\frac{dv}{ds} = \frac{d}{ds}\left(\frac{v^2}{2}\right)$$

(3.15)

と書ける．そこで，縮まない流体を考え密度は変化しないしないとすれば，式(3.14)右式はすぐに s で積分できて

$$\frac{v^2}{2} + \frac{p}{\rho} + gz = \text{const.} \text{（定数）}$$

(3.16)

こうして，運動の法則から流体力学の**ベルヌーイの方程式**（Daniel Bernoulli：1700－1782）が導かれた．

3.2　力学系の単位

ニュートンの運動の法則の上に組み立てられている力学理論を用いて具体現象を考究する際に，種々の物理事象を評価・変換・比較するための共通基盤として，何らかの単位系が必要になる．物理事象の単位系には，本質的に明確に区別できる基本量として長さ L・質量 M・時間 T が存在し，これら3者を**基本単位**と言う．力は運動の法則によって定義され，速度は長さと通過時間を計って得られる

から，これらは基本量として考える必要はない．このように，ある定まった測定法に基づいて基本量を測定して初めて得られる量を組立量と言い，その単位を**組立単位**と言う．

3.2.1　MKS 単位系と CGS 単位系

物理学では，長さ・質量・時間の単位系として，それぞれ m・kg・s あるいは cm・g・s を慣用していた．これらを基本単位とする単位系をそれぞれ **MKS 単位系**および **CGS 単位系**と呼ぶ．力の単位は，前者では質量 1 kg の物体に 1 m/s² の加速度を与える力を単位量に，また後者では質量 1 g の物体に 1 cm/s²の加速度を与える力を単位量に採用するから，それぞれ 1 N=1 kg m/s² と 1 dyn=1 g cm/s²（1 N=10⁵ dyn）である．

3.2.2　重力単位系

長さ・力・時間を基本量にとる単位系であり，力の単位に重力をとるので**重力単位系**と呼ばれ，主に工学の分野で用いられてきた．地球上の重力の加速度 g の値は場所によってわずかに異なるが，国際標準の値は $g=9.806\,65$ m/s² である．重力がこの値をとる場所で質量 1 kg の物体に地球の引力によって生じる力，言い換えると質量 1 kg の物体を重力に逆らって支える力の大きさを 1 kg 重と言い，1 kgf と書く（1 kgf=9.806 65 N=9.806 65×10⁵ dyn）．

1 つの物体の質量を M〔kg〕，その物体の重量を W〔kgf〕とすれば，これら両物理量の本質は異なる（前者は物体の属性である質量の大きさ・後者は物体そのものの重さ）が，数値の上では $M=W$ となる．重力単位系で運動の法則（ニュートンの第 2 法則）を成立させるためには，1 kgf の力によって加速度 1 m/s² が生じるような質量を単位質量（1 kgf s²/m）にとればよい．したがって重力単位系の単位質量 1 kgf は，数値に上では MKS 単位系の単位質量の g 倍すなわち g〔kg〕に相当し，重さ W〔kgf〕の物体の質量 = W/g〔kgf·s²/m〕= W〔kg〕である．

142　　第3章　力と運動の関係

3.2.3　国際単位系（SI）

国際単位系（International System of Units，略称 SI）は，単位系の多様性から生じる混乱を改善するために国際度量総会で採用された単位系であり，現在世界中で共通に使用されている．**表3.2** にその基本単位系を示す．長さ・質量・時間の単位には，MKS 単位系と同様に，m，kg，s を用いる．したがって，力の単位は $1\,\mathrm{kg \cdot m/s^2}(=1\,\mathrm{N}=10^5\,\mathrm{dyn})$ である．

表3.2　SI 基本単位系

	単位の名称	単位記号
長さ	メートル	m
質量	キログラム	kg
時間	秒	s
電流	アンペア	A
熱力学温度	ケルビン	K
物質量	モル	mol
光度	カンデラ	cd

時間の単位（秒：s）はセシウム 133 原子からのある放射線の 9 192 631 770 周期の継続時間，長さの単位（m）はクリプトン 86 原子からのあるスペクトル線の波長の 1 650 763.73 倍と定められている．

表3.3 は，固有の名称を持つ SI 組立単位を中心に置き，機械工学の分野で用いられる主な物理量の SI 単位への換算の例を示す．

表3.4 は，SI，CGS 単位系および重力単位系の対照表である．

例3.6　　半径 r の円周上を角速度 ω で等速円運動をする質量 M の物体は，$Mr\omega^2$ の大きさの中心に向かう力を受けている．この力を**向心力**と言う．ある物体を秤ではかったら 1.96 kg であったとすれば，この物体は質量 $M=1.96\,\mathrm{kg}$，重量 $W=1.96\,\mathrm{kgf}$ である．この物体が $r=100\,\mathrm{mm}$ の円周上を毎分 1 500 回転する場合の向心力 F を求めてみる．このときの角速度は $\omega=2\pi\times1\,500/60=50\pi$

3.2 力学系の単位   143

表 3.3　SI 単位への換算

量	単位記号	SI 単位への換算率	SI 単位名称	SI 単位記号	SI 単位定義
角度	°	$\pi/180$	ラジアン	rad	
周波数・振動数 回転数	s^{-1} rpm	1 1/60	ヘルツ	Hz	s^{-1}
力	kgf	9.806 65	ニュートン	N	$kg \cdot m \cdot s^{-2}$
圧力・応力	bar kgf/cm^2	10^5 $9.806\,65 \times 10^4$	パスカル	Pa	N/m^2
エネルギー 仕事 熱量	erg cal kgf·m KW·h PS·h	10^7 4.186 05 9.806 65 3.600×10^5 $2.647\,79 \times 10^6$	ジュール	J	Nm
仕事率動力	W PS kcal/h	1 735.5 1.163 0	ワット	W	J/s
粘性係数	cP	10^{-3}	パスカル秒	Pa·s	
動粘性係数	cSt	10^{-6}		m^2/s	
温度	°C	+273.15	ケルビン	K	

注 1) 平面角ラジアン rad と立体角ステラジアン Sr は SI 補助単位系
注 2) 固有の名称を持つ組立単位は，表 3.2 に示したもののほかに次のものがある.

電気量	クーロン	C(＝A·s)
電 位	ボルト	V(＝J/C)
静電容量	ファラド	F(＝C/V)
電気抵抗	オーム	Ω(＝V/A)
コンダクタンス	ジーメンス	S(＝Ω^{-1})
磁 束	ウエーバ	Wb(＝V·s)
磁束密度	テスラ	T(＝Wb/m^2)
インダクタンス	ヘンリー	H(＝Wb/A)
光 束	ルーメン	lm(＝cd·sr)
照 度	ルクス	lx(＝lm/m^2)

144 第3章 力と運動の関係

表 3.4 SI，CGS 単位系，重力単位系

	長さ (L)	質量 (M)	時間 (T)	力	仕事・エネルギー	仕事率
SI	m	kg	s	N(kg·m/s²)	J(N·m)	W(J/s)
CGS 単位系	cm	g	s	dyn(g·cm/s²)	erg(dyn·cm)	erg/s
重力単位系	m	kgf·s²/m	s	kgf	kgf·m	kgf·m/s

rad/s であるから，

CGS 単位系では，$F=Mr\omega^2=1.96\times10^3\times10\times(50\pi)^2=4.83\times10^8\,\mathrm{dyn}$

重力単位系では，$F=\dfrac{W}{g}r\omega^2=\dfrac{1.96}{9.8}\times0.1\times(50\pi)^2=493\,\mathrm{kgf}$

SI では，$F=4.83\times10^3\,\mathrm{N}$

もちろん，$1\,\mathrm{kgf}=9.806\,65\,\mathrm{N}=9.806\,65\times10^5\,\mathrm{dyn}$ であるから，いずれの単位で表された力も同一である．

3.2.4 次　　元

一般に組立量 Q は，基本量の"**べき乗**"と定数の積の形で表現することができて

$$Q=\mathrm{C}\cdot L^\alpha M^\beta T^\gamma \tag{3.17}$$

また，ある量は，数値とその単位の比（n）の積であるから，単位の次元には [ ] を附して，それぞれ長さ $[L]$・質量 $[M]$・時間 $[T]$ と書き表すと，式(3.17)は

$$Q=(n_q)[Q]=\mathrm{C}\cdot(n_l)^\alpha(n_m)^\beta(n_t)^\gamma[L]^\alpha[M]^\beta[T]^\gamma \tag{3.18}$$

$$[Q]=\mathrm{C}\cdot[L]^\alpha[M]^\beta[T]^\gamma=\mathrm{C}\cdot[L^\alpha M^\beta T^\gamma] \tag{3.19}$$

式(3.19)は組立単位 $[Q]$ の基本単位との関係を表し，**次元式**と呼ばれる．そして，Q の次元は基本単位 L，M，T に関し α，β，γ である，と言う．速度は，長さに関し＋1で，時間に関し－1である．いま，長さ $=1[L]$，時間 $=1[T]$ のとき速度 $=1[Q]$ になるように定めると，次元式は $[Q]=[LT^{-1}]$ で，速度の単位は (m/s) となる．$\mathrm{C}=1$ であるように選ぶと最も簡単であって，普通，組立単位

3.2 力 学 系 の 単 位　　145

はこのように決めて用いる．

例3.7　　　次 元 式 は，[面積]$=[L^2]$，[加速度]$=[LT^{-2}]$，[力] M$=[LMT^{-2}]$，
[運動量]$=[LMT^{-1}]$，[密度]$=[ML^{-3}]$，[圧力]$=[ML^{-1}T^{-2}]$，[仕事・エネルギー]
$=[L^2MT^{-2}]$，……
のように表される．例えば，エネルギーの単位は，CGS単位系では
$1\,\mathrm{erg}=1\,\mathrm{g\,cm/s^2}(=10^{-7}\,\mathrm{J})$，重力単位系では $1\,\mathrm{kgf\,m}(=9.806\,65\,\mathrm{J})$，SIでは
$1\,\mathrm{J}=1\,\mathrm{N\,m}(=1\,\mathrm{kg\,m^2/s^2})$ である．

例3.8　　　次元式を利用すると，単位の変換を機械的に行うことができる．例
えば

$$20\,\mathrm{m/s}=20\times\frac{1/1\,000\,\mathrm{km}}{1/3\,600\,\mathrm{h}}=\frac{20\times3\,600}{1\,000}\,\mathrm{km/h}=72\,\mathrm{km/h}\ （速さ）$$

$$1\,\mathrm{Lb/in^2}=1\times\frac{1\,\mathrm{Lb}}{1\,\mathrm{in^2}}=1\times\frac{0.453\,6\,\mathrm{kgf}}{2.54^2\,\mathrm{cm^2}}=0.070\,31\,\mathrm{kgf/cm^2}\ （圧力）$$

　次元が異なる量同士の加減は意味がない．したがって，方程式の各項は同じ次
元を持たなければならない．もし方程式の各項の次元が等しくないならば，そこ
には間違いがあるか，ある量が不完全なためである．このことは，理論解析の誤
りを発見する手段として利用することができる．また，**次元の同次性の原理**が成
立しなければならないという関係だけからも，ある現象の物理的性質の大略を知
ることができる．このようにして物理法則を調べることを，**次元解析**と言う．

例3.9　　　次元解析の簡単な例として，ばねに吊るされた質量（図 3.2）の振
動の周期を取り扱ってみる．この問題に入り得る量は，周期 T，下端に固定され
た物体の重さ W・質量 M・ばねの剛性 K である．ばねの長さ l は，ばね自身の
質量を無視し，物体の運動のみに注目するときには入れなくてもよくて，剛性だ
けが問題になる．

　問題は，T が $M \cdot W \cdot K$ のどのような関数形 $T=f[M \cdot W \cdot K]$ で表現できるか，

146　　第3章　力と運動の関係

と言うことである．そこで，$T=\text{const}.M^a W^b K^c$ とおいてみる．

$$[T]=[M]^a[LMT^{-2}]^b[MT^{-2}]^c \tag{3.20}$$

式(3.20)の両辺で次元が等しいことから

$$[L]\rightarrow 0=b, \qquad [M]\rightarrow 0=a+b+c, \qquad [T]\rightarrow 1=-2b-2c \tag{3.21}$$

式(3.21)から a, b, c が一義的に決まり

$$a=1/2, \qquad b=0, \qquad c=-1/2 \tag{3.22}$$

式(3.22)から $T=\text{const}.\sqrt{M/K}$ の関係が得られる．

例3.10　　半径 r の一様な断面積を持つ水平な円管を流体が定常的に流れる場合の摩擦損失を考えよう．ただし粘性係数 μ は，単位速度あたり（$[(LT^{-1})^{-1}]$）で単位長さあたり（$[L^{-1}]$）の力（$[LMT^{-2}]$）として定義できる（これら3つの量の次元式については表3.2と表3.3の右端列を参照）から，その次元式は $[(LT^{-1})^{-1}\cdot L^{-1}\cdot LMT^{-2}]=[L^{-1}MT^{-1}]$ である．

　管壁の単位面積あたりの（摩擦抵抗）力である τ の次元は

$$\tau=[MLT^{-2}\cdot L^{-2}]=[ML^{-1}T^{-2}] \tag{3.23}$$

　一方，τ は**粘性係数** μ・平均流速 u・流体の密度 ρ・管半径 r に関するから

$$\tau=\text{const}.\times\mu^a u^b \rho^c r^d \tag{3.24}$$

とおけば，その次元式は

$$\tau=[L^{-1}MT^{-1}]^a[LT^{-1}]^b[ML^{-3}]^c[L]^d=[M^{a+c}L^{-a+b-3c+d}T^{-a-b}] \tag{3.25}$$

式(3.23)と式(3.25)を等置すれば

$$a+c=1, \qquad -a+b-3c+d=-1, \qquad -a-b=-2 \tag{3.26}$$

式(3.26)は，3個の式からなるが，その未知数の数は a, b, c, d の4個である．したがって，これら4個の未知数は一義的には決まらない．そこで例えば

$$a=2-b, \qquad c=-1+b, \qquad d=-2+b \tag{3.27}$$

とおけば，式(3.24)と式(3.27)より

$$\tau=\text{const}.\frac{\mu^2}{\rho r^2}\left(\frac{ur\rho}{\mu}\right)^b \tag{3.28}$$

ここで，$u r \rho / \mu$ と言う数の次元式は $[LT^{-1}][L][ML^{-3}][LM^{-1}T]=[0]$ となり，無次元数であるから，b はどのようにとってもよいのである．このことを"この式は次元の自由度を持つ"と言う．いま，$b=1$ にとると

$$\tau = \text{const.} \frac{\mu u}{r} \tag{3.29}$$

さて，圧力差にもとづく力は管壁の摩擦抵抗と釣り合うから，管長 L_p の部分の圧力差を $P_1 - P_2$ とすると，$\tau = \dfrac{(P_1 - P_2)r}{2L_p}$ と書ける．したがって，流量 Q は式(3.29)より

$$Q = \pi r^2 u = \pi r^2 \frac{\tau r}{\text{const.} \cdot \mu} = \pi r^2 \frac{(P_1 - P_2)r}{2L_p} \frac{r}{\text{const.} \cdot \mu} = \text{const.}' \frac{(P_1 - P_2)}{L_p} \cdot \frac{r^4}{\mu} \tag{3.30}$$

すなわち，**ポアズイユの法則**（Jean Louis Marie Poiseuille：1799−1869）が得られた（$\text{const.}' = \pi/(2 \cdot \text{const.}) = \pi/8$）．

ここで，式(3.28)で得られた $R_e = u r \rho / \mu$ と言う無次元数は，**レイノルズ数**（Osborne Reynolds：1842−1912）と呼ばれ，流れの特性を表す重要な数である．この数の値が約 1 000 を越すと乱流となり，この限界を境として摩擦抵抗の法則が変化する．流体力学では，μ は ρ との比の形で入ってくることが多い．$\nu = \mu/\rho$ を**動粘性係数**と言う．

粘性係数・動粘性係数の単位は

$$1\,\text{P} = 1\,\text{dyn} \cdot \text{s/cm}^2 = 1.020 \times 10^{-2}\,\text{kgf} \cdot \text{s/m}^2 = 0.1\,\text{Pa} \cdot \text{s} \tag{3.31}$$

$$1\,\text{St} = 1\,\text{cm}^2/\text{s} = 10^{-4}\,\text{m}^2/\text{s} \tag{3.32}$$

であるが，これらは実用上大きすぎるので，実用単位としてはそれぞれの 1/100 すなわちセンチポアズ（cP）・センチストークス（cSt）が良く使われてきた．

表 3.5 に，私達が身近に接する流体の粘性係数と動粘性係数の例を示す．

ポアズイユの法則によって流量を計算する際に，P_1，P_2 が kgf/cm²，L，D が cm の単位で表されているとき，粘性係数 μ は kgf·s/cm² の単位での値を用いて計算すると，Q は cm³/s の単位で求められる．

148 　第3章　力と運動の関係

表 3.5　1 atm，20 ℃における粘性係数 μ と動粘性係数 ν

	水	空気	潤滑油	水銀
μ〔cP〕	1.005	0.018 08	10～1 200	1.554
ν〔cSt〕	1.006 8	15.01		0.115

　数値計算の場合には，常に単位の混用をしないように気を付けなければならない．

例3.11　　流体中を速度 u で動く物体の受ける抵抗を求めるには，全抵抗力を F とし，l を物体の大きさとすると，例 3.10 と同じように

$$F=\text{const.}\frac{\mu^2}{\rho}\left(\frac{ul\rho}{\mu}\right)^b \tag{3.33}$$

が得られる．$b=1$ にとると，半径 r の球の場合には

$$F=\text{const.}\mu ur \tag{3.34}$$

となる．これは，流体の運動速度が小さいときに成立する**ストークスの法則**（George Gabriel Stokes：1819−1903）（const.$=6\pi$）である．

　速度が大きいときには，μ にはよらず，その代わり ρ が効いてくるはずであるから，$b=2$ にとった $F=\text{const.}\rho u^2l^2$ が成り立つ．このことは，ニュートンの運動の法則から直接推察することができる．物体に働く力は，流体粒子の衝突や方向変換などによる力と考えられ，そのときの流体の運動量の変化は ρu^2 であるから，これはニュートンの第2法則により流体に働く力であり，同時にニュートンの第3法則により物体に働く力（反力）である．

［問題 13］

（13−1）　MKS 単位による質量 19.6 kg の物体の重力単位による質量・重量はいくらか．

解　重力単位によれば，質量は 19.6/g＝19.6/9.807＝2.00 kgf・s²/m で，重量は

3.2 力 学 系 の 単 位 149

19.6 kgf.

（13-2） a）4 ℃ の水 1 m³ の重量と質量を CGS 単位・重力単位・SI（＝MKS 単位）で示せ.

b）760 mmHg, 15 ℃ の空気の密度は $\rho=1/8$ kgf·s²/m⁴ である. この状態の空気の比重量はいくらか.

解 a）

単位系	CGS	重力	SI（MKS）
質量	10^6 g	102.0 kgf·s²/m	10^3 kg
重量	9.807×10^8 dyn(g cm/s²)	10^3 kgf	9.807×10^3 N(kg m/s²)

b）重力単位系では空気の密度は $\quad 1/8$ kgf·s²/m⁴$\times9.807$ m/s²$=1.226$ kgf/m³

$\quad$ SI 単位系では空気の密度は $\quad 1.226\times9.807=12.02$ N/m³

（13-3） 1 気圧すなわち 1 kgf/cm² は何 Lb/in² か, 何 mmHg か, 何 Pa か. また, 標準の大気圧 760 mmHg は何 kgf/cm² か, 何 bar か, 何 Pa か. 水銀の密度は 13.595 1 g/cm³, 1 bar$=10^6$ dyn/cm² である.

解 $\quad 1$ kgf/cm²$=\dfrac{2.204\,59\text{ Lb}}{0.393\,70^2\text{ in}^2}=14.22$ Lb/in²$=\dfrac{1\,000\text{ gf/cm}^2}{13.595\,1\text{ gf/cm}^3}$

$\qquad\qquad =73.55$ cmHg$=735.5$ mmHg$=\dfrac{9.807\text{ N}}{10^{-4}\text{ m}^2}=9.807\times10^4$ Pa

$\quad 760$ mmHg$=76.0$ cmHg$\times13.595\,1$ gf/cm³$=1\,034.0$ gf/cm²

$\qquad\qquad =1.034\,0$ kgf/cm²$=1\,034.0$ gf/cm²$\times980.7$ cm/s²

$\qquad\qquad =1\,013\,300$ dyne/cm²$=1.013\,3$ bar$=1.013\,3\times10^5$ Pa

（13-4） 速度 60 km/h で走っている重さ 1 000 kgf の自動車が, 制動をかけてから一様な減速をし, 30 m 進行して停止した. 路面が自動車に与えた力はいくらか.

150   第3章　力と運動の関係

解　自動車の速度は，60 000/3 600＝50/3 m/s．この速度が30 m走行して0になるから，停止までに要する時間は，この距離をこの半分の速度で定速走行したのと同じになり，30/(50/3×0.5)＝3.6 s．制動中の自動車の加速度は，(50/3)/3.6＝4.63 m/s²．自動車の質量は，SIで1 000 kg，重力単位で1 000/9.807＝101.97 kgf·s²/mであるから，必要な路面からの力は，SIで1 000×4.63＝4 630 N，重力単位で101.97×4.63＝472 kgf．

（13－5）　重さ2 tfのエレベータが静止の状態から一様に加速されて上昇し，2秒後に4 m/sの速度になった．加速中ケーブルに働いた力をN，dyn，kgfで表せ．

解　$F = M \times (a+g) = 2\,000 \text{ kgf} \times \left(\dfrac{4 \text{ m/s}}{2 \text{ s}} + 9.807 \text{ m/s}^2\right)$

　　　$= 2.361 \times 10^4 \text{ N} = 2.361 \times 10^9 \text{ dyne} = 2.407 \times 10^3 \text{ kgf}$

（13－6）　図3.6のように，重さWの物体に剛性Kの2つのばねを取り付けた装置がある．この装置に加速度を与えると，物体は変位する．物体の位置xと加速度aの関係を求めよ．

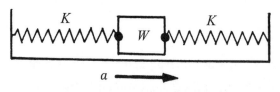

図3.6　左右をばねで支えた物体

解　物体の質量はW/gである．また，物体が中立点からxだけ変位したときに両側のばねから物体に作用する力は$F = -2Kx$であるから，ニュートンの運動の法則（式(3.1)）から，$-2Kx = (W/g)a$．

第4章 質点の動力学

4.1 質点の運動

前章で紹介したように，質量 M の質点の運動の法則（ニュートンの第2法則）は

$$M\dot{\boldsymbol{v}}=\boldsymbol{F} \quad \text{あるいは} \quad M\ddot{\boldsymbol{r}}=\boldsymbol{F} \qquad (3.1) \qquad (4.1)$$

ベクトルで表示されている式(4.1)を3次元空間における座標軸方向に分けて書くと

$$M\ddot{x}=X, \quad M\ddot{y}=Y, \quad M\ddot{z}=Z \qquad (4.2)$$

式(4.2)右辺の力の成分 (X, Y, Z) は，一般的には質点の位置 (x, y, z)・速度 $(\dot{x}, \dot{y}, \dot{z})$・時間 t の関数である．これらの式を解いて質点の運動が求められ，その際用いられる未定の積分定数は初期条件（：初期 $t=0$ における質点の位置と速度）によって決められる．質点にどのような力が働くかが分かり運動方程式を導くことができれば，運動を決める以後の手続きは数学上の問題になる．

4.1.1 落体・放物体の運動

まず落体の運動を考える．第3章の例3.1に示した落体の運動は，物体に重力と言う一定の力だけが働く場合の例であり，質点は力の方向に一定の加速度で運動した．しかし物体が実際に運動する際には，必ず摩擦や空気抵抗など物体の運動を妨げる力が働く．空気や水などから受ける流体抵抗は，速度が小さいときには速度に比例し（ストークスの法則：式(3.34)参照），大きい速度では速度の2

152   第4章　質点の動力学

乗に比例する.

　重力のほかに速度に比例する（比例定数 C）空気抵抗を受ける物体の運動を考える．鉛直下向きに z 軸をとると，式(4.2)第3式の運動方程式は

$$M\frac{dv}{dt}=Mg-Cv(v=\dot{z}) \qquad すなわち \qquad dt=\frac{M}{C}\frac{Cdv}{Mg-Cv} \qquad (4.3)$$

$\int\frac{1}{v}dv=\ln v+\text{const.}$（$\ln$ は $\log_e$ を意味する自然対数）の関係を用いて式(4.3)を積分すれば

$$t=\frac{M}{C}\int\frac{Cdv}{Mg-Cv}=-\frac{M}{C}\ln(Mg-Cv)+\text{const.} \qquad (4.4)$$

初期条件 $t=0$ で $v=v_0$ より $\text{const.}=\frac{M}{C}\ln(Mg-Cv_0)$．式(4.4)と $\ln a-\ln b=\ln(a/b)$ の関係より

$$-\frac{C}{M}t=\ln\left(\frac{(Mg/C)-v}{(Mg/C)-v_0}\right) \qquad すなわち$$

$$v=\frac{Mg}{C}-\left(\frac{Mg}{C}-v_0\right)\exp\left(-\frac{C}{M}t\right) \qquad (4.5)$$

ここでは落体の運動を論じているから，速度 v は鉛直下方が正である（$v=\dot{z}$）．式(4.5)より，初期速度 $v_0<\frac{Mg}{C}$ なら速度は次第に増加し，$v_0>\frac{Mg}{C}$ なら次第に減少し，いずれの場合にも $t\to\infty$ で $v_0=\frac{Mg}{C}$ になる．$v_0=\frac{Mg}{C}$ なら速度は初めから一定である．$\frac{Mg}{C}$ は，落体が到達する終局の速度であり，**終端速度**と言う．終端速度は重力と空気抵抗力が釣り合って加速度がなくなる時点における速度である．

　次に放物体の運動を考え，**図 4.1** のように，水平と角 θ_0 をなす方向に初速度 v_0 で放射された質点の運動を調べる．質点に働く力は鉛直下向きの重力と空気抵抗だけだから，質点の運動は初速度を含む鉛直面内の運動になる．この面内で水平方向に x 軸・鉛直上向きに y 軸をとり，抵抗が速さに比例する場合を考えると，運動方程式は式(4.2)より

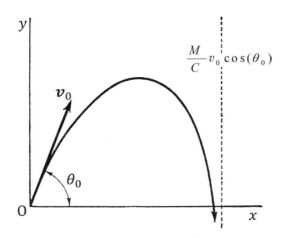

図 4.1 放物体の運動

$$M\ddot{x} = -C\dot{x}, \qquad M\ddot{y} = -C\dot{y} - Mg \tag{4.6}$$

$t=0$ で $\dot{x}=v_0\cos(\theta_0)$, $\dot{y}=v_0\sin(\theta_0)$, $x=0$, $y=0$ の初期条件の下に式(4.6)を積分すると(後述の問題 (14 − 1) 参照)

$$\dot{x} = v_0\cos(\theta_0)\exp\left(-\frac{C}{M}t\right), \qquad \dot{y} = -\frac{M}{C}g + \left(v_0\sin(\theta_0) + \frac{M}{C}g\right)\exp\left(-\frac{C}{M}t\right) \tag{4.7}$$

$$\left.\begin{array}{l} x = \dfrac{M}{C}v_0\cos(\theta_0)\left(1-\exp\left(-\dfrac{C}{M}t\right)\right) \\ y = -\dfrac{M}{C}gt + \dfrac{M}{C}\left(v_0\sin(\theta_0)+\dfrac{M}{C}g\right)\left(1-\exp\left(-\dfrac{C}{M}t\right)\right) \end{array}\right\} \tag{4.8}$$

式(4.8)から t を消去すると,軌道を示す式が得られて(後述の問題 (14 − 1) 参照)

$$y = \frac{M^2 g}{C^2}\ln\left(1-\frac{Cx}{Mv_0\cos(\theta_0)}\right) + \left(\tan(\theta_0) + \frac{Mg}{Cv_0\cos(\theta_0)}\right)x \tag{4.9}$$

式(4.7)と式(4.8)より,$t\to\infty$ では $\dot{x}\to 0$, $\dot{y}\to -(M/C)g$, $x\to(M/C)\cos(\theta_0)$ になる.すなわち,$\dot{y}$ は終端速度になり質点は $x=(M/C)v_0\cos(\theta_0)$ の位置に漸近する.

154   第4章　質点の動力学

空気抵抗を無視してみる（$C=0$）．テーラー展開（参考文献 12 参照）の公式より

$$\exp\left(-\frac{C}{M}t\right)=1-\frac{C}{M}t+\frac{1}{2}\left(\frac{C}{M}t\right)^2-\cdots \tag{4.10}$$

式(4.10)より

$$\frac{M}{C}\left(1-\exp\left(-\frac{C}{M}\right)\right)=t-\frac{1}{2}\frac{C}{M}t^2+\cdots \tag{4.11}$$

式(4.11)を式(4.8)に代入して $C=0$ とおけば，よく知られているように

$$x=v_0\cos(\theta_0)\cdot t, \qquad y=v_0\sin(\theta_0)\cdot t-\frac{1}{2}gt^2 \tag{4.12}$$

式(4.12)から時間 t を消去すれば質点の軌道は

$$y=\tan(\theta_0)\cdot x-\frac{g}{2v_0{}^2\cos^2(\theta_0)}\cdot x^2 \qquad （←放物線） \tag{4.13}$$

4.1.2　拘束運動

固い斜面上に置かれた物体の運動では，物体は面から反力を受けて斜面にめり込まない．このように他の物体に接触しながら運動する物体は，定まった曲線・曲面に制限された運動，すなわち**拘束運動**をする．運動を制限する幾何学的条件を**拘束条件**と言う．実際に私達が扱う運動には拘束運動が多い．

拘束運動では，与えられた外力 $\boldsymbol{F}(X,\ Y,\ Z)$ のほかに，質点が与えられた曲面・曲線から受ける拘束力 $\boldsymbol{R}(R_x,\ R_y,\ R_z)$ が働き，運動方程式は

$$M\ddot{x}=X+R_x, \qquad M\ddot{y}=Y+R_y, \qquad M\ddot{z}=Z+R_z \tag{4.14}$$

摩擦力が働かないなめらかな接触の場合には，拘束の条件式と拘束力 $\boldsymbol{R}$ が曲面・曲線に垂直であることを示す式を式(4.14)に追加して用いると，$x,\ y,\ z,$ $R_x,\ R_y,\ R_z$ の6個の未知数を決定し，運動を定めることができる．

しかし，拘束運動はその経路があらかじめ分かっているから，その軌道の接線方向，主法線方向，従法線方向の運動方程式で考え，初めから変数を少なくして解く方が簡単で都合が良い場合が多い．接線方向・主法線方向・従法線方向の力の成分をそれぞれ下添字 $t,\ n,\ b$ を付けて表すことにすると，加速度は式(2.13)

で与えられているから，運動方程式と力の釣合式は

$$M\frac{dv}{dt}=F_t, \qquad M\frac{v^2}{\rho}=F_n+R_n, \qquad 0=F_b+R_b \tag{4.15}$$

式(4.15)第 1 式より運動 $s=s(t)$ が決まり，同第 2 と同第 3 式より拘束力が求められる．また粗い拘束の場合には，第 1 式の右辺に摩擦力を加えればよいが，摩擦力は垂直反力 R を用いて摩擦の法則（1.2.4 項参照）から定められるから，これを用いて第 1 式を解くことができる．

図 4.2 のように，半径 r の滑らかな球面の頂点から球面に沿って滑り落ちる質点の運動を考える．質点には運動と垂直な方向の力は作用しないから，質点は球の中心と運動方向からなる 2 次元平面 $(x,\ y)$ 内を球表面に沿って円運動をしながら滑り落ちる．質点に働く力は重力 $M\boldsymbol{g}$ と OP 方向を向く反力 $\boldsymbol{R}$ であり，運動方程式は

$$M\ddot{x}=R\sin(\theta), \qquad M\ddot{y}=R\cos(\theta)-Mg \tag{4.16}$$

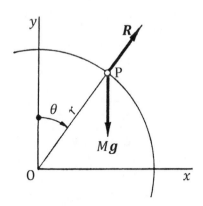

図 4.2　質点の円運動 1

拘束条件は

$$x=r\sin(\theta), \qquad y=r\cos(\theta) \tag{4.17}$$

であるから，式(4.16)の両式から R を消去して式(4.17)を用いると，θ で表した

運動方程式

$$r\ddot{\theta} = g\sin(\theta) \qquad (4.18)$$

が得られる（後述の問題 14 − 2 参照）．

この問題を初めから接線方向と主法線方向の運動方程式で考えると

$$M\dot{v} = Mg\sin(\theta), \qquad M\frac{v^2}{r} = -R + Mg\cos(\theta) \qquad (4.19)$$

接線方向の速度は $v = r\dot{\theta}$ であるから，式(4.19)の第1式は式(4.18)と同じであり，これを用いて運動が決まり，第2式から反力が求められる．

図 4.3 に示す長さ l の細長い物体（糸あるいは棒）に質点が吊り下げられた単振子を考える．質点は鉛直面内の半径 l の円周上を最下点 C の左右に揺れる．θ と同じ向きに測った円弧の長さは $l\theta$，速度は $v = l\dot{\theta}$，質点に働く外力は重力 Mg と張力 S であるから，質点の運動方程式は，式(4.19)と同様に

$$M\frac{dv}{dt} = Ml\ddot{\theta} = -Mg\sin(\theta), \qquad M\frac{v^2}{l} = Ml\dot{\theta}^2 = S - Mg\cos(\theta) \qquad (4.20)$$

式(4.20)第1式より $\theta = \theta(t)$ すなわち質点の運動が求められ，同第2式からは張力 S が決まる．

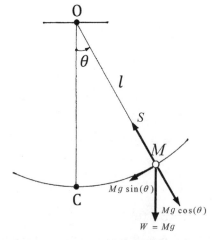

図 **4.3** 単振子

　　　　　　　　　　　　　　　　　　　4.1　質　点　の　運　動　　　157

　まず簡単のため，θ が十分小さいとして，$\theta = 0$ 付近の微小振動を考える．この場合には $\sin(\theta) \simeq \theta$ とおくことができるから，運動方程式(4.20)の第1式は近似的に

$$\ddot{\theta} = -\frac{g}{l} \cdot \theta \tag{4.21}$$

これは振幅が小さいときの単振動の運動方程式（後述の8章参照）であり，"時間の関数 $\theta(t)$ を2回時間微分すれば元の関数の負値になる"という関係が無条件に成立することを意味する．この関係を満足する解は三角関数か複素指数関数しかない．前者を用いれば解は

$$\theta = \theta_0 \cos\left(\sqrt{\frac{g}{l}}t + \alpha\right) \qquad （\theta_0 と \alpha は初期条件で決まる未定係数） \tag{4.22}$$

その周期は

$$T = 2\pi \sqrt{\frac{l}{g}} \tag{4.23}$$

また遠心力は式(4.22)より

$$M\frac{v^2}{l} = Ml\dot{\theta}^2 = Mg\theta_0^2 \sin^2\left(\sqrt{\frac{g}{l}}t + \alpha\right) \leq Mg\theta_0^2 \tag{4.24}$$

　角振幅 θ_0 は小さいとしているから，遠心力は重力 Mg に対し省略して0とすることができる．そうすると式(4.20)第2式の左辺が0であることから，張力は

$$S = Mg \tag{4.25}$$

　次に θ が小さくない一般の場合を考える．式(4.20)の第1式の両辺に $\dot{\theta}$ を乗じて積分すると，$\int \dot{\theta}\ddot{\theta}dt = \int \dot{\theta}(d\dot{\theta}/dt)dt = \dot{\theta}^2/2 + \mathrm{const.}$ と $\int -\sin(\theta) \cdot \dot{\theta}dt = \int -\sin(\theta)d\theta = \cos(\theta) + \mathrm{const'.}$ の関係から

$$\dot{\theta}^2 = \frac{2g}{l}\cos\theta + c \qquad （c は積分定数） \tag{4.26}$$

積分定数 c を決めるために，初期条件を $t=0$ で $\theta = 0$，$v = v_0 = l\dot{\theta}$ として式(4.26)に代入すれば

$$c = \left(\frac{v_0}{l}\right)^2 - \frac{2g}{l}. \quad これを式(4.26)に代入して三角関数の半角の公式を用いれば$$

158   第4章　質点の動力学

$$\dot{\theta}^2 = \left(\frac{v_0}{l}\right)^2 - 2\frac{g}{l}(1 - \cos(\theta)) = \left(\frac{v_0}{l}\right)^2 - 4\frac{g}{l}\sin^2\left(\frac{\theta}{2}\right) \tag{4.27}$$

$\dot{\theta}^2 \geq 0$ であるから，$\dfrac{v_0{}^2}{4lg} \geq \sin^2\left(\dfrac{\theta}{2}\right)$ である．$\dfrac{v_0{}^2}{4lg} = k^2$ とおくと，$k < 1$ ならば θ は

$\sin\left(\dfrac{\theta_0}{2}\right) < 1$ で決まる角 $-\theta_0 \leq \theta \leq \theta_0$ の間で変化し，質点を吊り下げる物が棒の

ように弛まない物であるとすれば，質点は振動する．$k > 1$ のときには θ がどの

ような角でもとることができるから，質点は一方向に運動を続ける回転運動とな

る．$k = 1$ のときには $\theta = \pm\pi$ すなわち最高点でほとんど停止する．

張力 S は，式(4.27)を式(4.20)の第2式に代入して，式(4.27)と $\dfrac{v_0{}^2}{4lg} = k^2$ の

関係を用いれば

$$S - Mg\left(\cos(\theta) + \frac{l}{g}\dot{\theta}^2\right) = Mg\left(3\cos(\theta) - 2 + \frac{v_0{}^2}{lg}\right) - Mg(3\cos(\theta) + 4k^2 - 2)$$

$$\tag{4.28}$$

$k < 1$ で単振子が角 $-\theta_0 \leq \theta \leq \theta_0$ の間で振動する場合には，$k^2 = \sin^2\left(\dfrac{\theta_0}{2}\right) =$

$\dfrac{1 - \cos(\theta_0)}{2}$ （三角関数の倍角の公式）より式(4.28)は

$$S = Mg(3\cos(\theta) - 2\cos(\theta_0)) \tag{4.29}$$

質点を吊り下げる物として糸を用いる単振子の場合には，張力 S が負になると

糸は弛む．式(4.28)から，S は単振子が最高点に達する $\theta = \pi(\cos(\pi) = -1)$ で最

小値 $S = Mg(4k^2 - 5)$ となるから，$k^2 > 5/4$ すなわち単振子の最下点における速さ

v_0 が $v_0{}^2 > 5lg$ ならば，運動中に糸はゆるまないで一方向に回転し続ける．一方

$k < 1$ で単振子が角 $-\theta_0 \leq \theta \leq \theta_0$ の間で振動する場合には，角 θ が最大値 θ_0 にな

るときには張力は式(4.29)より $S = Mg\cos(\theta_0)$ となる．もし $\theta_0 > \pi/2$ すなわち

$k^2 > 1/2$, $v_0{}^2 = 4lgk^2 > 2lg$ の場合には，$\cos(\theta_0) < 0$ だから張力 S は負になり糸は

ゆるむ．したがって，最下点の速さが $2lg < v_0{}^2 < 5lg$ の場合には糸はゆるみ，そ

れ以後質点は自由落下の放物運動をする．

4.1.3 電磁界中の荷電粒子の運動

電界・磁界（注：工学用語，理学では電場・磁場）の中にある荷電粒子の運動も，重力を受ける質点の運動と同じようにして求められる．その例として，図 4.4 のように，正と負に帯電した平行平面電極（偏光板）を電子の初期の流れに平行に置いた場合の電子の偏向の様子を調べる．電子の電荷を $-e(e=1.602\times 10^{-19}$C)，電界 E の強さを E〔V/m〕とすると，電子はその初期の流れに垂直な方向に強さ $-eE$〔N〕の力を受ける（参考文献9参照）．電子の質量を $M(=9.11\times 10^{-31}$kg$)$ とすると，自身が負の電荷を有する電子は電界から正の電界の方向に力を受けるから，運動方程式は運動の法則より

$$M\ddot{x}=0, \qquad M\ddot{y}=eE \tag{4.30}$$

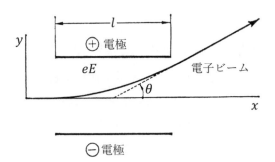

図 4.4 電界中の電子の運動

偏光板に入る瞬間を初期 $t=0$ とし初期の電子の速さを x 軸正方向に v とすると，$t=0$ で $y=0$，$\dot{y}=0$ であるから，運動方程式を解けば

$$\dot{x}=\frac{dx}{dt}=v, \quad \dot{y}=\frac{dy}{dt}=\frac{eE}{M}t, \quad y=\frac{eE}{2M}t^2, \quad \frac{dy}{dx}=\frac{dy}{dt}\Big/\frac{dx}{dt}=\frac{eE}{Mv}t \tag{4.31}$$

電子が距離 l だけ進むのに要する時間は $t=l/v$ であるから，偏光板を通過し終わるときの電子のずれと傾きは，式(4.31)に $t=l/v$ を代入して

$$y_{x=l}=\frac{eE}{2M}\left(\frac{l}{v}\right)^2, \qquad \tan(\theta)=\frac{dy}{dx}\bigg|_{x=l}=\frac{eE}{M}\frac{l}{v^2} \tag{4.32}$$

160   第4章　質点の動力学

その後電子は，斜め上方に速さ v で直線運動を続ける．

　磁界の中を運動する電子が受ける力は，電流が流れている導線が磁界中で受ける力と全く同じであり，その電流の代りに電子が運動するために生じる等価な電流で置き換えればよい．その際，電流の流れの方向は電子の移動方向とは逆であることに注意を要する．速度 $\boldsymbol{v}$〔m/s〕の電子が磁束密度 $\boldsymbol{B}$〔Wb/m²〕の磁界中で受ける力は $-e\boldsymbol{v}\times\boldsymbol{B}$〔N〕で表される（$-e$ は電子の負電荷）から，電磁界の中の電子の運動方程式はまとめて

$$M\dot{\boldsymbol{v}}=-e(\boldsymbol{E}+\boldsymbol{v}\times\boldsymbol{B}) \tag{4.33}$$

式(4.33)右辺の力は**ローレンツ力**（Lorentz, Hendrik Antoon：1853－1928）と呼ばれる．

　例えば，磁界の方向に z 軸をとれば，$B_x=0$，$B_y=0$，$B_z=B$ であり，電子の運動方程式は

$$M\frac{dv_x}{dt}=-ev_yB, \qquad M\frac{dv_y}{dt}=ev_xB, \qquad M\frac{dv_z}{dt}=0 \tag{4.34}$$

$t=0$ で $v_z=0$ とすれば，式(4.34)の第3式から運動は $x-y$ 平面内の平面運動になる．また，$t=0$ で $v_x=v_0$，$v_y=0$ となるように x 軸を選ぶと，第1式と第2式を積分して

$$v_x=v_0\cos\left(\frac{eB}{M}t\right), \qquad v_y=v_0\sin\left(\frac{eB}{M}t\right) \tag{4.35}$$

$t=0$ で $x=0$，$y=-(M/eB)v_0$ として式(4.35)を積分すると

$$x=\frac{M}{eB}v_0\sin\left(\frac{eB}{M}t\right), \qquad y=-\frac{M}{eB}v_0\cos\left(\frac{eB}{M}t\right) \tag{4.36}$$

式(4.36)から時間 t を消去すると，電子の軌道は

$$x^2+y^2=\left(\frac{M}{eB}v_0\right)^2 \tag{4.37}$$

のように，原点を中心とする半径 $(M/(eB))v_0$ の円であり，電子は速度 $\sqrt{v_x{}^2+v_y{}^2}=v_0$ の等速円運動をする．一般に $t=0$ で $v_z\neq0$ の場合には $v_z=$ 一定，$z=v_zt$ となるから，$x-y$ 平面への射影が式(4.37)の円運動で与えられる z 軸方向のらせん運動となる．

4.1 質 点 の 運 動　　161

円運動の角振動数 ω は磁束密度だけで決まり，$\omega = v_0/r = (e/M)B$ である．この角振動数は**サイクロトロン振動数**と呼ばれる．

［問題 14］

（14-1）　速度に比例する空気抵抗が存在する場合の放物体（図 4.1）の運動方程式(4.6)を解いて，その軌道を示す式(4.9)を求めよ．

解　式(4.6)を再記すれば　$-C\dot{x} = M\ddot{x} \rightarrow \dot{x} = -\dfrac{M}{C}\dfrac{d\dot{x}}{dt}$，　$-C\dot{y} - Mg = M\ddot{y} \rightarrow Mg +$

$C\dot{y} = -\dfrac{M}{C}\dfrac{Cd\dot{y}}{dt}$ すなわち

$$dt = -\frac{M}{C}\frac{d\dot{x}}{\dot{x}}, \qquad dt = -\frac{M}{C}\frac{Cd\dot{y}}{Mg + C\dot{y}} \tag{4.38}$$

式(4.3)から式(4.4)を導いたのと同様に式(4.38)を積分すれば

$$t = -\frac{M}{C}\ln \dot{x} + \text{const}_x, \qquad t = -\frac{M}{C}\ln(Mg + C\dot{y}) + \text{const}_y \tag{4.39}$$

速度の初期条件は，$t=0$ で $\dot{x} = v_0\cos(\theta_0)$，$\dot{y} = v_0\sin(\theta_0)$ であるから，式(4.39)にこれらを代入して

$$\text{const}_x = \frac{M}{C}\ln(v_0\cos(\theta_0)), \quad \text{const}_y = \frac{M}{C}\ln(Mg + Cv_0\sin(\theta_0)) \tag{4.40}$$

式(4.40)を式(4.39)に代入して $\ln a - \ln b = \ln(a/b)$ の関係を用いれば

$$-\frac{C}{M}t = \ln\frac{\dot{x}}{v_0\cos(\theta_0)}, \qquad -\frac{C}{M}t = \ln\frac{(Mg/C) + \dot{y}}{(Mg/C) + v_0\sin(\theta_0)} \tag{4.41}$$

式(4.41)を指数関数で表現すれば，式(4.7)すなわち

$$\dot{x} = v_0\cos(\theta_0)\exp\left(-\frac{C}{M}t\right), \qquad \dot{y} = -\frac{M}{C}g + \left(v_0\sin(\theta_0) + \frac{M}{C}g\right)\exp\left(-\frac{C}{M}t\right) \tag{4.42}$$

式(4.42)（速度）を $0 \rightarrow t$ の範囲で時間積分すれば，$\exp(0) = 1$ であるから，式(4.8)（変位）すなわち

162　　第4章　質点の動力学

$$
\left.\begin{array}{l}
x = \dfrac{M}{C} v_0 \cos(\theta_0)\left(1 - \exp\left(-\dfrac{C}{M}t\right)\right) \\[3mm]
y = -\dfrac{M}{C} gt + \dfrac{M}{C}\left(v_0 \sin(\theta_0) + \dfrac{M}{C}g\right)\left(1 - \exp\left(-\dfrac{C}{M}t\right)\right)
\end{array}\right\}
\tag{4.43}
$$

が得られる．式(4.43)上式より

$$
1 - \exp\left(-\dfrac{C}{M}t\right) = \dfrac{Cx}{Mv_0 \cos(\theta_0)}
\tag{4.44}
$$

式(4.44)を式(4.43)下式に代入して

$$
\begin{aligned}
y &= -\dfrac{M}{C} gt + \dfrac{M}{C}\left(v_0 \sin(\theta_0) + \dfrac{M}{C}g\right)\dfrac{Cx}{Mv_0 \cos(\theta_0)} \\[2mm]
&= -\dfrac{M}{C} gt + \left(\tan(\theta_0) + \dfrac{Mg}{Cv_0 \cos(\theta_0)}\right)x
\end{aligned}
\tag{4.45}
$$

式(4.44)より $1 - \dfrac{Cx}{Mv_0 \cos(\theta_0)} = \exp\left(-\dfrac{C}{M}t\right)$ として，両辺の対数をとれば

$$
t = -\dfrac{M}{C} \ln\left(1 - \dfrac{Cx}{Mv_0 \cos(\theta_0)}\right)
\tag{4.46}
$$

式(4.46)を式(4.45)に代入すれば，式(4.9)すなわち次式を得る．

$$
y = \dfrac{M^2 g}{C^2} \ln\left(1 - \dfrac{Cx}{Mv_0 \cos(\theta_0)}\right) + \left(\tan(\theta_0) + \dfrac{Mg}{Cv_0 \cos(\theta_0)}\right)x
\tag{4.47}
$$

（14-2）　図4.2のように，半径 r の球の頂点から滑らかな球表面に沿って滑り落ちる質点の運動方程式(4.18)を導け．次に**図4.5**のように，半径 r の滑らかな球面の頂点から初速度 v_0 で球面に沿って滑り落ちる質点が球面から離れて落ちる角位置 φ を求めよ．

解　式(4.16)内の両式から R を消去すると

$$
\ddot{y}\sin(\theta) = \ddot{x}\cos(\theta) - g\sin(\theta)
\tag{4.16a}
$$

一方，式(4.17)を2回時間微分すると

$$
\ddot{x} = r(-\sin(\theta)\cdot\dot{\theta}^2 + \cos(\theta)\cdot\ddot{\theta}), \quad \ddot{y} = r(-\cos(\theta)\cdot\dot{\theta}^2 - \sin(\theta)\cdot\ddot{\theta})
\tag{4.17a}
$$

式(4.17a)を式(4.16a)に代入して，三角関数の公式 $\sin^2(\theta) + \cos^2(\theta) = 1$ を用いれば

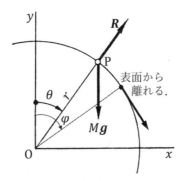

図 4.5 質点の円運動 2

$$r\ddot{\theta} = g\sin(\theta) \tag{4.18}$$

次に，質点が球面の鉛直な大円に沿って滑り落ちる運動方程式は，式(4.19)すなわち

$$M\dot{v} = Mg\sin(\theta), \quad M\frac{v^2}{r} = -R + Mg\cos(\theta) \tag{4.48}$$

ここで，$v = r\dfrac{d\theta}{dt}$ であるから，$\dot{v} = \dfrac{dv}{dt} = \dfrac{dv}{d\theta}\cdot\dfrac{d\theta}{dt} = \dfrac{v}{r}\cdot\dfrac{dv}{d\theta} = \dfrac{1}{2r}\cdot\dfrac{dv^2}{d\theta}$ の関係を用いると，式(4.48)の第1式から

$$\frac{dv^2}{d\theta} = 2gr\sin(\theta) \tag{4.49}$$

式(4.49)を角 θ で積分して

$$v^2 = -2gr\cos(\theta) + \text{const.} \tag{4.50}$$

初期条件を $\theta = 0$ で $v = v_0$ とすれば，const. $= v_0^2 + 2gr$ であるから，式(4.50)は

$$v^2 = 2gr(1 - \cos(\theta)) + v_0^2 \tag{4.51}$$

式(4.51)を用いれば，式(4.48)の第2式より

$$R = Mg\cos(\theta) - 2Mg(1 - \cos(\theta)) - M\frac{v_0^2}{r} = Mg(3\cos(\theta) - 2) - M\frac{v_0^2}{r} \tag{4.52}$$

質点が球面から離れて落ちるのは $R=0$ になるときであり，その角位置 φ は

$$\cos(\varphi) = \frac{2}{3} + \frac{v_0^2}{3gr} \tag{4.53}$$

(14−3) 水平面と角度 α をなす粗い斜面に沿って，最大傾斜線上で運動する質点の運動を調べよ（図 4.6）．ただし，α は静摩擦角より大きい．

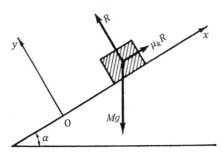

図 4.6 斜面上を運動する質点

解 斜面に沿って上向きに x 軸，それに垂直な斜面上方に y 軸をとる．斜面からの垂直反力を R とすると，運動方程式は

$$M\ddot{x} = -Mg\sin(\alpha) \pm \mu_k R, \qquad 0 = -Mg\cos(\alpha) + R \tag{4.54}$$

ここで，μ_k は動摩擦係数である．式(4.54)から R を消去して

$$\ddot{x} = g(-\sin(\alpha) \pm \mu_k \cos(\alpha)) \tag{4.55}$$

初期条件を $t=0$ で $\dot{x}=v_0$, $x=0$ として式(4.55)を積分すると

$$\dot{x} = v_0 + gt(-\sin(\alpha) \pm \mu_k \cos(\alpha)), \qquad x = v_0 t + \frac{1}{2}gt^2(-\sin(\alpha) \pm \mu_k \cos(\alpha)) \tag{4.56}$$

式(4.56)内の複号 $\pm$ は初期速度 v_0 の方向に対応する．$v_0 > 0$ すなわち斜面に沿って打ち上げられたとき複号を $-$ にとり，質点は $\dot{x}=0$ になるまで斜面を上がる．上がる距離を s，それまでに経過した時間を t_1 とすると，式(4.56)より

$$t_1 = \frac{v_0}{g(\sin(\alpha) + \mu_k \cos(\alpha))}, \qquad s = \frac{v_0^2}{2g(\sin(\alpha) + \mu_k \cos(\alpha))} \tag{4.57}$$

この後は逆に斜面に沿って落下する．このときの運動は，複号を + にとれば
よい．打ち上げられてから滑り落ちて元の位置まで戻る時間を t_1+t_2，そのとき
の速度を v_2 とする．落下し始めてからの距離は，式(4.56)右式の複号を + に変
え，初速度を $v_0=0$ に変えて得た結果の負値になり，元の位置に戻るときにはこ
の距離が式(4.57)左式に等しくなるから

$$s=\frac{1}{2}gt_2{}^2(\sin(\alpha)-\mu_k\cos(\alpha))=\frac{v_0{}^2}{2g(\sin(\alpha)+\mu_k\cos(\alpha))} \tag{4.58}$$

式(4.58)から

$$t_2=\frac{v_0}{g}\Big/\sqrt{\sin^2(\alpha)-\mu_k{}^2\cos^2(\alpha)} \tag{4.59}$$

式(4.56)左式の複号を + に変え初速度を $v_0=0$ に変えて，式(4.59)を用いれば

$$v_2=gt_2(-\sin(\alpha)+\mu_k\cos(\alpha))=-v_0\sqrt{\frac{\sin(\alpha)-\mu_k\cos(\alpha)}{\sin(\alpha)+\mu_k\cos(\alpha)}} \tag{4.60}$$

また式(4.57)左式と式(4.59)左式より

$$\frac{t_2}{t_1}=\sqrt{\frac{\sin(\alpha)+\mu_k\cos(\alpha)}{\sin(\alpha)-\mu_k\cos(\alpha)}} \tag{4.61}$$

　質点を打ち上げた後の帰りと行きの時間の比は，式(4.61)のように，動摩擦係
数 μ_k には関係するが，初速度には関係しない．

（14-4）　単振子の運動を鉛直面内に限らない場合，質点は球面上を複雑に運動
するが，その特別な場合の一つとして，**図4.7** に示すように，質点が水平面内で
定常な等速円運動をする**円錐振子**がある．円錐振子の糸の長さが l であるとき，
振り角 φ と周期 T と糸の張力 S の関係を求めよ．

解　この円運動の半径を r，角速度を ω とすると，質点に働く力は糸の張力 S と
重力 Mg のほかに水平方向外向きに遠心力 $Mr\omega^2$ が存在する．水平方向および垂
直方向の力の釣合から

$$Mr\omega^2-S\sin(\varphi)=0, \qquad S\cos(\varphi)-Mg=0 \tag{4.62}$$

式(4.62)の左式×$\cos(\varphi)$ + 右式×$\sin(\varphi)$ から，$r\omega^2\cos(\varphi)-g\sin(\varphi)=0$.
幾何的関係から $\sin(\varphi)=r/l$.

166   第4章 質点の動力学

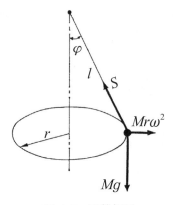

図 4.7 円錐振子

そこで角速度は $\omega=\sqrt{g/(l\cos(\varphi))}$, 周期は $T=2\pi/\omega=2\pi\sqrt{l\cos(\varphi)/g}$, 糸の張力は $S=Mg/\cos(\varphi)$.

(14-5) 後輪駆動の重量 W の自動車が水平な道路で出しうる最大の加速度を求めよ. ただし, タイヤと道路の静摩擦係数を μ とし, 重心の位置は図 4.8 のように与えられている.

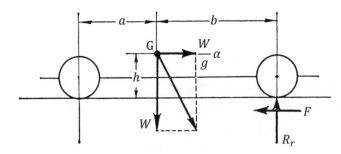

図 4.8 自動車の重心 G

解 道路から後輪の接地点に作用する鉛直上方の反力を R_r とする. 加速度の最大値を α とすると, そのとき重心に作用する力は, 鉛直下方向の重力 W と水平

で進行方向と逆向きの慣性力 $(W/g)\alpha$ である．したがって前輪の道路との接地点回りの力の釣合式は

$$R_r(a+b)=Wa+\frac{W}{g}\alpha h \tag{4.63}$$

駆動力の最大値の大きさ F は慣性力 $(W/g)\alpha$ に等しく，また $F=\mu R_r$ であるから，式(4.63)は

$$(a+b)\frac{W\alpha}{\mu g}=Wa+\frac{W}{g}\alpha h \ \rightarrow \ (a+b)\alpha=\mu ag+\mu h\alpha \tag{4.64}$$

式(4.64)から

$$\alpha=\frac{\mu a}{a+b-\mu h}g \tag{4.65}$$

(14−6)　　速度 $\boldsymbol{v}(2,\ 3,\ 1)$（単位 m/s）で等速直線運動する重さ 1 kgf の物体が，原点 O を通過した後 10 秒から 12 秒の間に，外部から $\boldsymbol{F}(1,\ 3,\ -1)$（単位 kgf）の力を受けた．原点通過 13 秒後の物体の位置と速度を求めよ．

解　10 秒後：位置 $(20,\ 30,\ 10)$（単位 m）　　　速度 $(2,\ 3,\ 1)$（単位 m/s）

物体の質量 $M=1/9.807=0.102\,0$ kgfs^2/m

力を受ける時間の加速度 $\boldsymbol{F}/M=(9.807,\ 29.42,\ -9.807)$

12 秒後：

$x=20\ (\mathrm{m})+2\ (\mathrm{m/s})\times2\ (\mathrm{s})+(1/2)\times9.807\ (\mathrm{m/s^2})\times2^2\ (\mathrm{s^2})=43.68\ (\mathrm{m})$

$\dot{x}=2\ (\mathrm{m/s})+9.807\ (\mathrm{m/s^2})\times2\ (\mathrm{s})=21.61\ (\mathrm{m/s})$

$y=30\ (\mathrm{m})+3\ (\mathrm{m/s})\times2\ (\mathrm{s})+(1/2)\times29.42\ (\mathrm{m/s^2})\times2^2\ (\mathrm{s^2})=94.84\ (\mathrm{m})$

$\dot{y}=3\ (\mathrm{m/s})+29.42\ (\mathrm{m/s^2})\times2\ (\mathrm{s})=61.84\ (\mathrm{m/s})$

$z=10\ (\mathrm{m})+1\ (\mathrm{m/s})\times2\ (\mathrm{s})-(1/2)\times9.807\ (\mathrm{m/s^2})\times2^2\ (\mathrm{s^2})=-7.677\ (\mathrm{m})$

$\dot{z}=1\ (\mathrm{m/s})-9.807\ (\mathrm{m/s^2})\times2\ (\mathrm{s})=-18.61\ (\mathrm{m/s})$

13 秒後：

$x=43.68\ (\mathrm{m})+21.61\ (\mathrm{m/s})\times1\ (\mathrm{s})=65.29\ (\mathrm{m})$

$y=94.84\ (\mathrm{m})+61.84\ (\mathrm{m/s})\times1\ (\mathrm{s})=156.6\ (\mathrm{m})$

$z=-7.677\ (\mathrm{m})-18.61\ (\mathrm{m/s})\times1\ (\mathrm{s})=-26.29\ (\mathrm{m})$

速度はすべて 12 秒後と同じである.

(14−7) 図 4.9 のように,重さ W_1 と W_2 の物体が粗い床上に索でつないで置いてあり,さらに重さ W_3 の物体が滑らかな滑車を通して W_2 に繋がれた索に吊り下げられている.床と W_1,W_2 の間の動摩擦係数がそれぞれ μ_1,μ_2 であるとき,物体の加速度 α と索の張力 T_1,T_2 を求めよ.

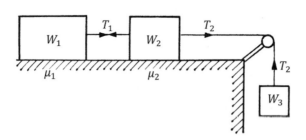

図 4.9 索でつないだ 3 物体

解 それぞれの物体に運動の法則を適用して

$$\frac{W_1}{g}\alpha = T_1 - \mu_1 W_1, \qquad \frac{W_2}{g}\alpha = (T_2 - T_1) - \mu_2 W_2, \qquad \frac{W_3}{g}\alpha = W_3 - T_2 \tag{4.66}$$

式 (4.66) の 3 式を加えると加速度は

$$\alpha = \frac{W_3 - \mu_1 W_1 - \mu_2 W_2}{W_1 + W_2 + W_3} g \tag{4.67}$$

式 (4.67) を式 (4.66) の第 3 式に代入して

$$T_2 = W_3 - \frac{W_3(W_3 - \mu_1 W_1 - \mu_2 W_2)}{W_1 + W_2 + W_3} = \frac{W_3((1+\mu_1)W_1 + (1+\mu_2)W_2)}{W_1 + W_2 + W_3} \tag{4.68}$$

式 (4.67) を式 (4.66) の第 1 式に代入して

$$T_1 = \mu_1 W_1 + \frac{W_1(W_3 - \mu_1 W_1 - \mu_2 W_2)}{W_1 + W_2 + W_3} = \frac{W_1((1+\mu_1)W_3 + (\mu_1 - \mu_2)W_2)}{W_1 + W_2 + W_3} \tag{4.69}$$

4.1 質 点 の 運 動　169

（14-8）　半径 0.04 mm の水滴が空気中を落下する．抵抗はストークスの法則式(3.34)に従うとして，終端速度を求めよ．空気は，比重量が $\gamma = 1.29\,\mathrm{kgf/m^3}$，粘性係数が $\mu = 0.18 \times 10^{-5}\,\mathrm{kgf \cdot s/m^2}$ である．

解　水の比重量は $10^3\,\mathrm{kgf/m^3}$ であるから，半径 4×10^{-5} m の水滴の重さは

$$Mg = 10^3 \times \frac{4}{3}\pi r^3 = 10^3 \times \frac{4}{3} \times 3.141\,6 \times (4 \times 10^{-5})^3 = 0.268\,1 \times 10^{-9}\,\mathrm{kgf}$$

$$C = 6\pi r\mu = 6 \times 3.141\,6 \times 4 \times 10^{-5} \times 0.18 \times 10^{-5} = 13.57 \times 10^{-10}\,\mathrm{kgf \cdot s/m}$$

$$v = \frac{Mg}{C} = \frac{0.268 \times 10^{-9}}{13.57 \times 10^{-10}} = 0.197\,5\,\mathrm{m/s}$$

（14-9）　放射された物体の水平到達距離が s，それに要した時間が τ である．初速度の大きさと放射角を求めよ．ただし，空気抵抗は考えない．

解　初速度の大きさを v_0，その水平方向からの放射角（迎角）を θ_0 とすれば，時間の関数で表現した放物物体の軌道は式(4.12)（空気抵抗を考えないときの物体の軌道）より

$$x = v_0 \cos(\theta_0) \cdot t, \qquad y = v_0 \sin(\theta_0) \cdot t - \frac{1}{2}gt^2 \qquad (4.12) \qquad (4.70)$$

$t = \tau$ のとき $x = s$，$y = 0$ だから式(4.70)より

$$s = v_0 \cos(\theta_0) \cdot \tau, \qquad \frac{1}{2}g\tau^2 = v_0 \sin(\theta_0) \cdot \tau \qquad (4.71)$$

三角関数の公式 $(\cos^2(\theta_0) + \sin^2(\theta_0) = 1)$ から

$$v_0 = \sqrt{\frac{s^2}{\tau^2} + \frac{1}{4}g^2\tau^2}, \qquad \tan(\theta_0) = \frac{\sin(\theta_0)}{\cos(\theta_0)} = \frac{g\tau^2}{2s} \qquad (4.72)$$

（14-10）　鉛直面内で一定の初速度で放射された物体が到達できる区域は放物線で与えられることを示せ．

解　時間を表に出さない物体の放射軌道を示す式(4.13)を再記する．

$$y = \tan(\theta_0) \cdot x - \frac{g}{2v_0^2 \cos^2(\theta_0)} \cdot x^2 \qquad (4.13) \qquad (4.73)$$

170 　　第4章　質点の動力学

$dy/d\theta_0=0$ の関係を満足する放射角 θ_0 が，同一の初速度 v_0 で放射したときの到達高さ y が最大となる放射角である．三角関数の公式 $\dfrac{d\sin(\theta_0)}{d\theta_0}=\cos(\theta_0)$，

$\dfrac{d\cos(\theta_0)}{d\theta_0}=-\sin(\theta_0)$，　$\dfrac{d\tan(\theta_0)}{d\theta_0}=\dfrac{1}{\cos^2(\theta_0)}$ を用いれば，式(4.73)より

$$\frac{dy}{d\theta_0}=\frac{d\tan(\theta_0)}{d\theta_0}x-\frac{d(1/\cos^2(\theta_0))}{d\theta_0}\frac{gx^2}{2v_0{}^2}=\frac{x}{\cos^2(\theta_0)}-\frac{\sin(\theta_0)}{\cos^3(\theta_0)}\frac{gx^2}{v_0{}^2}$$

$$=\frac{x(1-\tan(\theta_0)gx/v_0{}^2)}{\cos^2(\theta_0)}=0 \tag{4.74}$$

式(4.74)より $\tan(\theta_0)=\dfrac{v_0{}^2}{gx}$ すなわち

$$\frac{1}{\cos^2(\theta_0)}=\frac{\cos^2(\theta_0)+\sin^2(\theta_0)}{\cos^2(\theta_0)}=1+\tan^2(\theta_0)=1+\frac{v_0{}^4}{g^2x^2} \tag{4.75}$$

式(4.75)を式(4.73)に代入して

$$y=\frac{v_0{}^2}{g}-\frac{gx^2}{2v_0{}^2}\left(1+\frac{v_0{}^4}{g^2x^2}\right)=\frac{v_0{}^2}{2g}-\frac{g}{2v_0{}^2}x^2 \tag{4.76}$$

式(4.76)は，$(x,\ y)$ 平面内に一定の初速度 v_0 で放射された物体が到達できる区域を示す放物線である．

(14-11)　原点から $x=a$ の位置に高さ h の壁がある．放射した質量がこの壁を超すのに必要な最も小さい初速度 $\overline{v_0}$ とそのときの放射角 $\overline{\theta_0}$ を求めよ．

解　前問の式(4.73)に $x=a$，$y=h$ を代入して，$1/\cos^2(\theta_0)=1+\tan^2(\theta_0)$ の関係（式(4.75)）を用いれば

$$h=a\tan(\theta_0)-\frac{ga^2}{2v_0{}^2}(1+\tan^2\theta_0)$$

すなわち

$$\tan^2(\theta_0)-\frac{2v_0{}^2}{ga}\tan(\theta_0)+\left(1+\frac{2v_0{}^2h}{ga^2}\right)=0 \tag{4.77}$$

$\tan(\theta_0)$ に関するこの2次方程式を，根の公式を用いて解くと

$$\tan(\theta_0)=\frac{v_0{}^2}{ga}\pm\frac{1}{ga}\sqrt{v_0{}^4-2ghv_0{}^2-g^2a^2} \tag{4.78}$$

4.1 質 点 の 運 動　　171

角 θ_0 が存在するためには式(4.78)右辺の平方根内が正でなくてはならない.
それを満足する最小の初速度 $\overline{v_0}$ は, $\overline{v_0}^2$ に関する2次方程式 $\overline{v_0}^4-2gh\overline{v_0}^2-g^2a^2$ $=0$ の解として得られ, 根の公式から

$$\overline{v_0}=\sqrt{g(\sqrt{a^2+h^2}+h)} \tag{4.79}$$

そしてこのときの放射角は, 式(4.78)から

$$\tan(\overline{\theta_0})=\frac{\overline{v_0}^2}{ga}=\frac{\sqrt{a^2+h^2}+h}{a} \tag{4.80}$$

(14−12)　単振子の糸が, 先端に付けた重りの重さの2倍の張力まで耐えられるとき, この単振子の最大の角振幅を求めよ.

解　図4.3に示した単振子の張力 S は, 以下の式(式(4.29)と同一)で表される.

$$S=Mg(3\cos(\theta)-2\cos(\theta_0)) \tag{4.81}$$

張力が最大になるのは最下点 ($\theta=0$) であるから, 式(4.81)より

$2Mg \geq Mg(3-2\cos(\theta_0))$ すなわち $\cos(\theta_0) \geq \dfrac{1}{2}$. したがって最大の角振幅は $\pm60°$.

(14−13)　図4.10のような装置で, 中央部の重さ W の重りが静止するか等速運動する条件を求めよ. ただし, 滑車の重さを無視し, $W_1>W_2$ とする.

解　糸の張力を T とすれば, 重り W の加速度が0であるから

$$2T=W \tag{4.82}$$

$W_1>W_2$ であるから, 糸の加速度を α とすれば,

$$\frac{W_1}{g}\alpha=W_1-T, \qquad \frac{W_2}{g}\alpha=T-W_2 \tag{4.83}$$

式(4.82)を式(4.83)内の2式に代入して T を消去した後に, これら2式から α を消去すれば

$$4W_1W_2=W(W_1+W_2) \tag{4.84}$$

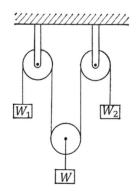

図 4.10　滑車装置内の 3 物体

(14−14)　図 4.11 のように，重さ W_1，W_2 の物体を滑車にかけた糸の両端に吊るした．この滑車が加速度 $-\alpha$ で落下するとき，2 つの物体の加速度と糸の張力を求めよ．ただし $W_1 > W_2$ とする．

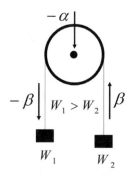

図 4.11　落下する滑車に吊るした重り

解　β を物体と滑車の相対加速度とする．両物体の運動方程式は

$$\frac{W_1}{g}(-\beta-\alpha)=T-W_1, \qquad \frac{W_2}{g}(\beta-\alpha)=T-W_2 \qquad (4.85)$$

式(4.85)の右式から左式を引いて

$$\frac{\beta}{g}(W_1+W_2)+\frac{\alpha}{g}(W_1-W_2)=W_1-W_2 \rightarrow \beta=(g-\alpha)\frac{W_1-W_2}{W_1+W_2} \tag{4.86}$$

物体 W_1 と W_2 の加速度は

$$\alpha+\beta=\frac{gW_1-gW_2+2\alpha W_2}{W_1+W_2} \quad \text{と} \quad \alpha-\beta=\frac{-gW_1+gW_2+2\alpha W_1}{W_1+W_2} \tag{4.87}$$

糸の張力は，式(4.87)を式(4.85)に代入して

$$T=\frac{2W_1W_2(1-(\alpha/g))}{W_1+W_2} \tag{4.88}$$

(14-15) 図 **4.12** のように，電極の長さ l，電極の出口から画面までの距離 L のブラウン管がある．画面の大きさ δ・電子の速度・電極間の電圧を変えずに，電極の出口から画面までの距離を従来の半分 ($L/2$) に設計変更したい．電極の長さをいくらにすればよいか．

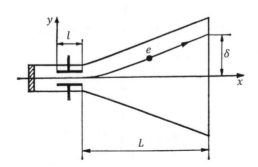

図 **4.12** ブラウン管内の電子の運動

解 本文中の式(4.32)すなわち

$$y_{x=l}=\frac{eE}{2M}\left(\frac{l}{v}\right)^2, \quad \tan(\theta)=\frac{dy}{dx}\bigg|_{x=l}=\frac{eE}{M}\frac{l}{v^2} \tag{4.89}$$

を用いる．この設計変更によって電極の長さが l から l_s に変るとすれば

$$\delta=y_{x=l}+\frac{dy}{dx}\bigg|_{x=l}\times L=y_{x=l_s}+\frac{dy}{dx}\bigg|_{x=l_s}\times\frac{L}{2} \tag{4.90}$$

式(4.90)に式(4.89)を代入して

$$\frac{eE}{M}\left(\frac{1}{2}\left(\frac{l}{v}\right)^2 + \frac{lL}{v^2}\right) = \frac{eE}{M}\left(\frac{1}{2}\left(\frac{l_s}{v}\right)^2 + \frac{l_s L}{2v^2}\right)$$

すなわち

$$l_s{}^2 + L l_s - l(l+2L) = 0 \tag{4.91}$$

式(4.91)の解は，2次方程式の根の公式より

$$l_s = \frac{-L + \sqrt{L^2 + 4l(l+2L)}}{2} \tag{4.92}$$

(14−16) 列車が半径 $r=500\,\mathrm{m}$ の曲線軌道を速度 $v=80\,\mathrm{km/h}$ で通過するとき，レールに水平方向の側力が働かないようにするには，外側のレールは内側のレールよりいくら高くしなければならないか．ただし，レールの軌道間隔は $a=1.43\,\mathrm{m}$ とする．

解 図 4.13 に示すように，質量 M の列車には，半径が増大する水平方向に遠心力 Mv^2/r が，鉛直下方に重力 Mg が作用する．これら2力の合力が軌道に垂直に作用すれば，レールに側力が働かない．

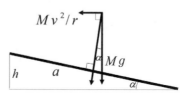

図 4.13 列車の曲線軌道

軌道の傾きを角 α とし，外側のレールが内側のレールより h だけ高いとすれば

$$\tan(\alpha) = \frac{Mv^2/r}{Mg} = \frac{v^2}{gr}, \qquad h = a\sin(\alpha) \tag{4.93}$$

列車の場合にはレールの傾き角は小さいから

$$h = a\sin(\alpha) \simeq a\tan(\alpha) = a\frac{v^2}{gr} = 1.43 \times \frac{(8\times 10^4/3\,600)^2}{9.807 \times 500} = 0.144\,\mathrm{m} \tag{4.94}$$

(14-17)　単位長さの質量が ρ である糸が半径 r の円形の輪を作り，その平面内で一定の角速度 ω でくるくると回転している．糸の張力を求めよ．

解　回転する糸の輪の微小 $rd\theta$ の部分を図 4.14 に示す．力の釣合より，糸の微小部分の両端に働く張力 F の回転中心方向（図 4.14 中の水平点線左方向）の成分がこの部分に働く遠心力（水平右方向）に等しいから

$$2\cdot F\sin\left(\frac{d\theta}{2}\right)\simeq 2\cdot F\frac{d\theta}{2}=\rho rd\theta\cdot r\omega^2 \quad \text{すなわち} \quad F=\rho r^2\omega^2 \quad (4.95)$$

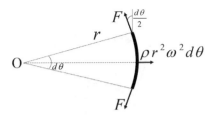

図 4.14　回転する円形の糸の輪

(14-18)　物体を乗せた粗い水平な台が水平方向に $f=50\,\mathrm{Hz}$ の単振動をするとき，物体が台と共に運動して滑らないためには，この単振動の振幅はいくらであればよいか．ただし，台と物体間の静摩擦係数は $\eta_s=0.4$ である．

解　単振動は

$$x=a\sin(2\pi ft)=a\sin(10^2\pi t) \quad (4.96)$$

物体の質量を M とすれば，台からの反力は

$$R=M\ddot{x}=-M\cdot 10^4\pi^2 a\sin(10^2\pi t) \quad (4.97)$$

題意より

$$R_{max}=M\cdot 10^4\pi^2 a\leq 0.4Mg \quad (4.98)$$

式(4.98)より

$$a\leq 4\times 10^{-5}\frac{g}{\pi^2}=4\times 10^{-5}\frac{9.807}{3.142^2}=3.974\times 10^{-5}\,\mathrm{m}=39.74\,\mathrm{\mu m} \quad (4.99)$$

(14−19) 図 4.15 のように，半径 $r=25$ cm，高さ $2h=1$ m（重心の高さ $h=50$ cm），重さ $W=50$ kgf の一様な円柱を勾配 $\sin(\alpha)=0.380$ の斜面に立て，粗い斜面に沿って強さ $F=100$ kgf の力で引き上げる．円柱が倒れないための着力点（斜面からの距離 x）の範囲を求めよ．斜面と円柱間の動摩擦係数は 0.2 とする．

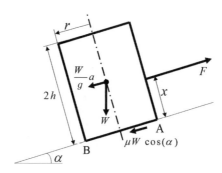

図 4.15　粗い斜面上を引き上げる円柱

解　引き上げる際の加速度を a とすれば，必要な力は

$$F = W\mu\cos(\alpha) + \frac{W}{g}a + W\sin(\alpha) \tag{4.100}$$

倒れないためには，反時計方向が正であるモーメントが点 A 回りで正・点 B 回りで負，でなければならない．そこで，点 A 回りのモーメントは

$$-Fx + Wh\sin(\alpha) + \frac{W}{g}ah + Wr\cos(\alpha) \geq 0 \tag{4.101}$$

点 B 回りのモーメントは

$$-Fx + Wh\sin(\alpha) + \frac{W}{g}ah - Wr\cos(\alpha) \leq 0 \tag{4.102}$$

式 (4.101) と式 (4.102) より

$$\frac{W}{F}\left(h\sin(\alpha) + \frac{a}{g}h - r\cos(\alpha)\right) \leq x \leq \frac{W}{F}\left(h\sin(\alpha) + \frac{a}{g}h + r\cos(\alpha)\right) \tag{4.103}$$

式(4.100)より

$$\frac{a}{g} = \frac{F}{W} - \mu\cos(\alpha) - \sin(\alpha) \tag{4.104}$$

式(4.104)を式(4.103)に代入すれば

$$h - \frac{W}{F}(\mu h + r)\cos(\alpha) \leq x \leq h - \frac{W}{F}(\mu h - r)\cos(\alpha) \tag{4.105}$$

三角関数の公式より

$$\cos(\alpha) = \sqrt{1-\sin^2(\alpha)} = \sqrt{1-0.380^2} = 0.9250 \tag{4.106}$$

与えられた量の数値と式(4.106)を式(4.105)に代入して

$$0.3381 \leq x \leq 0.5639 \tag{4.107}$$

4.2 中心力による惑星の運動

質点Pに働く力が常にPと固定点Oを結ぶ線に沿って作用する場合，この力を**中心力**と言う．中心力は**図4.16**のように

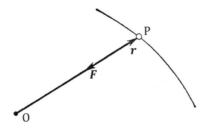

図4.16 中心力

$$\boldsymbol{F} = F(r) \cdot \frac{\boldsymbol{r}}{r} \tag{4.108}$$

で表され，$F(r)$の正・負は斥力・引力を示す．中心力が作用する場合の例として，万有引力やクーロン力の下での運動が考えられる．2質点の質量を$m \cdot M$，その中心間の距離をrとすれば**万有引力**は

178   第4章　質点の動力学

$$F=-\frac{GmM}{r^2} \tag{4.109}$$

であり，万有引力定数の値は $G=6.673\times10^{-11}\,\mathrm{Nm^2/kg^2}$ である．

　質量で決まる万有引力に対して，電荷の間に作用するクーロン力は，2物体の電荷を $e\cdot e'$ とすれば

$$F\propto\frac{ee'}{r^2} \tag{4.110}$$

　中心力による運動は，r と速度 $v(=\dot{r})$ によって決まる一定平面内の平面運動であり，力の大きさが r のみの関数である場合には，運動方程式は極座標を用いる方が便利である．平面内に点 O を極とする極座標 $(r,\ \theta)$ をとると，$r\cdot\theta$ 方向の加速度成分 $a_r\cdot a_\theta$ は，式(2.19)よりそれぞれ

$$a_r=\ddot{r}-r\dot{\theta}^2,\qquad a_\theta=r\ddot{\theta}+2\dot{r}\dot{\theta}=\frac{1}{r}\frac{d}{dt}(r^2\dot{\theta}) \tag{4.111}$$

である．中心力の場合には接線方向の力が存在しないから，質点 m の運動方程式は

$$m(\ddot{r}-r\dot{\theta}^2)=F(r),\qquad \frac{d}{dt}(r^2\dot{\theta})=0 \tag{4.112}$$

式(4.112)の第2式から

$$r^2\dot{\theta}=h=\text{一定} \tag{4.113}$$

が得られ，$\dot{\theta}=h/r^2$ を同第1式に代入すれば，第1式は $r=r(t)$ を決める方程式となる．

　いま，一定値をとる $r^2\dot{\theta}$ について調べてみる．質点 m が持つ運動量 mv の点 O に関するモーメントである**角運動量** $r\times(mv)$ の大きさは，**図4.17** に示すように $mvl=mrv_\theta$ であるが，v の θ 方向の成分は式(2.18)より $v_\theta=r\dot{\theta}$ であるから，角運動量の大きさは $mr^2\dot{\theta}$ で表される．したがって式(4.113)は，中心力の場合には力の中心に関する角運動量が一定であることを示している．

　また図4.17において，質点の運動に伴って動径 $\overline{\mathrm{OP}}$ が通過する面積が時間と共に変化する場合に，それが掃過する微小面積 $\triangle\mathrm{OPP'}$ の単位時間の変化割合す

4.2 中心力による惑星の運動

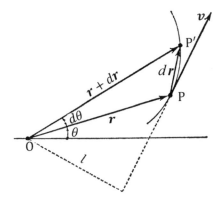

図 4.17 角運動量と面積速度

なわち**面積速度**を考える．質点が r, θ の点 P から $r+dr$, $\theta+d\theta$ の点 P′ に移るとすると，$d\theta$ が十分小さければ，$\overline{OP}$ が掃過する面積は △OPP′ の面積（＝ベクトル r とベクトル dr を両辺とする平行四辺形の面積の半分：ベクトル積に関する平行四辺形の法則より）に等しく $|r \times dr|/2 \simeq r^2 d\theta/2$（×はベクトル積）であるから，面積速度は

$$\frac{1}{2}\left|r\times\frac{dr}{dt}\right|=\frac{1}{2}|r\times v|=\frac{1}{2}r^2\dot\theta=\frac{h}{2} \tag{4.114}$$

このことから，中心力の下での運動は面積速度が一定であり，h はその面積速度の 2 倍，角運動量の大きさは h の $2m$ 倍に等しいことが分かる．

万有引力の下で太陽の周りを回る惑星の運動を考える．太陽の質量 M は惑星の質量 m に比べて非常に大きいから，太陽は不動であり惑星同士の引力は太陽の引力に比べて省略できると考えれば，惑星の運動は，太陽を中心とし式(4.108)で表される中心力が作用する質点（惑星）の問題になる．このように取扱いを簡単にして第 1 近似の運動だけを考えることにする．太陽を原点にとると，運動方程式は式(4.109)と式(4.112)と式(4.113)から

$$m(\ddot r - r\dot\theta^2) = -\frac{GmM}{r^2}, \qquad r^2\dot\theta = h \;(=\text{定数}) \tag{4.115}$$

180   第4章 質点の動力学

式(4.115)の右式を左式に代入して変形し，右辺を定数にすれば

$$\ddot{r} - \frac{h^2}{r^3} = -\frac{GM}{r^2} \quad \rightarrow \quad \frac{r^2}{h^2}\ddot{r} - \frac{1}{r} = -\frac{GM}{h^2} \tag{4.116}$$

式(4.116)から軌道 $r(\theta)$ を求める．

式(4.115)右式から， $\dfrac{d}{dt} = \dfrac{d}{d\theta} \cdot \dfrac{d\theta}{dt} = \dot{\theta}\dfrac{d}{d\theta} = \dfrac{h}{r^2}\dfrac{d}{d\theta}$ であるから

$$\frac{r^2}{h^2}\ddot{r} = \frac{r^2}{h^2}\frac{d}{dt}\left(\frac{dr}{dt}\right) = \frac{r^2}{h^2} \cdot \frac{h}{r^2}\frac{d}{d\theta}\left(\frac{h}{r^2}\frac{dr}{d\theta}\right) = \frac{d}{d\theta}\left(\frac{1}{r^2}\frac{dr}{d\theta}\right) \tag{4.117}$$

式(4.117)を式(4.116)に代入して

$$\frac{d}{d\theta}\left(\frac{1}{r^2}\frac{dr}{d\theta}\right) - \frac{1}{r} = -\frac{GM}{h^2} \tag{4.118}$$

$\dfrac{1}{r} = u$ とおくと， $\dfrac{du}{d\theta} = d\left(\dfrac{1}{r}\right)/d\theta = -\dfrac{1}{r^2}\dfrac{dr}{d\theta}$． この関係を式(4.118)に用いれば

$$\frac{d^2 u}{d\theta^2} + u = \frac{GM}{h^2} \tag{4.119}$$

式(4.119)は線形微分方程式であり，その解は

$$u\left(=\frac{1}{r}\right) = A\cos(\theta + \alpha) + \frac{GM}{h^2} \tag{4.120}$$

式(4.120)右辺第1項は微分方程式の一般解で A と α は積分定数，同第2項は特解である．

ここで， $\dfrac{h^2}{GM} = l$， $\dfrac{Ah^2}{GM} = e$ とおく． $\theta = 0$ で r が極小値をとるように（$\alpha = 0 \rightarrow \cos(\theta) = 1$）すると，式(4.120)は

$$r = \frac{l}{1 + e\cos(\theta)} \qquad (e > 0) \tag{4.121}$$

式(4.121)は原点を焦点とする2次曲線の方程式であり， l を**半直弦**， e を**離心率**と言う．

式(4.121)から，軌道は図 **4.18** に示すように， $e = 0$ で円， $0 < e < 1$ で**楕円**， $e = 1$ で**放物線**， $e > 1$ で**双曲線**になる．惑星は太陽の周囲から離れて飛び去ることはないから， $0 < e < 1$ の楕円軌道を描く．地球については， $e = 0.016\,75$，

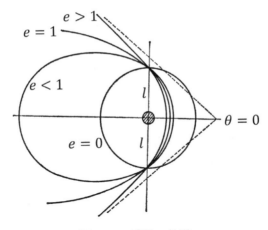

図 4.18　惑星の軌道

$a=1.495\times10^8$ km であり，軌道はほとんど円に近い．楕円軌道の場合，$\theta=0$・$\theta=\pi$ の位置をそれぞれ**近日点**・**遠日点**と言う．$e\geq1$ の場合は彗星である．

楕円には**図 4.19** のように**長半径** a と**短半径** b がある．長半径は遠日点と近日点の和の半分であり

$$a=\frac{1}{2}\left(\frac{l}{1-e}+\frac{l}{1+e}\right)=\frac{l}{1-e^2}, \qquad b=\frac{l}{\sqrt{1-e^2}}=a\sqrt{1-e^2}=\sqrt{al} \quad (4.122)$$

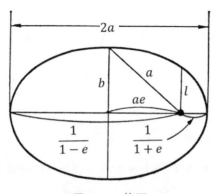

図 4.19　楕円

182 　第4章　質点の動力学

であるから，楕円の面積 S は

$$S = \pi ab = \pi\sqrt{a^3 l} = \pi h\sqrt{\frac{a^3}{GM}} \tag{4.123}$$

面積速度 $= \dfrac{h}{2}$（一定：式(4.114)）であるから公転の周期 T は

$$T = \frac{S}{h/2} = 2\pi\sqrt{\frac{a^3}{GM}} \tag{4.124}$$

　上記はニュートンの運動の法則を用いた惑星軌道の理論展開であるが，これ以前にケプラー（Johannes Kepler：1571−1630）は，惑星の運行を精密に観測（肉眼で！）し，次の**ケプラーの法則**を発見し提唱していた．

　第1法則：惑星の軌道は太陽を1つの焦点とする楕円である．

　第2法則：太陽を原点とする面積速度は一定である．

　第3法則：惑星の公転の周期は長半径の3/2乗に比例する．

天体観測に基づいて提唱されたこれらの3法則は，上記の理論によって見事に裏付けられ，逆にこのことがニュートンの運動の法則の正当性・偉大性を盤石なものにした．

　地球から打ち出された人工衛星について調べてみよう．人工衛星は地球の重力の下で運動するとして，はるか離れた月や太陽などからの引力を無視して考えると，軌道は式(4.121)で与えられる．地表から高さ z の位置で水平方向（方位角方向）に初速度 v_0 で発射するとき，地球の半径を R とすれば，定数 h は式(4.115)より $h = (R+z)^2\dot{\theta} = (R+z)v_0$ であるから，式(4.121)において $\theta = 0$ とおいた式より（ここでは，m は人工衛星の質量，M は地球の質量）

$$e = \frac{l}{R+z} - 1 = \frac{h^2}{GM(R+z)} - 1 = \frac{(R+z)v_0^2}{GM} - 1 \tag{4.125}$$

そこで

$$v_1 = \sqrt{\frac{GM}{R+z}}\,(\leftarrow e=0), \qquad v_2 = \sqrt{\frac{2GM}{R+z}}\,(\leftarrow e=1) \tag{4.126}$$

と書くと人工衛星の軌道は，$v_0 = v_1$ で円，$v_2 > v_0 > v_1$ 地球を中心とする楕円，$v_0 = v_2$ で放物線，$v_0 > v_2$ で双曲線であり，後2者では地球から離脱する．$v_0 < v_1$

なら地上に落下する.

人工衛星の質量を m, 地球の重力加速度を g とすれば, 式 (4.109) より $F=-GmM/R^2=-mg$ すなわち $GM=gR^2$ であるから, $v_1=\sqrt{gR}\left(1+\dfrac{z}{R}\right)^{-\frac{1}{2}}$, $v_2=\sqrt{2gR}\left(1+\dfrac{z}{R}\right)^{-\frac{1}{2}}$ と書ける.

例えば $z=200\,\mathrm{km}$ とすると, $R=6\,370\,\mathrm{km}$ であるから, $v_1=7.78\,\mathrm{km/s}$, $v_2=11.0\,\mathrm{km/s}$ になる.

さて, 3章の例 3.1 で扱った落体の運動は, 地球表面のごく近くに限られた場合であり, ロケットのように地表から相当離れたところでの運動には当てはまらない. いま, 地球の自転や空気抵抗などは考えないとし, 地球の中心から測った物体の距離を $r(=R+z)$ とする. 物体に働く万有引力は距離の 2 乗に反比例するから, 地表から鉛直上方に打ち上げられた質量 m の物体は鉛直軸 r 上の直線運動をし, その運動方程式は

$$m\ddot{r}=-\frac{mgR^2}{r^2} \tag{4.127}$$

式 (4.127) の両辺に $\dot{r}/m$ を乗じ, さらに $d\left(\dfrac{1}{2}\dot{r}^2\right)/dt=\left(d\left(\dfrac{1}{2}\dot{r}^2\right)/d\dot{r}\right)\dfrac{d\dot{r}}{dt}=\dot{r}\ddot{r}$, $d\left(\dfrac{1}{r}\right)/dt=\left(d\left(\dfrac{1}{r}\right)/dr\right)\dfrac{dr}{dt}=-\dfrac{\dot{r}}{r^2}$ を用いて積分すると

$$\frac{1}{2}\dot{r}^2=\frac{gR^2}{r}+\text{const.} \tag{4.128}$$

初期条件を $t=0$ で $r=R$, $\dot{r}=v_0$ とすれば, $\text{const.}=v_0^2/2-gR$. これを式 (4.128) に代入して $r=R+z$ とおけば

$$\dot{r}=\sqrt{\frac{2gR^2}{r}+v_0^2-2gR}=\sqrt{v_0^2-2gR\frac{z}{R+z}} \tag{4.129}$$

もし $v_0^2 \geq 2gR$ であれば, $0 \leq z < \infty$ の範囲で $\dot{r}$ は常に正で 0 にならないから, 物体は地上には戻らない. $v_0=\sqrt{2gR}$ は地球を脱出するために必要な最小の初速度であり, 約 $11.2\,\mathrm{km/s}$ になる.

184   第4章　質点の動力学

[問題 15]

(15-1)　太陽の質量はおよそいくらか.

解　万有引力定数は，$G = 6.673 \times 10^{-11}\,\mathrm{N \cdot m/kg^2}$ である．また，地球の楕円軌道の長半径は，$a = 1.495 \times 10^8\,\mathrm{km}$ であり，1年 = 365 日で1周する.

地球の周期を表す式(4.124)より，太陽の質量は

$$M_s = \frac{4\pi^2 a^3}{GT^2} \tag{4.130}$$

式(4.130)に数値を入れて

$$M_s = \frac{4 \times 3.142^2 \times (1.495 \times 10^8 \times 10^3)^3}{6.673 \times 10^{-11} \times (365 \times 24 \times 3\,600)^2} \doteqdot 1.99 \times 10^{30}\,\mathrm{kg} \tag{4.131}$$

(15-2)　地球の質量はおよそいくらか．また比重はいくらか.

解　標準重力加速度は $g = 9.806\,65\,\mathrm{m/s^2}$ である．また，地球の半径は $R = 6\,370\,\mathrm{km}$ である.

地球表面の万有引力（重力）を表す式(4.109)より

$$mg = \frac{GM_e m}{R^2} \;\rightarrow\; M_e = \frac{gR^2}{G} \tag{4.132}$$

式(4.132)に数値を入れて

$$M_e = \frac{9.806\,65 \times (6.37 \times 10^3 \times 10^3)^2}{6.673 \times 10^{-11}} \doteqdot 5.96 \times 10^{24}\,\mathrm{kg} \tag{4.133}$$

問題 15-1 と比較すれば，太陽の質量は地球の質量の約 3.34×10^5 倍であることが分かる．地球の体積は $4\pi R^3/3$ であるから，その平均密度は

$$\rho = \frac{3M_e}{4\pi R^3} = \frac{3 \times 5.96 \times 10^{24}}{4 \times 3.141\,6 \times (6.37 \times 10^3 \times 10^3)^3} \doteqdot 5.5 \times 10^3\,\mathrm{kg/m^3}$$

水の密度は $1 \times 10^3\,\mathrm{kg/m^3}$ であるから，地球の平均比重は約 5.5 である.

(15-3)　太陽の比重はほぼ 1.4 である，太陽表面の重力 g_s はおよそいくらか.

解 太陽の半径を R_s，質量を M_s とすれば，題意より $1.4 = \dfrac{3M_s}{4\pi R_s{}^3}$.

したがって

$$R_s{}^3 = \frac{3M_s}{1.4 \times 4\pi} \doteqdot \frac{3 \times 1.99 \times 10^{30}}{1.4 \times 4 \times 3.14} = 0.340 \times 10^{30} \quad \rightarrow \quad R_s = 0.698 \times 10^{10}$$

$$(4.134)$$

太陽表面における万有引力の法則より

$$g_s = \frac{GM_s}{R_s{}^2} = \frac{6.673 \times 10^{-11} \times 1.99 \times 10^{30}}{(0.698 \times 10^{10})^2} = 272.6 \ \mathrm{m/s^2}(\simeq 27.8g) \quad (4.135)$$

（15-4） 地球の表面から $r = 600$ km，1 200 km の高さを円軌道で周回する人工衛星の速度 v，および1周するのに要する時間 T を求めよ．ただし，地球の半径は $R_e = 6\,370$ km，重力加速度は $g = 9.807 \ \mathrm{m/s^2}$ である．

解 人工衛星の向心加速度 a_n は，万有引力の法則（式(4.109)）により，地球中心からの距離 $(R_e + r)$ の2乗に反比例し，地上では $a_n = g$ であるから，$a_n = \dfrac{v^2}{(R_e + r)} = \dfrac{R_e{}^2 g}{(R_e + r)^2}$ となる．したがって

$$v = \sqrt{\frac{g}{R_e + r}} \cdot R_e \tag{4.136}$$

式(4.136)に数値を代入して，$r = 600$ km の場合には

$$v = \sqrt{\frac{9.807 \times 10^{-3}}{6\,370 + 600}} \times 6\,370 = 7.555 \ \mathrm{km/s} \quad T = \frac{2\pi \times (6\,370 + 600)}{7.555 \times 3\,600} = 1.610 \ \mathrm{hr}$$

$$(4.137)$$

$r = 1\,200$ km の場合には

$$v = \sqrt{\frac{9.807 \times 10^{-3}}{6\,370 + 1\,200}} \times 6\,370 = 7.249 \ \mathrm{km/s} \quad T = \frac{2\pi \times (6\,370 + 1\,200)}{7.249 \times 3\,600} = 1.823 \ \mathrm{hr}$$

$$(4.138)$$

（15-5） 赤道上の1点に静止する人工衛星を打ち上げるには，赤道上のどの高さ r でいくらの速さ v の円運動をさせればよいか．

186   第4章　質点の動力学

解　向心力が作用する人工衛星（質量 m）に万有引力の法則を適用すれば

$$m\frac{v^2}{R_e+r}=\frac{GmM_e}{(R_e+r)^2} \qquad この式より \rightarrow \qquad v=\sqrt{\frac{GM_e}{R_e+r}} \tag{4.139}$$

静止した人工衛星の周期は地球と同一の 24 hr であるから，人工衛星のその間の移動距離は

$$24\times3\,600v=2\pi(R_e+r) \tag{4.140}$$

式(4.139)と式(4.140)から

$$(R_e+r)^3=\left(\frac{24\times3\,600}{2\pi}\right)^2 GM_e \tag{4.141}$$

数値 $G=6.673\times10^{-11}\,\mathrm{N\cdot m/kg^2}$，$M_e=5.96\times10^{24}\,\mathrm{kg}$，$R_e=6\,370\,\mathrm{km}$ を用いれば，式(4.141)より

$$r=3.58\times10^4\,\mathrm{km}, \quad v=3.07\,\mathrm{km/s}$$

4.3　運動座標系における動力学

　自転・公転・移動している地球の上で私達が観測できるのは，すべて相対運動（2.2.6 項参照）である．そこで，静止している固定座標系に対して成立する運動の法則が運動座標系 $(A-\xi\eta)$ でどのように表現されるかを調べる．まず簡単な例として，並進運動する並進座標系を考える．

　絶対加速度は

$$\ddot{x}=\ddot{x}_A+\ddot{\xi}, \qquad \ddot{y}=\ddot{y}_A+\ddot{\eta} \tag{4.142}$$

であるから，並進座標系に対する運動方程式は，式(4.142)を式(4.1)に代入して

$$M\ddot{\xi}=X-M\ddot{x}_A, \qquad M\ddot{\eta}=Y-M\ddot{y}_A \tag{4.143}$$

実際に働く力 $(X,\ Y)$ はどの座標系から見ても同一であるが，これに見かけの力（この場合には $-M\ddot{x}_A$，$-M\ddot{y}_A$）を加えれば，運動方程式は運動座標系に対する加速度を用いて（質量）×（加速度）＝（力）の形になる．

　等速直線運動している座標系に対しては見かけの力は 0 であり，絶対座標系の場合と同じ運動方程式が成立する．このように，ニュートンの運動の法則が成立

4.3 運動座標系における動力学　187

する座標系を**慣性系**と言う．慣性系では一定速度の並進運動だけが不定であり，慣性系においてどれが静止している座標系であるかは力学的には判断できない．観測の結果，太陽系の中心や恒星の平均位置に固定した座標系は完全な慣性系と言えるが，地球に固定した座標系は，地球の公転・自転のために厳密には慣性系ではない．

次に一定の角速度 $\omega(=\dot{\theta})$ で回転する回転座標系の場合には，加速度を表す式 (2.88) に $\ddot{x}_A=\ddot{y}_A=\ddot{\theta}=0$ を代入すれば，運動方程式は

$$\left.\begin{aligned}
&M((\ddot{\xi}\cos(\theta)-\ddot{\eta}\sin(\theta))+(-\xi\cos(\theta)+\eta\sin(\theta))\omega^2 \\
&\quad +2(-\dot{\xi}\sin(\theta)-\dot{\eta}\cos(\theta))\omega)=X \\
&M((\ddot{\xi}\sin(\theta)+\ddot{\eta}\cos(\theta))+(-\xi\sin(\theta)-\eta\cos(\theta))\omega^2 \\
&\quad +2(\dot{\xi}\cos(\theta)-\dot{\eta}\sin(\theta))\omega)=Y
\end{aligned}\right\} \tag{4.144}$$

式 (4.144) 上式に $\cos(\theta)$，同下式に $\sin(\theta)$ を乗じて加える．また，式 (4.144) の上式に $-\sin(\theta)$，同下式に $\cos(\theta)$ を乗じて加える．そして，$\sin^2(\theta)+\cos^2(\theta)=1$ の公式を適用する．さらに，式 (2.40) の座標変換式は力にも適用できて，$X\cos(\theta)+Y\sin(\theta)$，$-X\sin(\theta)+Y\cos(\theta)$．これら2式はそれぞれ $\boldsymbol{F}(X,\ Y)$ の ξ，η 方向の成分であるから，これらを $(X',\ Y')$ と書くと，回転座標系に対して（加速度を表す式 (2.89) で $\ddot{\theta}=0$，$\ddot{\xi}=0$，$\ddot{\eta}=0$ とする）

$$\left.\begin{aligned}
M\ddot{\xi}&=X'+M(\xi\omega^2+2\omega\dot{\eta}) \\
M\ddot{\eta}&=Y'+M(\eta\omega^2-2\omega\dot{\xi})
\end{aligned}\right\} \tag{4.145}$$

式 (4.145) 右辺第2項の見かけの力は運搬加速度（座標軸に固定されて運搬されたとすれば質点は等速（$=\omega$）円運動をする）に基づく力であり，原点と質点を結ぶ座標 r 方向の大きさ $Mr\omega^2$ の力である．この見かけの力は向心加速度（2.1節参照）と反対向きの力であり，**遠心力**と呼ばれる．また，式 (4.145) 第3項はコリオリの加速度（2.2.6項参照）と反対向きの力であり，**コリオリの力**と言う．このように，慣性系に対し一定の角速度で回転する回転座標系に現れる見かけの力のうち，回転座標系上で静止している物体にもその回転座標上で相対的に運動している物体にも同じように働く力が遠心力であり，相対的に運動してい

る物体にだけ働く力がコリオリの力である．

空間的に一般運動をする運動座標系 ($A-\xi\eta\zeta$) では，原点の位置ベクトルを $\boldsymbol{r}_A$，質点の原点に対する位置ベクトルを $\boldsymbol{r}'$ とすれば，運動方程式は式 (2.96) を参照して

$$M\frac{d^{*2}\boldsymbol{r}'}{dt^2} = \boldsymbol{F} - M\left(\frac{d^2\boldsymbol{r}_A}{dt^2} + \frac{d^*\boldsymbol{\omega}}{dt}\times\boldsymbol{r}' + 2\boldsymbol{\omega}\times\frac{d^*\boldsymbol{r}'}{dt} + \boldsymbol{\omega}\times(\boldsymbol{\omega}\times\boldsymbol{r}')\right) \quad (4.146)$$

このように，見かけの力を含めて力を考えると，運動座標系における運動方程式は慣性系と同じ形に書くことができる．

いま，図 **4.20** に示すように，水平面内で一定の角速度 ω で一端（点 O）の回りに回転する細い滑らかな管路の中の質点の運動を調べる．管路を ξ 軸にとり，管と共に回る運動座標系 ($O-\xi\eta$) をとる．管からの反力を R とすると，摩擦は存在しないから，R は ξ 軸に垂直な η 軸の方向であり，また質点は ξ 軸方向に運動し $\dot{\eta}=0$, $\ddot{\eta}=0$ である．そこで運動方程式は，式 (4.145) より

$$\left.\begin{array}{l} M\ddot{\xi} = M\xi\omega^2 \\ 0 = R - 2M\omega\dot{\xi} \end{array}\right\} \quad (4.147)$$

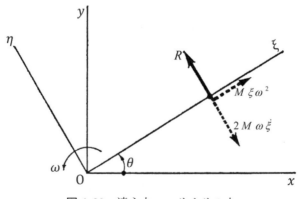

図 **4.20** 遠心力・コリオリの力

式 (4.147) のうち，上式は遠心力による運動を，下式はコリオリの力と管路からの反力との力の釣合を意味する．初期条件を $t=0$ で $\xi=\xi_0$, $\dot{\xi}=0$ とすれば，まず式 (4.147) の第 1 式から（式 (1.166) と式 (1.167) 参照）

$$\xi = \xi_0 \cosh(\omega t) \tag{4.148}$$

次に第 2 式から

$$R = 2M\omega\dot{\xi} = 2M\xi_0\omega^2 \sinh(\omega t) \tag{4.149}$$

問題（12-3）で調べたように，半径流の回転機械における流体の流れ（図 2.39）はこのような運動の例であり，その運転に必要なトルクは主にコリオリの力に対抗するためである．

図 4.21 のように，緯度 α の地球表面の点 A で重力と反対の方向に ζ 軸，これと垂直で水平南向きに ξ 軸，水平東向きに η 軸をとり，地表面上すなわち座標系 (A-$\xi\eta\zeta$) での放物体の運動を考える．地球表面は半径 R の球面と考える．地球の自転の角速度を ω とすれば，原点の位置ベクトル $\boldsymbol{r}_A$ も角速度 ω で回転するから，$\dot{\boldsymbol{r}}_A = \boldsymbol{\omega} \times \boldsymbol{r}_A$，$\ddot{\boldsymbol{r}}_A = \boldsymbol{\omega} \times (\boldsymbol{\omega} \times \boldsymbol{r}_A)$，$\dfrac{d^*\boldsymbol{\omega}}{dt} = 0$ であり，運動方程式は式 (4.146) から

$$M\frac{d^{*2}\boldsymbol{r}'}{dt^2} = \boldsymbol{F} - M\boldsymbol{\omega} \times (\boldsymbol{\omega} \times (\boldsymbol{r}_A + \boldsymbol{r}')) - 2M\boldsymbol{\omega} \times \frac{d^*\boldsymbol{r}'}{dt} \tag{4.150}$$

$\boldsymbol{\omega}$ の ξ, η, ζ 方向の成分は $(-\omega\cos(\alpha),\ 0,\ \omega\sin(\alpha))$ であり，例えばコリオリ

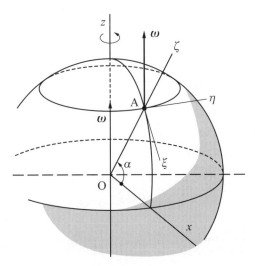

図 4.21 地表面に固定した運動座標系

190   第4章　質点の動力学

の力は

$$-2M\boldsymbol{\omega}\times\frac{d^*\boldsymbol{r}'}{dt}=-2M\begin{vmatrix} \boldsymbol{i}' & \boldsymbol{j}' & \boldsymbol{k}' \\ -\omega\cos(\alpha) & 0 & \omega\sin(\alpha) \\ \dot{\xi} & \dot{\eta} & \dot{\zeta} \end{vmatrix} \tag{4.151}$$

と表されるから，式(4.150)を ξ, η, ζ 方向の運動方程式に分けて書くと，次のようになる．ここで，$\boldsymbol{r}'=(\xi,\ \eta,\ \zeta)$, $\boldsymbol{r}_A=(R\cos(\alpha),\ 0,\ R\sin(\alpha))=\mathrm{const.}$, $\omega=\mathrm{const.}$ である．

$$\left.\begin{aligned} M\ddot{\xi} &= M\omega^2((R+\zeta)\cos(\alpha)\sin(\alpha)+\xi\sin^2(\alpha))+2M\omega\dot{\eta}\sin(\alpha) \\ M\ddot{\eta} &= M\omega^2\eta-2M\omega(\dot{\xi}\sin(\alpha)+\dot{\zeta}\cos(\alpha)) \\ M\ddot{\zeta} &= -Mg+M\omega^2((R+\zeta)\cos^2(\alpha)+\xi\sin(\alpha)\cos(\alpha))+2M\omega\dot{\eta}\cos(\alpha) \end{aligned}\right\}$$

$$\tag{4.152}$$

　地球の自転に基づく向心加速度（運搬加速度）の大きさ $R\omega^2\cos(\alpha)$ は，地球の半径 $R\simeq6\,400\,\mathrm{km}$，自転角速度 $\omega\simeq2\pi/(24\times60\times60)=7.27\times10^{-5}\,\mathrm{rad/s}$ であるから，例えばそれが最大になる赤道上（$\alpha=0$）では約 $3.4\,\mathrm{cm/s^2}$（重力 g の 0.3%）である．私達が地球上で測定する重力は，地球の質量が生む重力とその自転が生む遠心力の合力であり，大きさも方向も万有引力（＝真の重力）単独とはわずかに違っている．地表近くの限られた範囲内の運動を考えるときには地球の曲率は無視できて，重力の大きさと方向・遠心力の大きさや方向も一定と見なしてよいから，これらを合成した言わば見かけの重力を用いると，自転の影響としてはコリオリの力だけを考えればよい．したがって運動方程式は

$$\left.\begin{aligned} M\ddot{\xi} &= 2M\omega\dot{\eta}\sin(\alpha) \\ M\ddot{\eta} &= -2M\omega(\dot{\xi}\sin(\alpha)+\dot{\zeta}\cos(\alpha)) \\ M\ddot{\zeta} &= -Mg+2M\omega\dot{\eta}\cos(\alpha) \end{aligned}\right\} \tag{4.153}$$

　地球は公転運動もしているが，それによる加速度は約 $0.6\,\mathrm{cm/s^2}$ で小さく，地球上のすべての地点でほぼ一様であるから，式(4.153)では初めから無視して取り扱っている．

　自転の角速度 ω は小さいから，ω^2 を含む項を省略して式(4.153)を解くと近似解は

$$\left.\begin{array}{l} \xi-\xi_0=u_0t+\omega\sin(\alpha)\cdot v_0t^2 \\[2mm] \eta-\eta_0=v_0t-\omega(u_0\sin(\alpha)+w_0\cos(\alpha))t^2+\dfrac{1}{3}\omega\cos(\alpha)gt^3 \\[2mm] \zeta-\zeta_0=\omega_0t-\dfrac{1}{2}gt^2+\omega\cos(\alpha)\cdot v_0t^2 \end{array}\right\} \quad (4.154)$$

ここで初期条件は，$t=0$ で $\xi=\xi_0$，$\eta=\eta_0$，$\zeta=\zeta_0$，$\dot{\xi}=u_0$，$\dot{\eta}=v_0$，$\dot{\zeta}=\omega_0$ として
いる.

式(4.154)中で ω を含む項は自転によるコリオリの力の影響を表す．コリオリ
の力による加速度は，例えば速度を音速 340 m/s とすれば約 4.9 cm/s^2 であるが，
本来の速度に垂直な方向に働くから，軌道の形には相当影響する.

地球の自転の影響で生じるコリオリの力は，台風の渦巻きの主な原因になって
いる．また，コリオリの力が主役を演じる現象としては，フーコー（Jean Bernard
Léon Foucault：1819−1868）の振子が有名である.

［問題 16］

（16−1）　一定の加速度 a で上昇するエレベータ内での長さ l の単振子の周期は
いくらか.

解　垂直上方を正とすれば，実際の力は $-Mg$，見かけの力は $-Ma$ であり，両
者を加えれば $-M(g+a)$．したがってエレベータに固定した運動座標系で運動を
調べるには，重力の加速度が $g+a$ に変化した慣性座標系として取り扱えばよい.
そこで周期は，$T=2\pi\sqrt{l/(g+a)}$ である.

（16−2）　東京（緯度 $\alpha=36°$）で地上 $h=300$ m の点から初速度 0 で落下する質
点の落下点のずれを求めよ.

解　式(4.154)で，$u_0=v_0=w_0=0$，$\xi_0=\eta_0=0$，$\zeta_0=h$ とすれば

$$\eta=\frac{1}{3}\omega\cos(\alpha)\cdot gt^3, \qquad \zeta-h=-\frac{1}{2}gt^2 \qquad (4.155)$$

地球の自転角速度は，前述のように $\omega\simeq7.27\times10^{-5}$ rad/s である．ずれは $\zeta=0$

192   第4章　質点の動力学

すなわち $t=\sqrt{2h/g}$ のとき（式(4.155)右式より）の値であるから

$$\Delta\eta=\frac{2}{3}\omega\cos{(\alpha)}\sqrt{\frac{2h^3}{g}}=\frac{2}{3}\times7.27\times10^{-5}\times0.809\times\sqrt{\frac{2\times3^3\times10^{12}}{980.7}}\simeq9\text{ cm}$$

(4.156)

式(4.156)のように，東へ 9 cm ずれる．この軌道の形はナイルの曲線と言われている．

(16-3)　地球の回りを公転する人工衛星内の運動方程式を作れ．ただし，人工衛星は自転しないとする．

解　式(4.146)を用いる．人工衛星は自転していないから $\omega=0$．したがって式(4.146)右辺かっこ内の第 2 項以下はすべて 0．衛星内の定位置 r_A における重力加速度を g_{rA} とすれば $\boldsymbol{F}=-Mg_{rA}$（半径向心方向）．一方，定位置 r_A に存在する物体は存在するだけで公転による遠心力を受け続けるから，半径向心方向の運動方程式は

$$M\frac{d^{*2}\boldsymbol{r}'}{dt^2}=Mg_{rA}-M\frac{d^2\boldsymbol{r}_A}{dt^2}=0$$

（無重力状態：g_{rA} は公転の向心加速度そのもの）　　　　　　(4.157)

(16-4)　赤道上で鉛直上方に初速度 $w_0=1\,000$ m/s で物体を打ち上げた．落下点の概略の位置を求めよ．

解　式(4.154)に $\xi_0=\eta_0=\zeta_0=u_0=v_0=\alpha=0$ を代入すれば

$$\xi=0,\qquad \eta=-\omega w_0 t^2+\frac{1}{3}\omega g t^3,\qquad \zeta=w_0 t-\frac{1}{2}g t^2$$

(4.158)

式(4.158)より，$t=0$ で打ち上げた後に再び $\zeta=0$ になるのは $t=2w_0/g$ のときであるから

$$\Delta\eta=-\omega w_0\left(\frac{2w_0}{g}\right)^2+\frac{1}{3}\omega g\left(\frac{2w_0}{g}\right)^3=-\frac{4\omega w_0^3}{3g^2}$$

(4.159)

式(4.159)に $\omega\simeq7.27\times10^{-5}$ rad/s, $g=9.807$ m/s², $w_0=1\,000$ m/s を代入して

$$\Delta\eta = -\frac{4 \times 7.27 \times 10^{-5} \times 10^9}{3 \times 9.807^2} = -1\,008 \text{ m}$$

（打上げた場所から西へ 1 008 m の地点）   (4.160)

（16−5）　北緯 $\alpha=30°$ の所で，質点 $M=5\times10^4$ kg が，東西に延びる滑らかな水平直線に拘束されて一定の速さ $v=200$ km/hr で運動している．質点から直線に作用する水平方向の力を求めよ．

解　コリオリの力の水平方向成分は，南北に $2M\omega v \sin(\alpha)$．これに $\omega \simeq 7.27 \times 10^{-5}$ rad/s（地球の自転角速度）と与れた数値を代入して，$2\times5\times10^4\times7.27\times10^{-5}\times(2\times10^5/3\,600)/2 = 202$ N $= 20.6$ kgf

第5章 エネルギー原理

5.1 力学エネルギー保存則

　力の**作用**を評価する量としては，まず単純に力の大きさが考えられるが，作用が結果として生じる運動の量でそれを評価する方法もあり，これが**運動量・角運動量**である．

　これらの概念は力と運動が主役を演じる力学においてのみ有効であるが，物理学には，もっと基本的な考えとして，作用をそれがなす**仕事**の量として評価する方法がある．この量が**エネルギー**と呼ばれる概念である．エネルギーは，力学のみならず電磁気学・化学・材料学・光学・音響学・相対性理論・量子論・波動力学・核物理学など，全物理学の根幹をなす共通概念であり，**図 5.1** に示すように

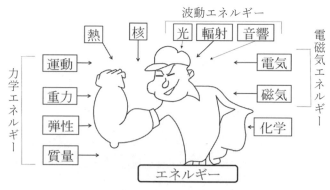

図 5.1　エネルギーの形態

5.1 力学エネルギー保存則

様々な形態をとる[13][†].

一般に物理学では,保存される量が重要な役割を演じる.今日まで知られているあらゆる自然現象のすべてに当てはまる事実(法則)が1つある.これが**エネルギー保存則**(ヘルムホルツ(Herman Ludwig Ferdinand von Helmholtz:1821-1894)等が提唱)であり,エネルギーは自然界の全現象間を横断・変換しながら保存され続ける.

エネルギー保存則は,宇宙全体を貫くもう1つの基本概念である**対称性**[18] (**ネーターの定理** Amalie Emmy Noether:1878-1935)と不可分の関係にある[13]. これら2つの基本概念は,実験検証が不可能な先端物理理論の正当性の根拠になっている.私達が行う通常のものづくりでも,昨今の電動化・知能化の中で生まれエネルギーが自在な形態変化と移動によって機能する諸製品の開発時に,製品実体がまだ世に存在せず姿が全く見えない初期企画に作成した製品モデルをフル活用し,基本設計・部品構成・詳細設計・仮想検証を一貫してシミュレーションで通す「モデルベース開発」に使う製品モデルの作成と正当性・有用性の立証に実験・試験を用いることは困難であり,それにはエネルギー保存則と対称性が正当性確認の有力な判断手段になっている[13].

力学に話を戻そう.図 5.2 のように,力 F が作用し,速度 v で運動する質点 M の運動方程式は,ニュートンの運動の法則から

$$F = M\dot{v} \qquad (3.1) \qquad (5.1)$$

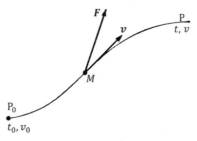

図 5.2 速度 v で運動する質量 M

---

† 肩付番号は,巻末の参考文献番号を表す.

196　　第5章　エネルギー原理

　時刻 t_0, t の質点の位置をそれぞれ P_0, P とし運動の法則（式(5.1)）を P_0 から P まで空間 r で積分すると，その間に質点が外部になす仕事 W が得られて

$$W = \int_{P_0}^{P} \boldsymbol{F} \cdot d\boldsymbol{r} = M \int_{P_0}^{P} \dot{\boldsymbol{v}} \cdot d\boldsymbol{r} = M \int_{t_0}^{t} \dot{\boldsymbol{v}} \cdot \frac{d\boldsymbol{r}}{dt} dt = M \int_{t_0}^{t} \frac{d\boldsymbol{v}}{dt} \cdot \boldsymbol{v} dt$$

$$= \left[\frac{1}{2} M v^2 \right]_{t_0}^{t} = [T]_t - [T]_{t_0} \tag{5.2}$$

ここで

$$T = \frac{1}{2} M v^2 \tag{5.3}$$

は，運動している質点 M が空間を移動する間に外部になす仕事の量であり，これを**運動エネルギー**と呼ぶ．式(5.2)から分かるように，力学エネルギーは力ベクトルと位置ベクトル（ベクトル：大きさと方向を有する量）の内積で定義され，スカラー（大きさだけを有する量）になる．また，図5.2 と式(5.3)から分かるように，質量は力学エネルギーを自身の速度の形で保有している．

　質点の軌道が分かっていて質点に作用する力が位置だけで決まる関数であれば，作用力が質点になす仕事は計算できる．いま，この力 $F(X, Y, Z)$ が空間（位置）の一価関数（空間内の1点について1つの値が一義的に決まる関数）$U(x, y, z)$ として

$$X = -\frac{\partial U}{\partial x}, \qquad Y = -\frac{\partial U}{\partial y}, \qquad Z = -\frac{\partial U}{\partial z} \tag{5.4}$$

で与えられるとき（∂ は偏微分の記号：偏微分とは，ある関数が複数の独立変数からなる場合，そのうち1個の変数だけを独立変数として採用し他の変数はすべて定数とした微分），全変数の微分である全微分は $-dU = Xdx + Ydy + Zdz$ であるから

$$W = \int_{P_0}^{P} \boldsymbol{F} \cdot d\boldsymbol{r} = \int_{P_0}^{P} Xdx + Ydy + Zdz = -\int_{P_0}^{P} dU = -(U(P) - U(P_0)) \tag{5.5}$$

式(5.5)から分かるように，仕事 W の値は初めと終わりの位置だけで決まり，質点の軌道を知らなくても求めることができるので，U を**位置エネルギー**と言う．

5.1 力学エネルギー保存則 197

この位置エネルギーは，空間（位置）が有するエネルギーであり，その位置に存在する質量に，式(5.4)で決められる力を作用させることにより，力学エネルギーを与える．したがって式(5.4)が示すように，この作用力は常に位置ネルギーが減少する方向に働く．そこで，位置エネルギーは力を出す可能性（潜在能力：ポテンシャル）を有するエネルギーと考えられ，このエネルギーを**ポテンシャルエネルギー**と言うこともある．式(5.4)で表現される力が質点に作用する場合には，式(5.2)と式(5.5)を等置して $[T+U]_t=[T+U]_{t_0}$ あるいは $T(\mathrm{P})+U(\mathrm{P})=T(\mathrm{P}_0)+U(\mathrm{P}_0)$ となり，位置 P や時間 t は任意でよいから，結局質点の運動中は常に

$$T+U=E= 一定 \tag{5.6}$$

この一定・不変の保存量 E が**力学エネルギー**である．式(5.6)は，質量が式(5.4)で表現できる力を受けながら運動する場合には，運動エネルギーと位置エネルギーの和である力学エネルギーが一定の量に保存されることを意味する．すなわちこの式は，エネルギー保存則が力学の範囲内で成立する**力学エネルギー保存則**を表現している．なお，本書では運動の法則を用いて力学エネルギー保存則を導いたが，本来これは逆であり，力学エネルギー保存則は宇宙を貫くエネルギー原理の力学面に過ぎず，また運動の法則はエネルギー原理（保存則）が生じる力学の一現象に過ぎないのである[13]．

式(5.4)のように位置の一価関数として記述できる力は必ず力学エネルギー保存則を成立させるので，このような力を**保存力**と言う．そして力が保存力であるとき，それが作用する空間を**保存力の場**と言う．保存力の場合には，式(5.5)から，保存力がなす仕事は位置エネルギーの減少に等しく，逆に，保存力に抗してなされる仕事は保存力の場に位置エネルギーとして蓄えられる．

図 5.3 に保存力の場（空間）における等ポテンシャル面を実線で示す．この保存力の場で質点が微小距離 ds だけ移動するとき，力 $\boldsymbol{F}$ の $\boldsymbol{ds}$ 方向の成分を F_s とすれば，質点のなす仕事は，$-dU=\boldsymbol{F}\cdot\boldsymbol{ds}=F_s\cdot ds$ であるから

$$F_s=-\frac{\partial U}{\partial s} \tag{5.7}$$

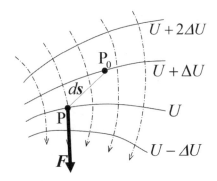

図 5.3 保存力の場における等ポテンシャル面（実線）と力線（鎖線）

式(5.4)は s の方向を x, y, z 軸方向にとった例である．

図 5.3 の等ポテンシャル面に沿っては U が変化せず，式(5.4)のように保存力はポテンシャルが減少する方向に作用するから，ポテンシャルの勾配が最大である等ポテンシャル面に垂直な方向（図 5.3 の点線の方向）が保存力の作用方向になり，これをこの方向に描いた線を，**力線**と言う．

隣り合う等ポテンシャル面間の垂直距離を du とすれば

$$-dU = F \cdot du = 一定$$

であるから，力の大きさ F は du に逆比例する．すなわち，ちょうど山の斜面を落下する物体に作用する力のように，等ポテンシャル面が密な所（急勾配の所）では作用力が大きく，疎な所では作用力は小さい．

1 次元の運動を考え，座標を x とする．外作用力が x のみの関数であり，そのポテンシャルを $U(x)$ とすれば，単位質量に作用する力に関する力学エネルギー保存則は

$$\frac{1}{2}\dot{x}^2 + U(x) = E \ (=一定) \tag{5.8}$$

式(5.8)から，$E \geq U(x)$ のときにのみ運動が可能であり，その場合の速度 $\dot{x}$ は

$$\dot{x} = \frac{dx}{dt} = \pm\sqrt{2(E-U(x))} \ \rightarrow \ dt = \frac{dx}{\pm\sqrt{E-U(x)}} \tag{5.9}$$

式(5.9)右辺の複号は，時間の初めに $\dot{x}>0$ か $\dot{x}<0$ かによって，どちらか一方を

とればよい．例えば時間 $t=0$ で $\dot{x}>0$ にとると，同式を積分して

$$t+\text{const.} = \int \frac{dx}{\sqrt{2(E-U(x))}} \tag{5.10}$$

が得られ，x と t の関係を求めることができる．

私達に最も身近な保存力の例は重力 g である．鉛直上向きに z 軸をとると，重力は保存力が減少する方向に働き，$X=0$，$Y=0$，$Z=-Mg$ であるから，$z=0$ で $U=0$ とすれば，位置エネルギーは $U=Mgz$ となる．

ばね（剛性 K）の反力も保存力の例である．すでに x だけ変位し $X=Kx$ の内力を有するばねをさらに dx だけ変位させるときのばねのポテンシャル U の変化値 dU は，式(5.4)より $dU(=\partial U)=-Xdx=-Kxdx$ であるから

$$U(=W) = \int_0^x -dU = \int_0^x Kx dx = \frac{1}{2}Kx^2 \tag{5.11}$$

x だけ変位しているばねは式(5.11)だけの位置エネルギーを内部に蓄えて保存している．

式(5.11)を図に示すと，$U(x)$ は図 5.4 のように原点を底点とする放物線になり，運動エネルギーが 0 すなわち $E=U(x)$ なる両端の点は x_1 と $-x_1$ であり，この図からばねは可動区間 $-x_1 \leq x \leq x_1$ の周期運動を生じることが分かる．この範囲内の x 軸上の点 A から垂線を立て，U 曲線と E 直線の交点をそれぞれ B，C とすれば，$\overline{\text{AB}}$ は位置エネルギー U，$\overline{\text{BC}}$ は運動エネルギー T であり，ばねの先

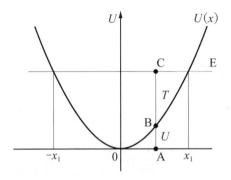

図 5.4　ばね力が作用する系の位置エネルギー

200　　第5章　エネルギー原理

端が原点から離れるに従って位置エネルギーは増加・運動エネルギーは減少し，$\pm x_1$ の点で運動エネルギーは0になる．この点が折返し点である．

　万有引力も保存力である．互いの距離 r に存在する2個の質量 M と質量 m の間に作用する万有引力（式(4.109)）のポテンシャル $U=U(r)$ は，$dU=(-GmM/r^2)dx$ であるから，2質量間が互いに無関係になる距離 $r=\infty$ で $U=0$ とおけば

$$U=\int_r^\infty dUdr=\int_r^\infty -\frac{GmM}{r^2}dr=\left[\frac{GmM}{r}\right]_r^\infty=-\frac{GmM}{r} \tag{5.12}$$

　単位質量 $m=1$ の質点のポテンシャル $U=-GM/r$ を，**ニュートンポテンシャル**と呼ぶ．質点に作用する万有引力は，その質量 m を単に定数として乗じればよいから，このニュートンポテンシャルによって完全に定まる．

　力はベクトル量であるが，力のポテンシャルは式(5.12)のようにスカラー量であるから，その取扱いは簡単・便利である．例えば，太陽と地球から月が受ける力のポテンシャルをそれぞれ U_s，U_a とすれば，月が受ける全体の力のポテンシャルは $U=U_s+U_a$ である．

　4.2節で対象とした惑星の運動をエネルギーの立場から見る．惑星の運動は太陽からの万有引力を中心力とした運動であり，r，θ 方向の速度成分はそれぞれ $v_r=\dot{r}$，$v_\theta=r\dot{\theta}$ であるから，力学エネルギー保存則は

$$\frac{1}{2}M(\dot{r}^2+r^2\dot{\theta}^2)+U(r)=E \tag{5.13}$$

また，面積速度が一定であるから，$r^2\dot{\theta}=h=$一定（式(4.113)）を用いれば，式(5.13)より

$$\dot{r}=\pm\sqrt{2\left(\frac{E}{M}-\left(\frac{U(r)}{M}+\frac{h^2}{2r^2}\right)\right)} \tag{5.14}$$

式(5.14)を式(5.9)と対比すれば，惑星の運動は $\dfrac{U(r)}{M}+\dfrac{h^2}{2r^2}$ をポテンシャルエネルギーと考える場合の r を変数とする運動と見なすことができる．

　さて，前述のように作用力が保存力の場合には，仕事 W は質点が通る経路に

無関係に始点 P_0 と終点 P の位置だけで決まってしまう．しかし，質点に摩擦力や空気抵抗などの**非保存力**（図 5.1 のように熱・電気・化学などの力学以外の形態にエネルギーが変化する種類の力）が働くと，経路によって W の値が異なるから，力学エネルギー保存則はもはや成り立たない．

一般に，質点に働く力を保存力 $\boldsymbol{F}'$ と非保存力 $\boldsymbol{F}''$ に分けて書くと，前者のみに対しては式(5.5)が成立するから，$[T]_{t_0}^t = W = -[U]_{P_0}^P + \int_{P_0}^P \boldsymbol{F}'' \cdot d\boldsymbol{r}$ すなわち

$$[T+U]_{t_0}^t = \int_{P_0}^P \boldsymbol{F}'' \cdot d\boldsymbol{r} \tag{5.15}$$

また時間で微分して

$$\frac{dE''}{dt} = \boldsymbol{F}'' \cdot \boldsymbol{v} \quad （この場合には E'' は一定値ではない） \tag{5.16}$$

という形に書くことができる．

いま，非保存力の例として速度に比例する粘性抵抗力 $\boldsymbol{F}'' = -C\boldsymbol{v}$ を考えると，$dE'/dt = -Cv^2$ となる．抵抗力以外の保存力の場に対する位置エネルギーと運動エネルギーの和は，抵抗力がなす仕事の量だけ減少し，**力学エネルギーの消散**（力学エネルギーが熱など他の形態のエネルギーに変化して拡散・希釈すること：この場合でも形態が変化したエネルギーをも含む全エネルギー保存則は成立し，エネルギー自体が消えていくことは決してない）

5.2 質点系のエネルギー

5.2.1 重心の運動とエネルギー

質量 M の質点の運動方程式は，運動の法則から

$$M\dot{\boldsymbol{v}} = \boldsymbol{F}, \qquad M\ddot{\boldsymbol{r}} = \boldsymbol{F} \tag{5.17}$$

質点の集まりである質点系について考える．系内の任意の質点 i に対する運動方程式は式(5.17)であるから，これをすべての質点について加え合わせると

$$\sum_i M_i \ddot{\boldsymbol{r}}_i = \sum_i \boldsymbol{F}_i \tag{5.18}$$

202 　 第 5 章 　 エネルギー原理

質点系の重心のベクトルを $\boldsymbol{r}_g$, 全質量を $M=\sum_i M_i$ とすると, 式(1.22)に示すように

$$M \cdot \boldsymbol{r}_g = \sum_i M_i \boldsymbol{r}_i \tag{5.19}$$

式(5.18)と式(5.19)から, $M \cdot \ddot{\boldsymbol{r}}_g = \sum_i \boldsymbol{F}_i$ が得られる. この式右辺の和には内力が含まれるが, すべての質点について加え合わせると, 作用・反作用の法則によって内力は消え, 右辺は外力のみの総和 $\boldsymbol{F}$ に等しくなる. したがって

$$M \cdot \ddot{\boldsymbol{r}}_g = \boldsymbol{F} \tag{5.20}$$

すなわち, **"質点系の重心の運動は系の全質量が重心に集中した 1 質点が全外力を受けてなす運動と同一である"**, と言う**重心運動の法則**が成り立つ.

次に, 重心を原点とした各質点の位置ベクトルを $\boldsymbol{r}_i{}'$ とすると, 式(5.19)から $\boldsymbol{r}_i = \boldsymbol{r}_g + \boldsymbol{r}_i{}'$, $\sum_i M_i \boldsymbol{r}_i{}' = \sum_i M_i \boldsymbol{r}_i - M \boldsymbol{r}_g = 0$ であるから, 質点系の運動エネルギー T は

$$T = \sum_i \frac{1}{2} M_i \dot{\boldsymbol{r}}_i^2 = \sum_i \frac{1}{2} M_i (\dot{\boldsymbol{r}}_g + \dot{\boldsymbol{r}}_i{}')^2 = \frac{1}{2} \left(\sum_i M_i \right) \dot{\boldsymbol{r}}_g^2 + \dot{\boldsymbol{r}}_g \sum_i M_i \dot{\boldsymbol{r}}_i{}' + \sum_i \frac{1}{2} M_i \dot{\boldsymbol{r}}_i{}'^2$$

$$= \frac{1}{2} M \dot{\boldsymbol{r}}_g^2 + \sum_i \frac{1}{2} M_i \dot{\boldsymbol{r}}_i{}'^2 = T_g + T' \tag{5.21}$$

式(5.21)は, 質点系の全運動エネルギーが, 全質量が重心に集まったと考えたときの重心の運動エネルギー T_g と, 各質点が重心に相対的に運動することによる運動エネルギー T' の総和との和になることを, 意味している.

さて, 運動エネルギーの変化はこれに働く力がなす仕事に等しいから, 質点系の運動エネルギーが T_0 から T に代わり, その間に外力および内力がなした仕事の和をそれぞれ W, W' とすれば, $T - T_0 = W + W'$ が成り立つ. 内力は一般にポテンシャルを持っているので, 式(5.5)から $W' = -(U' - U_0')$. したがって

$$[T - T_0] + [U' - U_0'] = W \tag{5.22}$$

ここで, U' を質点系の内部エネルギー, $T + U' = E'$ を質点系の全エネルギーと言う. 式(5.22)を書き換えれば $E' - E_0' = W$ であり, 質点系の全エネルギーの増加は, その時間に働く外力がなした仕事に等しい. 外力が働かない閉じた系では $W = 0$ であるから, $E' = E_0' =$ 一定であり, 質点系の全エネルギーは変化しない.

また外力がポテンシャル U から導かれるときには，$T+U'+U=E'+U=$ 一定となり，力学エネルギー保存則が成立する．

スケートで，初期に自分の体に仕事 W を与えスピン（自転運動）を開始しているとする．その後内力（遠心力）に逆らって腕を縮めると，腕の内力は遠心力に逆らって仕事をし，W' を増大させる．腕を縮めれば体が有する内部エネルギー U' が減少するが，初期に体になした仕事 W は一定のままなので，式(5.22)より運動エネルギー T が増大してスピンの回転速度が速くなる．

剛体はそれを構成する質点間の距離が不変であるから，内力がなす仕事 W' は0である．したがって運動エネルギーの増加は外力がなした仕事量に等しく，単一質点の場合と同じになる．

5.2.2 仕事率（動力）

仕事は連続的にされるのが普通であり，決まった仕事がどれだけの時間でできるかが問題となることが多いから，単位時間あたりになされる仕事を考えることが必要になる．仕事の時間的割合である**仕事率**（**動力**あるいは**パワー**）P は

$$P=\frac{dW}{dt}=\frac{dT}{dt}=\boldsymbol{F}\cdot\boldsymbol{v}=X\frac{dx}{dt}+Y\frac{dy}{dt}+Z\frac{dz}{dt} \tag{5.23}$$

一般に機械は，他から動力の供給を受け，別の形に変換して外部に供給する．機械には回転運動を利用するものが多いので，物体がトルク N_z によって角速度 ω で回転する場合の仕事と動力を調べる．回転軸を z 軸にとり，z 軸回りの微小な回転を $d\theta=\omega dt$，トルクを構成する各力 $(X_i,\ Y_i,\ Z_i)$ の着力点を $(x_i,\ y_i,\ z_i)$ とすれば，着力点の変位は，**図 5.5** のように，$dx_i=-r_id\theta\sin(\theta)=-y_id\theta$，$dy_i=r_id\theta\cos(\theta)=x_id\theta$，$dz_i=0$ であるから，その間になした仕事は式(1.7)より $dW=\sum_i(X_idx_i+Y_idy_i+Z_idz_i)=\sum_i(x_iY_i-y_iX_i)\cdot d\theta=N_zd\theta$ となる．そこで角度 θ_1 から θ_2 まで回転する間の仕事は $W=\int_{\theta_1}^{\theta_2}N_zd\theta$ であり，回転軸回りのトルクを $N_z=N$ で表すと，仕事は

$$P=\frac{dW}{dt}=N\cdot\omega \tag{5.24}$$

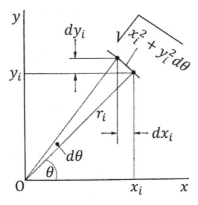

図 5.5　回転運動する物体

仕事率（動力）の単位は

$1\,\text{W} = 1\,\text{J/s}, \quad 1\,\text{kgf·m/s} = 9.807\,\text{W}, \quad 1\,\text{PS} = 75\,\text{kgf·m/s}$

$1\,\text{kW} = 101.971\,\text{kgf·m/s} \simeq 1.36\,\text{PS}$ （5.25）

［問題 17］

（17-1）　図 5.6 にように，重さ W の重りが弾性棒に沿って鉛直方向に上下できる．重りを棒の下端より高さ h の所から落としたとき，棒の伸びはいくらにな

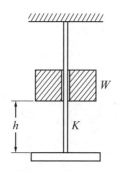

図 5.6　弾性棒に沿って落下する重り

るか.

解 弾性棒の剛性を K, 伸びを δ とする. 重りの落下エネルギー（位置エネルギーの減少量）は棒に仕事をし，棒の伸びの弾性エネルギーになるから

$$W(h+\delta) = \frac{1}{2}K\delta^2 \quad \text{すなわち} \quad \delta^2 - 2\frac{W}{K}\delta - 2\frac{W}{K}h = 0 \quad (5.26)$$

静的に荷重をかけたときの伸び δ_{st} は $\delta_{st} = W/K$ であるから，棒の伸び δ は式 (5.26) より

$$\delta = \delta_{st} + \sqrt{\delta_{st}^2 + 2h\delta_{st}}$$

高さ 0 の所から急に落下させたときすなわち $h=0$ のときには，$\delta = 2\delta_{st}$ になり，静的な伸び量の 2 倍まで伸びる.

(17-2) (x, y) 平面上に力の場があり，$X = x$〔N〕，$Y = y$〔N〕の力が作用している（**図 5.7**）．この場に置かれた質点が，原点から位置 $x=4$ m，$y=3$ m の点に以下の 2 通りの経路で移動する際に，外部になす仕事を求めよ．

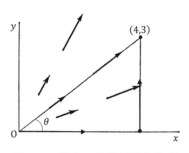

図 5.7 質点の移動経路と仕事

1) 初めに x 軸に沿って動き（$dy=0$），次に x 軸に垂直に動いて（$dx=0$）点 (4, 3) に行く．
2) 両点を結ぶ直線経路（$y=(3/4)x$）に沿って動いて行く．

解 まず，場に摩擦が存在しない場合を考える．初めに経路 1 を選ぶと

206 第5章 エネルギー原理

$$W_{P1}=\int_0^4 Xdx+\int_0^3 Ydy=\int_0^4 xdx+\int_0^3 ydy=\left[\frac{x^2}{2}\right]_0^4+\left[\frac{y^2}{2}\right]_0^3=12.5\,\mathrm{N\cdot m}$$
(5.27)

次に経路2を選ぶと，$xdx+ydy=xdx+((3/4)x)d((3/4)x)=(25/16)xdx$ であるから

$$W_{P2}=\frac{25}{16}\int_0^4 xdx=\frac{25}{16}\cdot\left[\frac{x^2}{2}\right]_0^4=12.5\,\mathrm{N\cdot m}$$
(5.28)

式(5.27)と式(5.28)から $W_{P1}=W_{P2}$. このように，力の場が摩擦が存在しない保存力の場であるときには，仕事は始点と終点の両位置だけで決まるので，上記2通りの経路で同じである.

いま摩擦力 $F''=0.5\,\mathrm{N}$ が働くとする. 初めに経路1を選ぶと

$$W_{F1}=\int_0^4 (X-0.5)dx+\int_0^3 (Y-0.5)dy=\int_0^4 (x-0.5)dx+\int_0^3 (y-0.5)dy$$
$$=9\,\mathrm{N\cdot m}$$
(5.29)

次に経路2を選ぶ.
摩擦力の x，y 方向成分は，$F''\cos(\theta)=0.5\times(4/5)=0.4$，$F''\sin(\theta)=0.5\times(3/5)=0.3$ であるから

$$W_{F2}=\int_0^4 (x-0.4)dx+\int_0^3 (y-0.3)dy=10\,\mathrm{N\cdot m}$$
(5.30)

式(5.28)〜(5.30)から分かるように点 (4, 3) で質点が持つ運動エネルギーは，摩擦が働かない場合に比べて，それぞれ $3.5\,\mathrm{N\cdot m}$，$2.5\,\mathrm{N\cdot m}$ だけ少ない. このことは，質点が摩擦力によって負の仕事をされたことになる. あるいは，運動している質点が摩擦力に抗して外部に仕事をしたと考えてもよい. このとき，質点が有する力学エネルギーはこの分だけ減少するが，その代わりに接触面には熱（エネルギー）が生じ（図5.1），両者の和は保存される.

(17−3) 図5.8 のように，水平で滑らかな平面上に置かれた全長 l の鎖が，長さ a だけ面の縁から垂れ下がっている状態から滑り始め，縁を離れて落下するときの速度を求めよ. ただし，鎖の単位長さあたりの重さは w である. また，鎖と

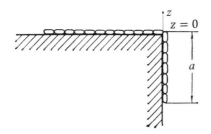

図 5.8　鎖の滑りと落下

平面の間に摩擦があるとき，滑り落ちる条件および縁を離れて落下するときの速度を求めよ．

解　水平な面を $z=0$ にし，鉛直上向きに z 軸をとる．作用する力は重力だけであるから，力学エネルギー保存則 $T+Mgz_g=$ 一定が成立する．ここで，T は運動エネルギー，z_g は重心の高さ，M は全質量で $M=wl/g$ である．初期には長さ a だけ垂れ下がって静止しているから $T=0$，また，初期の重心位置 z_{g0} は，
$$lwz_{g0}=-\int_0^a zw dz = -\frac{a^2}{2}w \rightarrow z_{g0}=-\frac{a^2}{2l}.$$
したがって

$$T+wlz_g = wlz_{g0} = -\frac{wa^2}{2} \tag{5.31}$$

離れて落下するときの速度を v とすれば，そのときの重心位置は $z_g=-l/2$ であるから，式(5.31)より

$$\frac{1}{2}Mv^2 - wl\cdot\frac{l}{2} = \frac{1}{2}\frac{wl}{g}v^2 - \frac{wl^2}{2} = -\frac{wa^2}{2}. \quad \text{故に}\ v=\sqrt{\frac{g(l^2-a^2)}{l}} \tag{5.32}$$

摩擦がある場合には，その摩擦係数を μ とすれば，長さ z だけ垂れ下がったときの摩擦力は

$$f=\mu(l-z)w \tag{5.33}$$

初期には長さ $z=a$ だけ垂れ下がっているから，滑り出すための条件は $\mu(l-a)w<aw$ より

$$\mu < \frac{a}{l-a} \tag{5.34}$$

滑り出してから落下するまでの間の摩擦力による消散エネルギーは

$$\int_a^l f dz = \mu w \int_a^l (l-z)dz = \mu w \left[lz - \frac{z^2}{2} \right]_a^l = \mu w \left(l^2 - \frac{l^2}{2} - la + \frac{a^2}{2} \right)$$

$$= \frac{\mu w (l-a)^2}{2} \tag{5.35}$$

鎖の重心位置は，滑り出す初期時点で $a/2$，縁を離れて落下し始める終期時点で $l/2$ であるから，それらの時点における位置エネルギーはそれぞれ $-aw \cdot (a/2)$，$-lw \cdot (l/2)$ である．初期から終期までの間に式(5.35)のエネルギーを消費し，残りは終期における運動エネルギーになるから，終期の落下速度を v とすれば

$$-aw \cdot \frac{a}{2} - \frac{\mu w(l-a)^2}{2} = -lw \cdot \frac{l}{2} + \frac{1}{2} \frac{lw}{g} v^2 \tag{5.36}$$

式(5.36)から

$$v = \sqrt{\frac{g}{l}(l^2 - a^2 - \mu(l-a)^2)} \tag{5.37}$$

(17-4) 図 5.9 のように，水平線上にあり距離 $2l$ だけ離れた 2 個の滑車に重さがそれぞれ W_0 の重りを両端につけた索がかかっている．その中央に重さ W の重りを吊るして，索が水平な状態から静かに離すとき，重り W の降下速度を

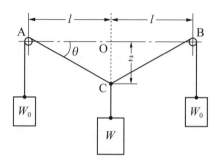

図 5.9　滑車を介して鉛直方向に移動する重り

5.2 質点系のエネルギー　　209

降下距離 z の関数として求めよ．また，釣合の位置 z_0 を求めよ．

解　重り W が初めの位置から z だけ降下したときに，失う位置エネルギーは Wz，そのときの速度を $v=\dot{z}$ とすれば，得られる運動エネルギーは $Wv^2/(2g)$ である．そこで，中央の重り W の位置 z における力学エネルギー E_1 は

$$E_1 = -Wz + \frac{W}{2g}v^2 \tag{5.38}$$

このとき，重り W_0 は $\overline{AC} - \overline{AO} = \sqrt{l^2+z^2} - l$ だけ上昇し，速度は，上方向で $-v\sin(\theta) = \dfrac{-zv}{\sqrt{l^2+z^2}}$ であるから，両側の2個の重りの力学エネルギー E_2 は

$$E_2 = 2W_0(\sqrt{l^2+z^2} - l) + \frac{1}{2}\frac{2W_0}{g}\frac{v^2z^2}{l^2+z^2} \tag{5.39}$$

策が初めの状態にあるときの位置エネルギーを0として基準にとってあり，そのとき系は静止しており運動エネルギーが0であるから，エネルギー保存則より，$E_1 + E_2 = 0$．この式に式(5.38)と式(5.39)を代入して速度 v を求めれば

$$v = \sqrt{\frac{2g(l^2+z^2)(Wz - 2W_0(\sqrt{l^2+z^2} - l))}{2W_0z^2 + W(l^2+z^2)}} \tag{5.40}$$

1.2.2項3)において式(1.118)〜(1.121)に関して述べたように，力がポテンシャル U から導かれる場合には，力の釣合条件は $\delta U = 0$ であり，U が極値をとる位置が釣合の位置である．また図5.4から明らかなように，U が極小となる位置は安定な釣合の位置である．いま，重り W が z だけ下がった位置における系の位置エネルギー U は $U = 2W_0(\sqrt{l^2+z^2} - l) - Wz$ であるから，U が極小となる位置 $z = z_0$ では，$\dfrac{dU}{dz} = \dfrac{2W_0z_0}{\sqrt{l^2+z_0^2}} - W = 0$ になる．この式から

$$z_0 = \frac{lW}{\sqrt{4W_0^2 - W^2}} \tag{5.41}$$

また，$\dfrac{d^2U}{dz^2} = \dfrac{2W_0l^2}{(l^2+z^2)^{3/2}} > 0$ であるから，z_0 は安定な釣合の位置である．

（17-5）　重さ 200 kgf の物体をジャッキで 15 cm 持ち上げるときの仕事を求め

よ．ただし，ねじの有効径は 18 mm，ピッチは 4 mm，ねじ面の動摩擦係数は 0.2 である．

解 図 5.10 は，ねじの有効円周面の平面展開図である．この図から有効円周面上の斜め上方への移動距離は，$15/\sin(\theta)$ cm であるから，この移動でなされる仕事 W は

$$W = 200 \cdot 15 + 200 \cos(\theta) \cdot 0.2 \cdot \frac{15}{\sin(\theta)} = 3\,000(1 + 0.2 \cot(\theta))$$

$$= 3\,000\left(1 + 0.2 \cdot \frac{1.8\pi}{0.4}\right) \text{kgf·cm} = 114.8 \text{ kgf·m} \qquad (5.42)$$

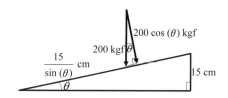

図 5.10 ねじの有効円周面の平面展開図

(17-6) 車両の総重量 1 tf の自動車が水平な路面上を時速 50 km/h で走行している．このときの路面の転がり摩擦抵抗と空気抵抗による抵抗力は重量の 5 % である．エンジンが供給している動力は何 PS か．

解 $P_w = 10^3 \text{ [kgf]} \times 0.05 \times 50\,000 \text{ [m/h]}/3\,600 \text{ [s/h]}/(75 \text{ [(kgf·m/s)/PS]})$

$= 9.26 \text{ PS}$ \hfill (5.43)

(17-7) ベルトが半径 20 cm のプーリを回し 10 kW の動力を伝えている．プーリの回転速度は毎分 600 回転である．ベルト両端の張力の差 F を求めよ．

解 $F \times (2\pi \times 0.2 \text{ [m]}) \times \dfrac{600}{60} \text{ [rps]} = 10 \times 102 \text{ [(kgf·m/s)/kW]}$ より

$F = 81.2 \text{ [kgf]} = 796.3 (= 81.2g) \text{ [N]}$ \hfill (5.44)

(17−8) 図 **5.11** に示すエレベータを動かすのに 10 kW のモーターが用いられている．エレベータが上昇しているとき，速度 1.2 m/s の時点における可能な最大上昇加速度 a を求めよ．

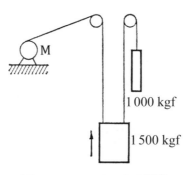

図 5.11 エレベータの運動

解 10 kW のモータが速度 1.2 m/s の時点で出しうる最大出力は 10〔kW〕× 102〔(kgf·m/s)/kW〕/1.2〔m/s〕＝850〔kgf〕であるから

$$\frac{1\,500}{g}(g+a)-\frac{1\,000}{g}(g-a)=850$$

この式より最大上昇加速度は

$$a=0.14g=1.373 \text{ m/s}^2 \tag{5.45}$$

(17−9) 質点に働く力が $X=axy$, $Y=(ax^2+by^2)/2$ で与えられるとき，この力が保存力であることを調べて，そのポテンシャル U を求めよ．

解 $X=-\dfrac{\partial U}{\partial x}=axy$ より，$U=-\dfrac{1}{2}ax^2y+f(y)$．

また $Y=-\dfrac{\partial U}{\partial y}=\dfrac{1}{2}(ax^2+by^2)$ より，$U=-\dfrac{1}{2}ax^2y-\dfrac{1}{6}by^3+p(x)$．

これら両式を同時に満足するためには，$f(y)=-\dfrac{1}{6}by^3$, $p(x)=0$ でなければならない．したがってポテンシャル U は

212 第5章 エネルギー原理

$$U=-\frac{1}{2}ax^2y-\frac{1}{6}by^3 \tag{5.46}$$

このようにポテンシャルを求めることができるのは，力 $(X,\ Y)$ が保存力であることを示す．

$(17-10)$ 質点に働く力 $\boldsymbol{F}(X,\ Y)$ の成分が $X=axy$，$Y=by^2/2$ で与えられるとき，質点が点 A$(r,\ 0)$ から B$(0,\ r)$ まで半径 $r=\sqrt{x^2+y^2}$ の円弧上を運動する場合と直線 AB に沿って動く場合に力がなす仕事を求めよ．

解 ① 半径 r に沿って動くとき： $\boldsymbol{r}=(r,\ \theta)$ とおけば，$x=r\cos(\theta)$，$y=r\sin(\theta)$ であるから，$d\boldsymbol{r}=(dx,\ dy)=(r(d\cos(\theta)),\ r(d\sin(\theta)))=(-r\sin(\theta)d\theta,\ r\cos(\theta)d\theta)$.

また

$$X=axy=ar^2\sin(\theta)\cos(\theta), \qquad Y=\frac{b}{2}r^2\sin^2(\theta) \tag{5.47}$$

したがって，仕事量は

$$\begin{aligned}
W&=\int_0^{\pi/2}\boldsymbol{F}\cdot d\boldsymbol{r}=\int_0^{\pi/2}(X\cdot dx+Y\cdot dy)\\
&=\int_0^{\pi/2}\left(-ar^3\sin^2(\theta)\cos(\theta)+\frac{b}{2}r^3\sin^2(\theta)\cos(\theta)\right)d\theta\\
&=\int_0^{\pi/2}\left(-a+\frac{b}{2}\right)r^3\sin^2(\theta)d(\sin(\theta))=\frac{1}{3}\left(-a+\frac{b}{2}\right)r^3[\sin^3(\theta)]_0^{\pi/2}\\
&=\frac{r^3}{6}(b-2a) \tag{5.48}
\end{aligned}$$

② 直線 AB $(y=-x+r)$ に沿って動くとき： 仕事量は

$$W=\int_{(r,\ 0)}^{(0,\ r)}(Xdx+Ydy)=\int_r^0 ax(-x+r)dx+\int_0^r\frac{1}{2}by^2dy=\frac{r^3}{6}(b-a) \tag{5.49}$$

$(17-11)$ 杭を打つハンマは，毎回杭から同じ高さだけ上げられて重力によって落下する．第1撃で 15 cm，第2撃で 13 cm 入った．抵抗が深さの1次式で表

5.2 質点系のエネルギー　213

されると仮定して，第5撃までに撃ち込まれる総深さを求めよ．

解　抵抗を $F = ax + b$ とすれば

$$\int_0^{15}(ax+b)dx = \int_{15}^{28}(ax+b)dx \ \rightarrow \ \left[\frac{ax^2}{2}+bx\right]_0^{15} - \left[\frac{ax^2}{2}+bx\right]_{15}^{28} = 0$$

$$\rightarrow \ b = 83.5a \tag{5.50}$$

式(5.50)から，$F = a(x-83.5)$．n 回目までの総深さを x_n とすれば

$$\int_0^{15}a(x-83.5)dx = \frac{a}{2}[x^2+167x]_0^{15} = \int_{x_{n-1}}^{x_n}a(x-83.5)dx = \frac{a}{2}[x^2+167x]_{x_{n-1}}^{x_n} \tag{5.51}$$

式(5.51)から

$$x_n{}^2 + 167x_n - (x_{n-1}{}^2 + 167x_{n-1} + 2\,730) = 0 \tag{5.52}$$

式(5.52)を，x_n を未知数とする2次方程式と見れば，根の公式より

$$x_n = \frac{-167 + \sqrt{27\,889 + 4(x_{n-1}{}^2 + 167x_{n-1} + 2\,730)}}{2} \tag{5.53}$$

式(5.52)は x_n に関する漸化式であり，これに $x_1 = 15\,\mathrm{cm}$ を代入すれば，次々に下記の総深さが得られる．

$$x_1 = 15\,\mathrm{cm}, \qquad x_2 = 28\,\mathrm{cm}, \qquad x_3 = 38.6\,\mathrm{cm}, \qquad x_4 = 49\,\mathrm{cm}, \qquad x_5 = 59\,\mathrm{cm}.$$

（17－12）　中心軸 O を水平に置かれた半径 r の円柱に巻き付けた糸の端に質点 M が取り付けてある．初め円柱の最下点 A にあった糸の端が解けて質点が運動を始めた．糸が円周上の点 B（中心角 θ）まで解けたときの質点の速度と糸の張力を求めよ．

解　質点 M の初期からの鉛直方向の降下距離 x は，**図5.12** に示すように

$$x = r\cos(\theta) + r\theta\sin(\theta) - r \tag{5.54}$$

降下によって増加した位置エネルギーはすべて運動エネルギーに変化するから

$$(T=)\frac{1}{2}Mv^2 = (U=)Mgx \tag{5.55}$$

式(5.55)に式(5.54)を代入すれば，質点 M の速度 v は

$$v = \sqrt{2gx} = \sqrt{2gr(\cos(\theta) + \theta\sin(\theta) - 1)} \tag{5.56}$$

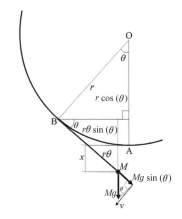

図 5.12 円柱に巻きつけた質点 M 付き糸

糸の張力 T は質点 M の点 B 回りの遠心力 $Mv^2/(r\theta)$ と重力の糸方向成分 $Mg\sin(\theta)$ の和になるから，式(5.56)を用いれば

$$T = M\frac{v^2}{r\theta} + Mg\sin(\theta) = Mg\left(3\sin(\theta) + 2\frac{\cos(\theta)-1}{\theta}\right) \tag{5.57}$$

（17-13） 図 5.13 に示すように，鉛直な棒にはめ込んだ重さ W の滑りこ B と固定点 A が剛性 K のばねで連結されている．初めに，ばね AB が水平である位置に滑りこを支持しておく．滑りこを離したのち，水平の位置から h の点まで落下したときの速度を求めよ．ただし，滑りこと棒の間には摩擦がないとする．ま

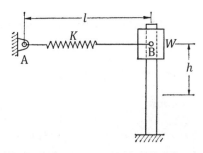

図 5.13 鉛直下方に落下する滑りこ

5.2 質点系のエネルギー 215

た，ばねの自然の長さを $l_0(<l)$ とする．

解 初めの位置における状態

ばねの伸び： $l-l_0$,

ばねの弾性エネルギー： $U_{e1}=K(l-l_0)^2/2$

位置エネルギー： $U_{g1}=0$

ポテンシャルエネルギー： $U_1=U_{e1}+U_{g1}=K(l^2+l_0{}^2-2ll_0)/2$

運動エネルギー： $T_1=0$

h まで落下した位置における状態

ばねの伸び： $\sqrt{l^2+h^2}-l_0$

ばねの弾性エネルギー： $U_{e2}=K(\sqrt{l^2+h^2}-l_0)^2/2$

$\qquad\qquad\qquad\qquad\qquad =K(l^2+l_0{}^2+h^2-2l_0\sqrt{l^2+h^2})/2$

位置エネルギー： $U_{g2}=-Wh$

ポテンシャルエネルギー： $U_2=U_{e2}+U_{g2}$

運動エネルギー： $T_2=Wv^2/(2g)$

力学エネルギー保存則： $U_1+T_1=U_2+T_2$

より

$$\frac{1}{2}\frac{W}{g}v^2=\frac{1}{2}K(l^2+l_2{}^2-2ll_0)-\frac{1}{2}K(l^2+l_0{}^2+h^2-2l_0\sqrt{l^2+h^2})+Wh \qquad \rightarrow$$

$$v=\sqrt{\frac{gK}{W}(2l_0(\sqrt{l^2+h^2}-l)-h^2)+2gh} \qquad\qquad (5.58)$$

(17-14) 地球上の高度 600 km の地点から，初速度 36 000 km/h で地球の表面に平行な方向に衛星が打ち出される．この衛星が到達しうる最高の高度を求めよ．また，この衛星が軌道を運行中に地球の表面に 250 km より近付かないための，打ち上げ角度の最大許容誤差を求めよ．ただし，地球の半径は 6 370 km である．

解 地球の質量を M〔kg〕，衛星の質量を m〔kg〕，万有引力定数を G〔kg^{-1}〕とする．また，地球中心から高度 600 km までの距離を r_0，初速度を v_0，地球中心からの最大到達距離を r_1，そのときの速度を v_1 とすると，力学エネルギー保

216 第5章 エネルギー原理

存則 $T+U=$ 一定より

$$\frac{1}{2}mv_0{}^2-\frac{GmM}{r_0}=\frac{1}{2}mv_1{}^2-\frac{GmM}{r_1} \tag{5.59}$$

衛星の打ち上げ時と最高点到達時共に速度は地球表面に平行であり，角運動量は保存されるから

$$r_0mv_0=r_1mv_1 \ \rightarrow \ v_1=v_0\frac{r_0}{r_1} \tag{5.60}$$

式(5.60)を式(5.59)に代入して

$$\frac{1}{2}v_0{}^2\left(1-\left(\frac{r_0}{r_1}\right)^2\right)=\frac{GM}{r_0}\left(1-\frac{r_0}{r_1}\right) \ \rightarrow \ 1+\frac{r_0}{r_1}=\frac{2GM}{r_0v_0{}^2} \tag{5.61}$$

地球の半径は $R=6\,370$ km であるから，$r_0=(0.637+0.06)\times10^7=0.697\times10^7$ m. $v_0=36\,000$ km/h$=1.00\times10^4$ m/s. $mg=GmM/R^2$ であるから，$GM=gR^2=9.807\times(0.637\times10^7)^2=3.979\times10^{14}$ m^3/s^2.

これらの数値を式(5.61)に代入して

$$r_1=r_0/\left(\frac{2GM}{r_0v_0{}^2}-1\right)=0.697\times10^7/\left(\frac{2\times3.979\times10^{14}}{0.697\times10^7\times(1.0\times10^4)^2}-1\right)$$

$$=4\,917\times10^7 \text{ m} \tag{5.62}$$

式(5.62)より，最高高度は

$$(4.917-0.637)\times10^7=4.280\times10^7 \text{ m}=42\,800 \text{ km} \tag{5.63}$$

衛星を地表に平行な方向から φ_0 の角度に打ち上げるとする．衛星が地球に最も近づいた（$r=r_{min}$）ときには衛星の速度は最大（$v=v_{max}$）でかつ地球表面に平行であり，地球表面に平行な速度成分の角運動量は保存されるから

$$r_0mv_0\cos(\varphi_0)=r_{min}mv_{max} \tag{5.64}$$

式(5.64)より

$$v_{max}=v_0\frac{r_0}{r_{min}}\cos(\varphi_0) \tag{5.65}$$

力学エネルギー保存則より

$$\frac{1}{2}mv_0{}^2-\frac{GmM}{r_0}=\frac{1}{2}mv_{max}{}^2-\frac{GmM}{r_{min}} \tag{5.66}$$

式(5.66)に式(5.65)を代入して

$$\frac{1}{2}v_0^2\left(\left(\frac{r_0}{r_{\min}}\right)^2\cos^2(\varphi_0)-1\right)=\frac{GM}{r_0}\left(\frac{r_0}{r_{\min}}-1\right) \tag{5.67}$$

$\dfrac{r_0}{r_{\min}}=\dfrac{0.697\times 10^7}{(0.637+0.025)\times 10^7}=1.053$ であるから,式(5.67)に与えられた数値を用いれば

$$\frac{1}{2}\times(1.00\times 10^4)^2\times(1.053^2\cos^2(\varphi_0)-1)=\frac{3.979\times 10^{14}}{0.697\times 10^7}\times(1.053-1) \tag{5.68}$$

式(5.68)から $\cos(\varphi_0)=0.978$. すなわち,打ち上げ角度の最大許容誤差は

$$\varphi_0=\pm 12.0° \tag{5.69}$$

(17−15) 密度 ρ,半径 R の中実球体(質量 M)による万有引力のポテンシャルを求めよ.

解 中実球体の極座標を図 **5.14** に示すようにとる.

点 P(中心 O からの距離 r')にある微小体積部分 $dV=r'^2\sin(\theta)\cdot d\theta d\varphi dr'$ による z 軸上の点 A(中心 O からの距離 r)のニュートンポテンシャルは(前述問

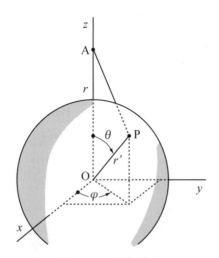

図 **5.14** 中実球体による万有引力のポテンシャル

218　　第5章　エネルギー原理

題（12—4）の（注）と式(5.12)参照）

$$dU = \frac{-G\rho dV}{\overline{AP}} = \frac{-G\rho r'^2 \sin(\theta) \cdot d\theta d\varphi dr'}{\sqrt{r^2 + r'^2 - 2rr'\cos(\theta)}} \tag{5.70}$$

式(5.70)を球全体について積分すれば，$-\sin(\theta) = d(\cos(\theta))$ であり，中実球体の質量が $M = \dfrac{4}{3}\rho\pi R^3$ であるから

$$\begin{aligned}
U &= \int_0^R \int_0^{2\pi} \int_0^{\pi} dU = -\int_0^R \int_0^{2\pi} \int_0^{\pi} \frac{G\rho r'^2 \sin(\theta) \cdot d\theta d\varphi dr'}{\sqrt{r^2 + r'^2 - 2rr'\cos(\theta)}} \\
&= G\rho \int_0^R r'^2 \left(\int_0^{2\pi} \left(\int_1^{-1} \frac{d(\cos(\theta))}{\sqrt{r^2 + r'^2 - 2rr'\cos(\theta)}} \right) d\varphi \right) dr' \\
&= G\rho \int_0^R r'^2 \left(\int_0^{2\pi} \left[2 \cdot \frac{-1}{2rr'} \left(\sqrt{r^2 + r'^2 - 2rr'\cos(\theta)} \right) \right]_{\cos\theta=1}^{\cos\theta=-1} d\varphi \right) dr' \\
&= -\frac{G\rho}{r} \int_0^R r'^2 \left(\int_0^{2\pi} 2 d\varphi \right) dr' = -\frac{G}{r} \frac{4}{3} \rho\pi R^3 = -\frac{GM}{r} \tag{5.71}
\end{aligned}$$

式(5.71)より，中実球体（例えば地球）の万有引力のポテンシャルは，球体の全質量 M が中心 O に集中した質点 M のそれに等しいことが分かる．

第6章 運動量と角運動量

6.1 質点の運動量と力積

運動の法則 $M\dot{\boldsymbol{v}}=\boldsymbol{F}$（式(3.1)）を $t=0$ から $t=\tau$ まで時間で積分すると

$$(M\boldsymbol{v})_{t=\tau}-(M\boldsymbol{v})_{t=0}=\int_0^\tau \boldsymbol{F}dt \tag{6.1}$$

第3章で定義したように，式(6.1)左辺の量 $M\boldsymbol{v}$ を**運動量**と言う．また，式(6.1)右辺は，時間 τ の間に作用した力の蓄積であり，これを**力積**と言う．すなわち，"**運動量の時間変化はその間に作用した力積に等しい.**"この表現は，第3章で式(3.3)に関して述べた"**運動量の時間変化の割合は作用する力に等しい,**"と言う記述と意味が同一である．

運動の法則を空間で積分するとエネルギー原理が導かれることは前章で述べた（式(5.2)）が，運動の法則を時間で積分すると式(6.1)のように運動量と力積の関係が導かれる．

衝突・爆発・打撃などのように，極めて大きい力（撃力）が瞬間的に作用する場合には，力の時々刻々の変動値を定量として把握しにくいので，時間の関数である運動方程式を作成し解いて運動の様相を調べることは難しい．しかし，撃力が働いた結果生じる運動の変化だけを問題にする場合には，力の効果を力積で考えればその手掛かりが得られる．例えば**図6.1**のように砲弾を発射する場合には，大きい爆発力 $F(t)$ が瞬間的に弾丸と砲身に作用する．それぞれの重さを W_1，W_2，速度を v_1，v_2 として力が作用している全時間の力積を考えれば

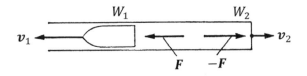

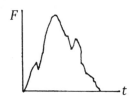

図 6.1 撃力と力積

$$\frac{W_1}{g}v_1 = \frac{W_2}{g}v_2 = \int F dt \tag{6.2}$$

式(6.2)から $v_1/v_2 = W_2/W_1$ の関係が得られる．

次に，質量 M_1, M_2 の2つの球が同じ直線上を運動して衝突する場合を考える．衝突前後のそれぞれの速度を $\boldsymbol{v}_1$, $\boldsymbol{v}_1'$, $\boldsymbol{v}_2$, $\boldsymbol{v}_2'$ とすれば，接触中の両球に作用する力は作用反作用の法則より $\boldsymbol{F}$, $-\boldsymbol{F}$ であるから，

$$M_1(\boldsymbol{v}_1' - \boldsymbol{v}_1) = \int \boldsymbol{F} dt = -M_2(\boldsymbol{v}_2' - \boldsymbol{v}_2) \tag{6.3}$$

すなわち

$$M_1\boldsymbol{v}_1' + M_2\boldsymbol{v}_2' = M_1\boldsymbol{v}_1 + M_2\boldsymbol{v}_2 \tag{6.4}$$

式(6.4)は，衝突の前後で運動量の和が変らないことを意味する．2つの球が衝突する前の速度を与えて後の速度を求めるためには，式(6.4)のほかにもう1つの関係が必要である．この関係を厳密に導くためには，接触中の各球の変形と運動を刻々追跡しなくてはならないが，これは困難なので，その代わりに**跳返りの係数**を実験により求め，これを使用する．球が固定表面に落下して跳ね返る場合の跳返りの係数 e は，その前後の速度 v と v' を測定して両者の比をとり，次式のように定義される．

$$e = -\frac{v'}{v} \tag{6.5}$$

定義式(6.5)右辺に負号が付くのは，固定平面に衝突する前後の速度が必ず逆方向になるためである．$e=1$ の場合を**完全弾性衝突**と言い，衝突前後の速さは変わらない．一方，$e=0$ の場合は**完全非弾性衝突**と言い，2物体は融合し一体となって跳ね返りを生じない．実際には $0<e<1$ の場合が多く，e は2物体の種類で決まる．

ショアの硬さ試験機は，ダイヤモンドの球を一定の高さから金属面に落し，その跳返りの高さによって，その金属の硬さを測定している．硬さが硬いほど跳返りの係数は大きく，跳返り後の高さは高い．

2球の衝突では，式(6.5)を拡張し相対速度を考えて

$$e=-\frac{v_1'-v_2'}{v_1-v_2} \tag{6.6}$$

のように跳返りの係数を定義する．これは2球の分離速度の接近速度に対する比である．

式(6.4)と式(6.6)から衝突後の速度を求めると

$$v_1'=v_1-\frac{M_2}{M_1+M_2}(1+e)(v_1-v_2), \qquad v_2'=v_2+\frac{M_1}{M_1+M_2}(1+e)(v_1-v_2) \tag{6.7}$$

また，式(6.7)から衝突後の運動エネルギーを求めると

$$\frac{1}{2}M_1v_1'^2+\frac{1}{2}M_2v_2'^2=\frac{1}{2}M_1v_1^2+\frac{1}{2}M_2v_2^2-\frac{1}{2}\frac{M_1M_2}{M_1+M_2}(1-e^2)(v_1+v_2)^2 \tag{6.8}$$

式(6.8)右辺第3項が衝突による力学エネルギーの損失を表す．$e=1$ の場合には力学エネルギーの損失がなく，衝突の前後で運動エネルギーの和が保存される．

衝突前の速度の方向が2球の中心を結ぶ直線上にない斜めの衝突を考える．**図6.2** のように，衝突の瞬間の両球の共通接線の方向を y 軸に，それに直角に x 軸（2球の中心を結ぶ直線）をとる．球が十分滑らかであるとすると，衝突のとき働く力の接線方向の成分は無視できるから，速度の y 方向成分は変化しないと考えてよい．速度の x 方向成分については1直線上の衝突と同じであり，式(6.7)が成立する．したがってここでは，速度の大きさを v_1，v_1'，v_2，v_2' とし，その方向

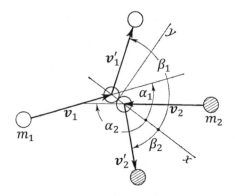

図 6.2 斜めの衝突

が x 軸となす角をそれぞれ α_1, β_1, α_2, β_2 とすれば

$$v_1' \sin(\beta_1) = v_1 \sin(\alpha_1), \qquad v_2' \sin(\beta_2) = v_2 \sin(\alpha_2) \tag{6.9}$$

$$\left.\begin{aligned} v_1' \cos(\beta_1) &= v_1 \cos(\alpha_1) - \frac{M_2}{M_1+M_2}(1+e)(v_1\cos(\alpha_1) - v_2\cos(\alpha_2)) \\ v_2' \cos(\alpha_2) &= v_2 \cos(\alpha_2) + \frac{M_2}{M_1+M_2}(1+e)(v_1\cos(\alpha_1) - v_2\cos(\alpha_2)) \end{aligned}\right\} \tag{6.10}$$

式 (6.9) と式 (6.10) から v_1', v_2', β_1, β_2 を求めることができる．完全弾性衝突 ($e=1$) の場合には相対速度の x 成分の大きさは衝突の前後で等しく，したがって，相対速度の大きさは衝突の前後で変化しない．もし両球の質量が等しい ($M_1=M_2$) ならば

$$v_1' \cos(\beta_1) = v_2 \cos(\alpha_2), \qquad v_2' \cos(\beta_2) = v_1 \cos(\alpha_1) \tag{6.11}$$

となり，衝突によって速度の成分は交換される．特にビリヤードの例に見られるように，静止した球に同じ質量の球が正面ではなく斜めに浅く当たる場合には，図 6.3 に示すように，v_1' は衝突時の両球の接触面の接線方向，v_2' はそれから直角な方向（衝突時の両球の中心を結ぶ方向）になり，衝突後の両球の速度は互いに直交する．

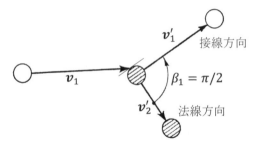

図 6.3　同一質量の球の斜めの衝突

6.2　質点系の運動量と角運動量

6.2.1　運動量の法則とその保存則

質点系の運動量はそれを構成する各質点の運動量の総和に等しいから，式(5.19)の関係を用いて

$$P = \sum_i p_i = \sum_i M_i v_i = \sum_i M_i \dot{r}_i = M \cdot \dot{r}_g \tag{6.12}$$

したがって式(5.20)から

$$\frac{dP}{dt} = F \tag{6.13}$$

すなわち，"質点系の運動量の時間変化の割合は系に働く外力の総和に等しく，外力が働かない質点系では運動量は一定に保たれる"．これは質点系の**運動量の法則**および**運動量保存則**である．このことが慣性の法則（ニュートンの第1法則）と運動の法則（ニュートンの第2法則）の別表現であることは，式(3.3)を説明する際にすでに述べた．

さて，これまでは質点系として互いに孤立した質点の集まりを考えたが，質点と見なされる微小部分が連続的に分布していると考えられる一般の物体（固体・液体・気体など）の場合には，和を積分に置き換えればよい．衝突の問題では，衝突の前後で運動量の和は変わらないことを知ったが，この運動量保存則からだけでも，質点系の問題の結論が得られる場合がある．

図 6.4 に示すように，噴流が壁に垂直に当たるとき，壁が受ける力を求めてみる．噴流の速度は一様に v であり，壁は力 F を受けて一様な速度 u で動くとする．流体の比重量を γ，噴流の断面積を a とすると，壁に衝突する質量は単位時間あたり $\gamma a(v-u)/g$ である．衝突後の流体は壁に沿って流出すると仮定すれば，流体の壁に垂直な方向の速さは v から u に変化するから，単位時間あたりの流体の運動量の変化は，$\gamma a(v-u)/g \times (u-v)$ になる．これは流体が壁から受ける力 $-F$ に等しいから，噴流が壁を押す力の大きさは

$$F = \frac{\gamma}{g} a(v-u)^2 \qquad (6.14)$$

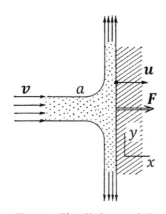

図 6.4 壁に衝突する噴流

飽和水蒸気中を落下する水滴は，微小な浮遊水滴と衝突し一体となって，次第に質量を増しながら落下していく．燃焼ガスを噴出しながら運動するロケットは，運動中連続的にその質量を減少する．このように時間の経過と共に質量が変わる物体の運動は，連続的に非弾性衝突あるいはその逆の過程が行われる質点系の問題として考えることができる．

簡単のために運動を 1 次元とし，任意の時刻 t における物体の質量を M，速度を v，時刻 $t+dt$ における速度を $v+dv$，微小時間 dt の間に増加した質量を dM，これが物体に付着する直前に持っていた速度を u とする．微小時間 dt の間に増

6.2 質点系の運動量と角運動量 225

加した運動量は，2 次微小量 $dM \cdot dv \to 0$ とおけば

$$(M+dM)(v+dv)-(Mv+dM \cdot u) \simeq Mdv+dM(v-u) \qquad (6.15)$$

式(6.15)を dt で割れば運動量の時間変化の割合が求められるから，作用している外力を F とすると，運動量の法則は

$$M\frac{dv}{dt}+(v-u)\frac{dM}{dt}=F \qquad \text{すなわち} \qquad \frac{d(Mv)}{dt}=F+\frac{dM}{dt}u \qquad (6.16)$$

質量が減少する場合にも，離れ去る質量の離れ去るときの速度を u' とすれば，u を u' で置き換えた同じ形の式が成立する．式(6.16)右式の右辺第 2 項に示すように，付着や分離する運動量分に相当する力が余分に働くと考えればよい．

6.2.2 角運動量の法則とその保存則

質点系内の各質点について，運動方程式 $M_i\ddot{r}_i=F_i$ とその質点の位置ベクトル r_i のベクトル積を作り，全質点について加え合わせると

$$\sum_i(r_i\times M_i\ddot{r}_i)=\sum_i(r_i\times F_i) \qquad (6.17)$$

式(6.17)右辺の F_i には外力と内力の両方が含まれている．しかし任意の 2 質点間に作用する内力は互いに作用反作用の関係にありそのモーメントの和は 0 になるから，内力のモーメントの総和は 0 である．したがって式(6.17)右辺は外力のみのモーメントの和に等しくなり，これを N と記す．一方，式(6.17)左辺の各項は

$$\frac{d}{dt}\left(r_i\times\frac{dr_i}{dt}\right)=\frac{dr_i}{dt}\times\frac{dr_i}{dt}+r_i\times\frac{d^2r_i}{dt^2}=r_i\times\frac{d^2r_i}{dt^2}$$

（同一ベクトル同士のベクトル積は 0）

の関係を用いると，$\dfrac{d}{dt}\left(r_i\times M_i\dfrac{dr_i}{dt}\right)$ と書ける．$r_i\times M_i\dfrac{dr_i}{dt}$ は各質点 M_i の原点 O 回りの角運動量 l_i である（角運動量は運動量のモーメントを意味する）から，その総和は**質点系の角運動量**である．これを L で表すと

$$L=\sum_i l_i=\sum_i\left(r_i\times M_i\frac{dr_i}{dt}\right) \qquad (6.18)$$

226 　第6章　運動量と角運動量

したがって

$$\frac{dL}{dt}=\sum\left(M_i\frac{dr_i}{dt}\times\frac{dr_i}{dt}+r_i\times M_i\frac{d^2r_i}{dt}\right)=\sum(0+r_i\times F_i)=N \qquad (6.19)$$

　式(6.19)は，**"質点系の角運動量の時間変化の割合は系に働く外力モーメントの和に等しい．外力が作用しないか作用してもそのモーメントの和が0であれば，角運動量は保存される"**，ことを意味している．これは質点系の**角運動量の法則**および**角運動量保存則**である．

　力が中心力であるとき，力の中心に対する角運動量は一定に保たれる（式(4.113)参照）．例えば，太陽系全体の角運動量は保存されると考えられ，角運動量ベクトルの方向は不変線，それに直角な面は不変面と呼ばれる．原子核や電子の角運動量（スピン）は原子の問題において基本的な役割をする．

　角運動量の法則は質点系全体としての回転運動を定める．いま，質点の運動を考えると，$L=M(r\times\dot{r})$，$N=r\times F$ となり，L と N は共に位置ベクトル r に垂直であるから，式(6.19)は r に垂直な平面内の運動を与える式である．言い換えると，角運動量の式は運動方程式を極座標で書いたときの方位角方向の運動方程式にほかならないことが分かる．例えば，単振子の運動方程式(4.20)左式の両辺に系の長さ l を乗じると式(6.19)の形になり，また惑星の運動方程式(4.112)右式は角運動量保存則にほかならない．

　質点系の運動を解析するには，重心の運動と重心に相対的な運動に分けて考えると都合が良いし，重心の運動は比較的簡単に求められる場合が多い．角運動量についても，重心の運動と重心回りの相対運動に分けて調べてみよう．重心の位置ベクトル r_g を原点とした各質点の位置ベクトルを r_i' とすれば，$r_i=r_g+r_i'$ と式(1.22)より，$\sum_i M_ir_i'=\sum M_ir_i-(\sum M_i)r_g=M\cdot r_g-M\cdot r_g=0$ であるから（5.2.1項）

$$L=\sum_i r_i\times M_i\frac{dr_i}{dt}=\sum_i M_i(r_g+r_i')\times\left(\frac{dr_g}{dt}+\frac{dr_i'}{dt}\right)$$

$$=(\sum_i M_i)\cdot\left(r_g\times\frac{dr_g}{dt}\right)+r_g\frac{\sum_i M_ir_i'}{dt}+\sum_i M_ir_i'\times\frac{dr_g}{dt}+\sum_i M_ir_i'\times\frac{dr_i'}{dt}$$

$$=(\sum_i M_i)\cdot\left(r_g\times\frac{dr_g}{dt}\right)+\sum_i M_ir_i'\times\frac{dr_i}{dt}=r_g\times M\frac{dr_g}{dt}+\sum_i r_i'\times M_i\frac{dr_i'}{dt}$$

$$= L_g + L' \tag{6.20}$$

式(6.20)において，L_g は全質量が重心にあると考えたときの原点回りの角運動量，L' は重心回りの角運動量であり，L はこれら両者の和になる．

また，外力の合力が重心に作用すると考えるときの原点に対するモーメントを N_g，重心回りの外力のモーメントの和を N' とすれば，原点回りの全外力のモーメント N は

$$N = \sum_i \boldsymbol{r}_i \times \boldsymbol{F}_i = \sum_i (\boldsymbol{r}_g + \boldsymbol{r}_i') \times \boldsymbol{F}_i = \boldsymbol{r}_g \times \sum_i \boldsymbol{F}_i + \sum_i \boldsymbol{r}_i' \times \boldsymbol{F}_i = N_g + N' \tag{6.21}$$

式(6.19)は，式(6.13)と同じようにニュートンの運動の法則と作用反作用の法則だけから導かれるから，すべての慣性系に対して成立する方程式である．慣性系では重心の運動に対して

$$\frac{d\boldsymbol{L}_g}{dt} = N_g \tag{6.22}$$

が成立するから，式(6.19)を式(6.20)と式(6.21)で書き直した式から式(6.22)を差し引くと

$$\frac{d\boldsymbol{L}'}{dt} = N' \tag{6.23}$$

が得られる．これは式(6.19)と全く同形の式であり，重心を原点とし回転運動をする運動座標系（**重心系**と呼ばれる）では，角運動量の法則は慣性系の場合と全く同じ形に書き表されることが分かる．

さて，式(5.20)（3次元空間では3個の式）によって重心の運動が決まり，式(6.23)（3次元空間では互いに別の3個の式）は質点系全体の重心回りの回転運動を定める方程式であるが，これら外力のみが関係する6個の運動方程式からは一般に質点系の運動は定まらず，これを定めるためにはほかに内力を含む式が必要である．しかし剛体の場合には，剛体を構成する質点間の距離が不変であるから，剛体の運動（自由度6）は内力を考えないで式(5.20)と式(6.19)あるいは式(6.23)だけから完全に決定することができる．この理由から，角運動量の法則が特に有用なのは剛体（あるいは剛体と見なすことができる物体）の回転運動の場合である．

228   第6章　運動量と角運動量

6.2.3　2 体 問 題

2個の質点 M_1，M_2 が互いに力 $\boldsymbol{F}_{12}$，$\boldsymbol{F}_{21}(=-\boldsymbol{F}_{12})$ を及ぼし合う場合の運動を考えよう．外から力が作用しないこの場合を **2体問題** と言う．このときそれぞれの質点の運動方程式は

$$M_1\ddot{\boldsymbol{r}}_1=\boldsymbol{F}_{12}, \qquad M_2\ddot{\boldsymbol{r}}_2=\boldsymbol{F}_{21} \tag{6.24}$$

重心の位置ベクトル $\boldsymbol{r}_g$ は式(1.22)より

$$M_1\boldsymbol{r}_1+M_2\boldsymbol{r}_2=(M_1+M_2)\boldsymbol{r}_g=M\boldsymbol{r}_g \tag{6.25}$$

式(6.25)を考慮して式(6.24)の両式を加えれば

$$M\ddot{\boldsymbol{r}}_g(=\boldsymbol{F}_{12}+\boldsymbol{F}_{21})=0 \tag{6.26}$$

式(6.26)は，2体問題では重心が等速直線運動をすることを意味する．これに加えて2質点の相対運動を求めれば，系の運動が完全に決まる．相対位置を

$$\boldsymbol{r}'=\boldsymbol{r}_2-\boldsymbol{r}_1 \tag{6.27}$$

として，式(6.24)の両式をそれぞれ M_1 と M_2 で除して差をとれば，運動方程式

$$\mu\ddot{\boldsymbol{r}}'=\boldsymbol{F}_{21} \tag{6.28}$$

が得られる．ここで $\mu=\dfrac{M_1M_2}{M_1+M_2}$ であり，これを **換算質量** と呼ぶ．相対運動は，一方の質点を固定して考え，質量をこの換算質量で置き換えた他方の質量が同じ力（中心力）の下に動く運動と等しいことが分かる．4.2節では太陽を不動の固定点として惑星の運動を考えたが，惑星の太陽に対する相対運動は，厳密には式(4.115)左式の m の代りに換算質量 $mM/(m+M)$ を用いなければならない．この結果は，太陽の質量が $M+m$ になったときの運動に等しい（$\dfrac{mM}{m+M}(\ddot{r}-r\dot{\theta}^2)$ $=-\dfrac{GmM}{r^2} \rightarrow m(\ddot{r}-r\dot{\theta}^2)=-\dfrac{Gm(M+m)}{r^2}$）から，$M$ の代りに $M+m$ と書き換えれば，4.2節に示した結果はそのまま成立する．しかし，例えば地球と太陽の場合にはそれらの質量の比は約 3×10^{-6} でありほとんど補正する必要がないが，地球と月の相対運動の場合にはこれを無視することはできない．α 粒子や中性子が原子核に当る衝突は，十分離れていると力が作用せず，互いに近づいて力を及

6.2 質点系の運動量と角運動量 229

ぼし合った後に再び離れていく 2 粒子の衝突である．この場合の相対運動も式 (6.28)によって調べることができる．

[問題 18]

(18-1) 重さ $W=10\,\mathrm{N}$ の物体に $F=F_0\sin\pi(t/\tau)(F_0=2\,000\,\mathrm{N})$ で表される力が $t=0$ から $t=\tau(\tau=0.1\,\mathrm{s})$ まで作用した．初め静止していた物体の最後の時点 $t=\tau$ における速度 v はいくらか．

解 運動量の増加は

$$\frac{W}{g}v=\int_0^\tau F_0\sin\left(\pi\frac{t}{\tau}\right)dt=\frac{\tau}{\pi}F_0\left[-\cos\left(\pi\frac{t}{\tau}\right)\right]_0^\tau=\frac{2\tau}{\pi}F_0 \qquad (6.29)$$

ゆえに

$$v=\frac{2\tau gF_0}{\pi W}=\frac{2\times0.1\times9.807\times2\,000}{3.142\times10}=124.9\,\mathrm{m/s}$$

(18-2) 鋼球を高さ $h=60\,\mathrm{cm}$ から水平な面に落したところ，$h'=15\,\mathrm{cm}$ まで跳ね返った．跳返りの係数はいくらか．また，運動エネルギーの損失の割合はいくらか．

解 鋼球の質量を M とすれば，力学エネルギー保存則より $Mv^2/2=Mgh$．これから，衝突時の速度は $v=\sqrt{2gh}$，跳返りの速度は $v'=\sqrt{2gh'}$．したがって，跳返りの係数 e は

$$e=-\frac{v'}{v}=\sqrt{\frac{h'}{h}}=\sqrt{\frac{15}{60}}=0.5 \qquad (6.30)$$

運動エネルギーの損失の割合は

$$\left(\frac{1}{2}v^2-\frac{1}{2}v'^2\right)\Big/\frac{1}{2}v^2=1-e^2=0.75 \qquad (6.31)$$

(18-3) 本体の質量 M のロケットが単位時間あたり質量 λ の燃焼ガスをロケットに相対的に速度 u_0 で噴出しながら，地上における静止の位置から鉛直上

230   第6章　運動量と角運動量

方に推進する．ただし，最初に質量 m_0 の燃料を本体に付加注入して内蔵し発射する（発射時：$t=0$ におけるロケットの総重量：$m=M+m_0$）．燃料がなくなるときの速度と上昇距離を求めよ．

解　発射後の時刻 t におけるロケットの速度を $v(t)$ とする．噴出するガスの絶対速度は鉛直上方に $v-u_0$ である．鉛直上向きに座標軸 z をとり，空気抵抗はなく重力加速度は一定であるとすれば，式(6.16)右式から運動方程式は

$$\frac{d(mv)}{dt}=-mg+\frac{dm}{dt}(v-u_0) \quad \text{すなわち} \quad \frac{dv}{dt}=-\frac{dm}{dt}\frac{u_0}{m}-g$$

(6.32)

飛翔中のロケット本体と燃料を合わせた全体の質量 m は $m(t)=M+m_0-\lambda t$，$dm/dt=-\lambda$ であるから，式(6.32)より

$$\frac{dv}{dt}=\frac{\lambda u_0}{M+m_0-\lambda t}-g$$

(6.33)

式(6.33)を時間で積分すれば

$$v=\frac{dz}{dt}=\int_0^t\left(\frac{\lambda u_0}{M+m_0-\lambda t}-g\right)dt=[-u_0\log_e(M+m_0-\lambda t)-gt]_0^t$$

$$=-u_0\log_e(M+m_0-\lambda t)-gt+u_0\log_e(M+m_0)$$

$$=-u_0\log_e\left(\frac{M+m_0-\lambda t}{M+m_0}\right)-gt=-u_0\log_e\left(1-\frac{\lambda}{M+m_0}t\right)-gt \quad (6.34)$$

数学の公式 $\int\log_e(x)dx=x(\log_e(x)-1)$ を用いて式(6.34)を時間で積分すれば（過程は省略）

$$z=\frac{u_0}{\lambda}(M+m_0-\lambda t)\log_e(M+m_0-\lambda t)-\frac{u_0}{\lambda}(M+m_0)\log_e(M+m_0)$$

$$+u_0t(\log_e(M+m_0)+1)-\frac{1}{2}gt^2$$

(6.35)

燃料がなくなる時刻 $t=m_0/\lambda$ を式(6.35)に代入すれば，このときの速度 v_{fs} と上昇距離 z_{fs} は

$$v_{fs}=u_0\log_e\left(1+\frac{m_0}{M}\right)-\frac{gm_0}{\lambda}$$

(6.36)

$$z_{fs} = \frac{u_0}{\lambda}\left(m_0 - M\log_e\left(1 + \frac{m_0}{M}\right)\right) - \frac{g m_0^2}{2\lambda^2} \tag{6.37}$$

(18-4) 図 6.5 に示すように，滑車に糸をかけその両端に質量 $M_1 = 9\,\mathrm{kg}$, $M_2 = 11\,\mathrm{kg}$ の重りがそれぞれ吊り下げてある．この系の運動，糸の張力，滑車の軸に働く反力を求めよ．ただし，滑車の質量と摩擦は無視できるとする．

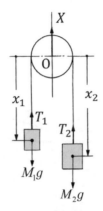

図 6.5　滑車にかけた糸両端の重り

解 滑車の中心 O を原点とし，鉛直下向きに x 軸をとる．滑車を含めた系に働く外力は，重力 $M_1 g$, $M_2 g$ と滑車の軸に作用する鉛直上向きの反力 X である．重りの重心の座標を x_1, x_2, 系の重心の座標を x_g とすれば，式(5.18)〜(5.20)より

$$M_1 \ddot{x}_1 + M_2 \ddot{x}_2 = (M_1 + M_2)\ddot{x}_g = M_1 g + M_2 g - X \tag{6.38}$$

中心点 O に関する系の角運動量の法則から

$$M_1 \ddot{x}_1 - M_2 \ddot{x}_2 = M_1 g - M_2 g \tag{6.39}$$

また，$x_1 + x_2 =$ 一定であるから

$$\dot{x}_1 + \dot{x}_2 = 0, \qquad \ddot{x}_1 + \ddot{x}_2 = 0 \tag{6.40}$$

これらの式から

$$\ddot{x}_1 = \frac{M_1 - M_2}{M_1 + M_2} g, \qquad \ddot{x}_g = \left(\frac{M_1 - M_2}{M_1 + M_2}\right)^2 g,$$

$$X = (M_1 g + M_2 g) - \frac{(M_1 - M_2)^2}{M_1 + M_2} g = \frac{4 M_1 M_2}{M_1 + M_2} g \tag{6.41}$$

糸と滑車の間には摩擦力が働かないから,糸の張力 T はどの部分でも等しく,$T = X/2$ である.

(18-5) 図 6.6 に示すように,鉛直軸回りに自由に回転できる曲管の先端から水が一様な相対速度 v_r で噴出するとき,この曲管の回転の角速度 ω を求めよ.

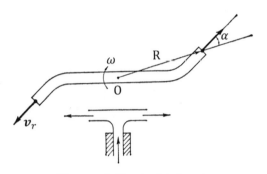

図 6.6 曲管から噴出する水

解 管の断面積を a とすれば,流量 Q は $Q = 2 a v_r$ である.したがって,単位時間あたりに噴出する水の鉛直軸 O の回りの角運動量は,水の比重量を γ とすれば

$$2 \frac{\gamma}{g} a v_r (v_r \sin(\alpha) - \omega R) R \tag{6.42}$$

入ってくる水の角運動量は 0 であるから,これは系に働く外力のトルクに等しくなければならない.いまの場合トルクは働かないから

$$2 \frac{\gamma}{g} a v_r (v_r \sin(\alpha) - \omega R) R = 0 \tag{6.43}$$

式 (6.43) から

6.2 質点系の運動量と角運動量　233

$$\omega = \frac{v_r \sin (\alpha)}{R} \tag{6.44}$$

(18-6)　質量 M の球が毎秒 n 個，壁に直角に速度 v で衝突して跳ね返る．跳ね返りの係数を e とすると，球が壁におよぼす平均の力 F はいくらか．

解　$(1+e)Mv \times n = F \times 1(s)$ の関係より

$$F = Mnv(1+e) \tag{6.45}$$

(18-7)　重さ 200 kgf のハンマを鉛直に 5 m 落下させて，重さ 50 kgf の杭を地中に打ち込むとき，杭はいくらの深さに打ち込まれるか．また力学エネルギーの損失はいくらか．ただし，杭を打ち込むときの抵抗は 500 kgf，ハンマと杭の衝突は完全弾性衝突であり，衝突時に運動量保存則と力学エネルギー保存則が共に成立する．

解　力学エネルギー保存則 $Wh = \frac{1}{2} \frac{W}{g} v^2$ より，5 m 落下時の速度は $v = \sqrt{2gh}$ $= \sqrt{10g}$ m/s. そのときの速度を v_1 とすれば，運動量保存則より

$$\frac{200}{g}\sqrt{10g} = \frac{200+50}{g} v_1 \rightarrow v_1 = \frac{200}{250}\sqrt{10 \times 9.807} = 7.922 \text{ m/s} \tag{6.46}$$

打ち込み深さを x とすれば，力学エネルギー保存則より

$$\frac{1}{2}\frac{200+50}{g} \times 7.922^2 = (500-(200+50))x \rightarrow x = 3.200 \text{ m} \tag{6.47}$$

力学エネルギーの損失は

$$E_{loss} = 200 \times 5 - (500-(200+50)) \times 3.200 = 200 \text{ kgf·m} \tag{6.48}$$

(18-8)　ハンマの重さは 12 tf，アンビルとその上の品物との重量の合計は 250 tf で，ハンマは 4.5 m/s の速さで品物を打つ．品物の鍛造のために費やされるエネルギー E_1 と基礎の振動によって失われるエネルギー E_2 を求めよ．

解　打撃時の全エネルギーは

$$E_0 = \frac{1}{2} \cdot \frac{12\,000}{9.807} \cdot 4.5^2 = 12\,400 \text{ kgf·m} \tag{6.49}$$

運動量保存則より，打撃直後の初速度 v は

$$\frac{12\,000}{g} \times 4.5 = \frac{250\,000 + 12\,000}{g} \times v \rightarrow v = 0.206\,1\,\text{m/s} \tag{6.50}$$

基礎の振動によって失われるエネルギーは

$$E_2 = \frac{1}{2} \times \frac{262\,000}{9.807} \times 0.206^2 = 566.9\,\text{kgf·m} \tag{6.51}$$

品物の鍛造に費やされるエネルギーは

$$12\,400 - 566.9 = 11\,830\,\text{kgf·m} \tag{6.52}$$

(18-9) 図 6.7 に示すように，質量 M_1 の滑らかな球 1 が，他の質量 M_2 の滑らかな球 2 に速度 v で衝突し，その速度の方向が衝突前の方向から角 θ だけ変わる．一方，球 2 は，衝突前の球 1 の速度の方向と φ の角を作る方向に動き出した．力学エネルギーの損失はないものとして，角 θ を求めよ．

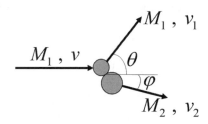

図 6.7　2 個の球の衝突

解　力学エネルギー保存則は

$$\frac{1}{2}M_1 v^2 = \frac{1}{2}M_1 v_1^2 + \frac{1}{2}M_2 v_2^2 \tag{6.53}$$

衝突前の速度の方向の運動量保存則は

$$M_1 v = M_1 v_1 \cos(\theta) + M_2 v_2 \cos(\varphi) \tag{6.54}$$

衝突前の速度と直角方向の運動量保存則は

$$M_1 v_1 \sin(\theta) = M_2 v_2 \sin(\varphi) \tag{6.55}$$

式 (6.55) より

$$v_2 = \frac{M_1 \sin(\theta)}{M_2 \sin(\varphi)} v_1 \tag{6.56}$$

式(6.56)を式(6.53)に代入して

$$M_1 v^2 = M_1 v_1{}^2 + \frac{M_1{}^2 \sin^2(\theta)}{M_2 \sin^2(\varphi)} v_1{}^2 \ \rightarrow$$

$$M_2 \sin^2(\varphi) v^2 = (M_2 \sin^2(\varphi) + M_1 \sin^2(\theta)) v_1{}^2 \tag{6.57}$$

式(6.56)を式(6.54)に代入して

$$M_1 v = M_1 v_1(\cos(\theta) + \sin(\theta) \cot(\varphi)) \ \rightarrow$$

$$v_1 = \frac{v}{\cos(\theta) + \sin(\theta) \cot(\varphi)} \tag{6.58}$$

式(6.58)を式(6.57)に代入して

$$M_2 \sin^2(\varphi) v^2 = \frac{M_2 \sin^2(\varphi) + M_1 \sin^2(\theta)}{(\cos(\theta) + \sin(\theta) \cot(\varphi))^2} v^2 \tag{6.59}$$

式(6.59)に $\dfrac{1}{\cos^2(\theta)} = 1 + \tan^2(\theta)$ の関係を用いて

$$M_2 \sin^2(\varphi)(1 + \tan(\theta) \cot(\varphi))^2 = M_2(1 + \tan^2(\theta)) \sin^2(\varphi)$$

$$+ M_1 \tan^2(\theta) \ \rightarrow \ (M_1 - M_2(\cos^2(\varphi) - \sin^2(\varphi)) \tan^2(\theta)$$

$$= 2M_2 \sin(\varphi) \cos(\varphi) \tan(\theta) \tag{6.60}$$

$\tan(\theta) \neq 0$ であるから，$\cos^2(\varphi) - \sin^2(\varphi) = \cos(2\varphi)$ と $2 \sin(\varphi) \cos(\varphi) = \sin(2\varphi)$ の関係を用いて

$$\tan(\theta) = \frac{M_2 \sin(2\varphi)}{M_1 - M_2 \cos(2\varphi)} \tag{6.61}$$

(18-10)　2つの質点が l の距離を隔てて水平な粗面上に静止している．一方の質点1に初速度を与えて質点2に衝突させると，2つの質点が距離 l だけ離れて再び静止したとする．この場合の質点1の初速度 v を求めよ．ただし，質点と粗面の動摩擦係数は μ であり，衝突は完全弾性衝突である．

解　2つの質点の質量を m_1, m_2, 衝突の直前と直後の速度を v_1, 0 および v_1', v_2' とする．

236　　第6章　運動量と角運動量

衝突前の力学エネルギー保存則から

$$\frac{1}{2}m_1v^2 - \mu m_1 gl = \frac{1}{2}m_1v_1^2 \ \rightarrow \ v_1^2 = v^2 - 2\mu gl \qquad (6.62)$$

完全弾性衝突であり $e=1$ であるから，式(6.7)より

$$v_1' = v_1 - \frac{2m_2}{m_1+m_2}v_1 = \frac{m_1-m_2}{m_1+m_2}v_1, \qquad v_2' = \frac{2m_1}{m_1+m_2}v_1 \qquad (6.63)$$

衝突後に2質点が再静止するまでの移動量を x_1, x_2 とする．衝突後の力学エネルギー保存則から

$$\frac{1}{2}m_k v_k'^2 - \mu m_k g|x_k| = 0(k=1,\ 2) \ \rightarrow \ |x_k| = \frac{v_k'^2}{2\mu g}$$

ⅰ）　$m_1 \geq m_2$ のときには $x_1>0$, $x_2>0$ であるから，題意より $l = x_2 - x_1$．したがって

$$l = \frac{v_2'^2 - v_1'^2}{2\mu g} = \frac{(2m_1)^2 - (m_1-m_3)^2}{2\mu g(m_1+m_2)^2}v_1^2 = \frac{3m_1-m_2}{2\mu g(m_1+m_2)}v_1^2 \ \rightarrow$$

$$v_1 = \sqrt{\frac{2\mu gl(m_1+m_2)}{3m_1-m_2}} \qquad (6.64)$$

ⅱ）　$m_1 < m_2$ のときには，$x_1<0$, $x_2>0$ であるから，題意より $l = x_2 + x_1$．したがって

$$l = \frac{v_2'^2 + v_1'^2}{2\mu g} = \frac{(2m_1)^2 + (m_1-m_2)^2}{2\mu g(m_1+m_2)^2}v_1^2 = \frac{5m_1^2 - 2m_1m_2 + m_2^2}{2\mu g(m_1+m_2)^2}v_1^2 \ \rightarrow$$

$$v_1 = (m_1+m_2)\sqrt{\frac{2\mu gl}{(5m_1^2 - 2m_1m_2 + m_2^2)}} \qquad (6.65)$$

（18-11）　ジェット飛行機が，100 kgf/s の空気を前面から取り入れ機体に相対的に 800 m/s で噴出する．機体の速度が 1 000 km/h であるときの推進力 F を求めよ．ただし，$g=9.807$ m/s^2 である．

解　$F = \dfrac{100}{9.807}\left(800 - \dfrac{1\,000 \times 10^3}{60 \times 60}\right) = 5\,325$ kgf （$=52\,220$ N） $\qquad (6.66)$

（18-12）　断面積 $a=400$ cm^2 の一様断面の管路を一様な速度 $v=10$ m/s で水が

6.2 質点系の運動量と角運動量　　237

流れている．管路は，図 6.8 に示すように，水平方向に $l=2\,\mathrm{m}$ だけ中心軸がずれている．管に作用する力のモーメント N を求めよ．

図 6.8　曲管路を流れる水

解　水の比重量は $\gamma=1\,000\,\mathrm{kgf/m^3}$ であるから

$$N=\frac{\gamma}{g}av\times\frac{l}{2}\times v\times 2=\frac{10^3}{9.807}\times 400\times 10^{-4}\times 10\times\frac{2}{2}\times 10\times 2$$
$$=815.7\,\mathrm{kgf\cdot m}\ (=8\,000\,\mathrm{N\cdot m}) \tag{6.67}$$

(18-13)　水の流れが翼によって $60°$ 曲げられている．水の速度が $v=30\,\mathrm{m/s}$，流量が $Q=10\,\mathrm{m^3/min}$ であるとき，翼を支えるために必要な力 F を求めよ．また図 6.9 に示すように，翼が $u=30\,\mathrm{m/s}$ の速度で動くとき，v を相対速度として動力 P を求めよ．

解　図 6.9 のように，u の方向に軸をそれと垂直上方に軸をとると

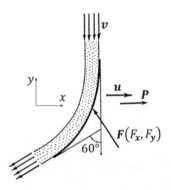

図 6.9　曲翼に沿った水流

$$F_x = \frac{\gamma}{g} Qv \sin(\theta) = \frac{10^3}{9.807} \times \frac{10}{60} \times 30 \times \frac{\sqrt{3}}{2} = 438.7 \text{ kgf} = 4\,330 \text{ N}$$
$$F_y = \frac{\gamma}{g} Qv \cos(\theta) = \frac{10^3}{9.807} \times \frac{10}{60} \times 30 \times \frac{1}{2} = 254.9 \text{ kgf} = 2\,500 \text{ N}$$
(6.68)

$$F = \sqrt{F_x^2 + F_y^2} = \sqrt{4\,330^2 + 2\,500^2} = 5\,000 \text{ N} \tag{6.69}$$

$$P = 4\,330 \times 30 = 129\,900 \text{ W} = 129.9 \text{ kW} \tag{6.70}$$

(18−14) 図 6.10 のように，水平面との傾斜が $\theta = 30°$ で重さが $W = 10$ kgf の，水平面上を動きうる斜面があり，その斜面上を重さ $w = 5$ kgf の物体が初速度 0 で滑り落ちる．斜面の加速度 a_1 と物体の加速度 a_2，斜面から物体への垂直反力 q を求めよ．ただし物体と斜面，斜面と水平面との間に摩擦はないとする．

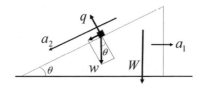

図 6.10 水平面上を滑る斜面 W とその斜面上を滑る物体 w

解 斜面運動の水平方向の運動方程式は

$$\frac{W}{g} a_1 = q \sin(\theta) \tag{6.71}$$

物体の水平方向の力の釣合は

$$\frac{w}{g}(a_2 \cos(\theta) - a_1) = q \sin(\theta) \tag{6.72}$$

物体の鉛直方向の力の釣合は

$$\frac{w}{g} a_2 \sin(\theta) + q \cos(\theta) = w \tag{6.73}$$

$\theta = 30°$ のとき $\sin(\theta) = \frac{1}{2}$，$\cos(\theta) = \frac{\sqrt{3}}{2}$ であるから，式 (6.71)〜(6.73) に数値を入れて

6.2 質点系の運動量と角運動量 239

$$\frac{10}{9.807}a_1 = \frac{1}{2}q \rightarrow q = 2.039a_1$$

$$\frac{5}{9.807}\left(\frac{\sqrt{3}}{2}a_2 - a_1\right) = \frac{q}{2} \rightarrow q = -1.020a_1 + 0.883\,0a_2$$

$$\frac{5}{9.807}\frac{1}{2}a_2 + \frac{\sqrt{3}}{2}q = 5 \rightarrow 0.254\,9a_2 + 0.866\,0q = 5$$

これら 3 式から

$$a_1 = 1.734\,\text{m/s}^2, \qquad a_2 = 6.008\,\text{m/s}^2, \qquad q = 3.536\,\text{kgf} \tag{6.74}$$

(**18-15**) 飽和水蒸気中を球状の水滴が成長しながら重力の作用を受けて落下する．質量 m の増加割合は水滴の表面積に比例し，したがって，水滴の質量の 2/3 乗に比例する．付着前の微小水滴の速度は 0 であるとして，水滴の落下速度 v を求めよ．ただし，時刻 $t=0$ で $v=0$，$m=0$ とする．

解 題意より

$$\frac{dm}{dt} = k'm^{2/3} \rightarrow m^{-2/3}dm = k'dt \tag{6.75}$$

初期条件を $t=0$ で $m=0$，$v=0$ とおき，式(6.75)を積分して

$$3m^{1/3} = k't \rightarrow m = kt^3 \tag{6.76}$$

運動量の法則（＝運動の法則） $\dfrac{d(mv)}{dt} = f = mg = kgt^3$ を積分して

$$mv = \frac{k}{4}gt^4 \tag{6.77}$$

式(6.76)と式(6.77)より

$$v = \frac{g}{4}t \tag{6.78}$$

(**18-16**) 単位長さあたりの重さが w である長さ l の鎖の両端を 1 点で保ち鉛直に吊るしてある．**図6.11** のように，一方の端を急に放し，その端が s だけ落下したとき支点が受ける力を求めよ．また，落下している端の速度 v はいくらか．

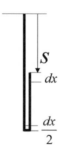

図 6.11 片端のみを吊るした鎖

解 自由落下であるから

$$\frac{1}{2}\frac{w}{g}v^2 = ws \rightarrow v = \sqrt{2gs} = \frac{dx}{dt} \tag{6.79}$$

落下距離 s の半分の重さが初期長さ $l/2$ の重さに付加されるから、この時点に吊るした片端点にかかる静的重さは

$$F_s = w\frac{l+s}{2} \tag{6.80}$$

微小時間 dt の落下長さを dx とすれば、自由落下していたものが回り込んで静止する長さは $dx/2$ である。この微小時間の運動量の時間変化は荷重の動的増加 F_t に等しいので、式(6.79)より

$$F_t = \left(\frac{w}{g}\frac{dx}{dt}\right)\sqrt{2gs}/dt = \frac{w}{g}\frac{1}{2}\frac{dx}{dt}\sqrt{2gs} = ws \tag{6.81}$$

式(6.80)と式(6.81)より

$$F = F_s + F_t = \frac{w(l+3s)}{2} \tag{6.82}$$

(18−17) 図 **6.12** のように、3個の等しい球が軽い糸に等間隔に付けてある。糸を1直線にして滑らかな水平面上に置き、中央の球に糸に垂直な方向に $v_0 = 3$ m/s の初速度を与える。両端の球同士が衝突するとき、それらの速度はいくらか。

解 両端の球が衝突するときの、両端の球の初めの糸に平行な方向の速度を v_1,

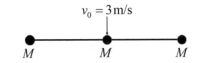

図 6.12 糸に等間隔に付けた等しい 3 球

そのときの全体の重心の初めの糸に垂直な方向の速度を v_2 とする.

運動量保存則より

$$Mv_0 = 3Mv_2 \tag{6.83}$$

力学エネルギー保存則より

$$\frac{1}{2}Mv_0^2 = \frac{1}{2}(2M)v_1^2 + \frac{1}{2}(3M)v_2^2 \tag{6.84}$$

式 (6.83) と式 (6.84) に $v_0 = 3$ m/s を代入して解けば

$$v_1 = \sqrt{3} \text{ m/s}, \qquad v_2 = 1 \text{ m/s} \tag{6.85}$$

$$v = \sqrt{v_1^2 + v_2^2} = \sqrt{3+1} = 2 \text{ m/s} \tag{6.86}$$

第7章 剛体の動力学

7.1 剛体の回転運動

2.2節において，3次元空間における剛体の運動は並進運動（3自由度）と回転運動（3自由度）からなると述べた．前者は剛体内の固定点（例えば重心点）の運動であり，その力学はこれまで学んできた質点の力学として扱うことができる．剛体の運動の特徴は後者の回転運動に有るので，本章ではその力学を詳しく論じる．

固定軸回りの剛体の回転運動では，図 7.1 に示すように，剛体内の各点は固定軸（点 O から紙面に直角な直線）に垂直な平面内で円運動をする．回転の角速度を $\dot{\theta}=\omega$ とすれば，固定軸から距離 r 離れた点にある質量 dm の微小部分の運動量は $dm \cdot v = dm \cdot r\omega$ であり，固定軸回りの剛体の角運動量は $L=\int r\cdot(dm\cdot v)=\omega\int r^2 dm=I\omega$ になる．したがって，固定軸回りの外力のモーメントの和を N とすれば，回転運動の運動方程式（＝運動の法則）は

$$\left(\frac{dL}{dt}=\right) I\frac{d\omega}{dt}=N \quad \text{または} \quad I\frac{d^2\theta}{dt^2}=N, \quad \text{ここで} \quad I=\int r^2 dm \quad \text{と定義}$$
(7.1)

式(7.1)は次のようにして導くことができる．まず微小部分 dm に関する運動の法則は式(3.1)から $dm\dot{v}=dF$．この微小部分は $v=r\dot{\theta}=r\omega$ の回転運動をするから，固定軸からの半径 r が一定であり $\dot{v}=r\ddot{\theta}=r\dot{\omega}=rd\omega/dt$．またこの微小部

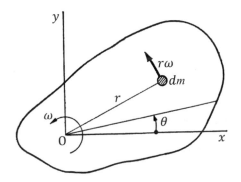

図 7.1 固定軸回りの剛体の回転運動

分に回転運動を生じさせる微小力 dF は平面内で半径に直角な円周方向であるから、この微小力の固定軸回りの微小モーメントは $rdF=dN$. これらの式から $rdF=r^2 dm(d\omega/dt)=dN$. この式を剛体全体について積分すれば、剛体内の位置に無関係な角速度 ω の時間微分項は積分の外に出すことができて、式(7.1)が求められる. 式(7.1)を解けば、回転運動 $\theta=\theta(t)$ を定めることができる.

ここで I は、回転軸回りの**慣性モーメント**と呼ばれる量である. 慣性モーメントは、質点の運動における質量 M に相当し、回転運動を支配する重要な力学特性なので、詳しく説明する. 剛体を連続した質点系と見なし、各質点に関する和を積分の形に書き変えれば、質点系における重心 $\boldsymbol{r}_g$ の運動量の法則と角運動量の法則は、式(6.12)と式(6.13)と式(1.22)と式(6.19)より

$$M\ddot{\boldsymbol{r}}_g = \boldsymbol{F}, \qquad M=\int dm, \qquad M\boldsymbol{r}_g = \int \boldsymbol{r}\, dm \tag{7.2}$$

$$\frac{d\boldsymbol{L}}{dt}=\boldsymbol{N}, \qquad \boldsymbol{L}=\int (\boldsymbol{r}\times\boldsymbol{v})\,dm \tag{7.3}$$

これらの式によって剛体の運動が完全に決定される.

前述のように式(7.3)は回転運動を表すので、自由度が1である固定軸回りの回転運動の場合には、ベクトルで表されている式(7.3)の1つの成分の式で運動が決まるはずである. 式(7.3)を、ベクトル積（×印）を表現する式(1.7)を参照

して固定座標系（O-xyz）の成分に分けて書くと

$$\frac{dL_x}{dt}=N_x, \qquad \frac{dL_y}{dt}=N_y, \qquad \frac{dL_z}{dt}=N_z \tag{7.4}$$

$$L_x=\int(yv_z-zv_y)dm, \quad L_y=\int(zv_x-xv_z)dm, \quad L_z=\int(xv_y-yv_x)dm \tag{7.5}$$

図 7.2 に示すように，z 軸（紙面に垂直手前方向）の回りに角速度 $\omega_z(=\dot{\theta})$ で回転する場合には $v_x=-\omega_z y$，$v_y=\omega_z x$，$x^2+y^2=r^2$ であるから，$L_z=\omega_z\int r^2 dm$ $=I_z\omega_z$．この式と式(7.4)から $I_z\dfrac{d\omega_z}{dt}=N_z$ となり，式(7.1)（$I=I_z$ は時間に無関係）が得られる．

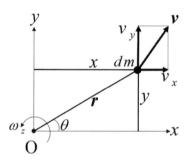

図 7.2 微小質量 dm の z 軸回りの回転運動

式(7.5)の角運動量の他の成分はどのような効果を持つであろうか．例えば，固定軸 z 回りの回転軸の場合には $v_z=0$ であるから

$$L_x=\int zv_y dm=-\omega_z\int zx dm, \qquad L_y=\int zv_y dm=-\omega_z\int yz dm \tag{7.6}$$

回転によって半径 r は変化しないが座標 (x, y) は変化するので，式(7.1)の I は時間に無関係であるが，式(7.6)は時間の関数となる．したがって定常回転（$\omega_z=$ 一定，$N_z=0$）の場合にも，式(7.4)と式(7.5)より

$$-\omega_z\frac{d}{dt}\left(\int zx dm\right)=N_x, \qquad -\omega_z\frac{d}{dt}\left(\int yz dm\right)=N_y \tag{7.7}$$

であり，この式から，回転軸（この場合には z 軸）を固定させるためには，モー

メントの釣合式(7.7)を満足させるための反力モーメント（この場合には N_x, N_y）が必要なことが分かる．式(7.7)左辺のかっこの内部の量については後述する．

慣性モーメント I は回転運動に対する慣性の大きさを表し，物体の形と密度分布によって決まる．特に密度が一定の場合には，物体の形だけで決まる量に物体の全質量 M を乗じた形となる．式(7.1)から分かるように I は[質量]×[長さ]^2 の次元を持つ正の数であるから

$$I = Mk^2 \tag{7.8}$$

で定義される量 k は長さの次元を持ち，これを**回転半径**と言う．固定軸からの距離 k の点に全質量 M が集まったと考えるときの慣性モーメントはちょうど I に等しくなる．

例7.1　実用例を示す．まず，**図 7.3** のように，鉛直面内で水平な固定軸の回りに運動する剛体からなる振子（これを**実体振子**と言う）を調べる．剛体の重さを $W = Mg$，支点 O 回りの慣性モーメントを I，点 O から重心 G までの距離を a とする．重力 W の点 O 回りのモーメントを考えて，運動方程式は（式(4.20)参照）

$$I\ddot{\theta} = -Wa\sin(\theta) \tag{7.9}$$

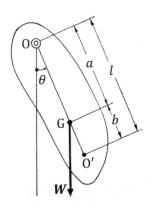

図 7.3　実体振子

であり，回転半径 k を用いると式(7.8)より

$$\ddot{\theta} = -\frac{aW}{I}\sin(\theta) = -\frac{aMg}{Mk^2}\sin(\theta) = -\frac{ag}{k^2}\sin(\theta) \tag{7.10}$$

式(7.10)を式(4.21)と比較すれば，実体振子が長さ $l=k^2/a$ の単振子（図4.3参照）と全く同じ運動をすることが分かる．この l を**相当単振子の長さ**と言い，直線 $\overline{OG}$ 上で距離 $l=a+b$ の点 O′ を支点 O に対する**振動の中心**と言う．微小振動を考えて $\sin(\theta) \simeq \theta$ とおけば，振動の周期は式(4.23)より

$$T = 2\pi\sqrt{\frac{l}{g}} = 2\pi\sqrt{\frac{k^2}{ag}} \tag{7.11}$$

例7.2 図 7.4 のように一端を固定された軸（長さ方向には剛であるがねじれに対しては弾性を有する）の他端に剛に取り付けられた円板にトルクを作用させると軸がねじれて円板が回転変位をする例を示す．ここで，トルクを除くと円板は回転振動をする．円板の中心軸回りの慣性モーメントを I，軸を単位角ねじるのに要するトルクすなわちねじれ剛性を K，平衡の位置からのねじれ角を θ とし，軸の質量とそのねじれによる摩擦抵抗を無視すれば，軸のねじれによる反力モーメントは $-K\theta$ であるから，運動方程式（詳細は8章に後述）は

$$I\ddot{\theta} = -K\theta \rightarrow I\ddot{\theta} + K\theta = 0 \tag{7.12}$$

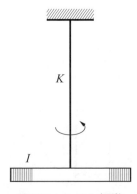

図 **7.4** ねじれ振動

その回転振動の周期は

$$T_n = 2\pi\sqrt{\frac{I}{K}} \tag{7.13}$$

次に**図 7.5** のように，プロペラ軸・歯車軸などの等価モデルとして，軸の両端に 2 枚の円板を持つ系のねじれ振動の例を示す．軸のねじれは 2 枚の円板の相対的な回転運動に起因するものであり，それぞれの慣性モーメントを I_1, I_2・回転角変位を θ_1, θ_2 とすれば，軸のねじれによる反力モーメントは $-K(\theta_1-\theta_2)$ と $-K(\theta_2-\theta_1)$ であるから，運動方程式は

$$I_1\ddot{\theta}_1 + K(\theta_1-\theta_2) = 0, \qquad I_2\ddot{\theta}_2 + K(\theta_2-\theta_1) = 0 \tag{7.14}$$

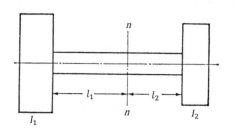

図 7.5 両端に円板を有する軸系

ねじれ角 $(\theta_1-\theta_2)$ を φ と記せば，式(7.14)より

$$(\ddot{\theta}_1-\ddot{\theta}_2) + \left(\frac{K}{I_1}+\frac{K}{I_2}\right)(\theta_1-\theta_2) = 0 \qquad \text{すなわち} \qquad \frac{I_1 I_2}{I_1+I_2}\ddot{\varphi} + K\varphi = 0 \tag{7.15}$$

であり，そのねじれ振動の周期は

$$T_n = 2\pi\sqrt{\frac{I_1 I_2}{(I_1+I_2)K}} \tag{7.16}$$

軸の中でねじれ振動をしない部分があり，この面の左右の振動は同じ周期 T_n を持っている．その面を $n-n$ (図 7.5) とし，その面の左右の軸部分の長さを l_1, l_2, ねじれ剛性を K_1, K_2 とすると，剛性は軸長に反比例し，$K_1 l_1 = K_2 l_2 = K(l_1+l_2)(=Kl)$．この関係から

248   第7章　剛体の動力学

$$T_n = 2\pi\sqrt{\frac{I_1}{K_1}} = 2\pi\sqrt{\frac{I_1 l_1}{(l_1 + l_2)K}}, \qquad T_n = 2\pi\sqrt{\frac{I_2}{K_2}} = 2\pi\sqrt{\frac{I_2 l_2}{(l_1 + l_2)K}} \quad (7.17)$$

式(7.17)から

$$\frac{I_1}{I_2} = \frac{l_2}{l_1} \tag{7.18}$$

さて，固定軸回りの剛体の回転運動の運動エネルギー T は，式(7.1)より

$$T = \frac{1}{2}\int v^2 dm = \frac{1}{2}\int (r\omega)^2 dm = \frac{1}{2}\left(\int r^2 dm\right)\omega^2 = \frac{1}{2}I\omega^2 \tag{7.19}$$

式(7.19)を式(5.3)と比較すれば，このようにエネルギーの観点からも，力の観点からの式(7.1)と同様に，回転運動では慣性モーメントと角速度がそれぞれ並進運動の質量と速度に相当する役割を果たしていることが分かる．

式(7.19)と式(7.1)より

$$\frac{dT}{dt} = \frac{dT}{d\omega}\frac{d\omega}{dt} = I\omega\frac{d\omega}{dt} = N\omega = N\frac{d\theta}{dt} \qquad \text{すなわち} \qquad dT = Nd\theta$$

$$\tag{7.20}$$

時刻 t_0，t における角をそれぞれ θ_0，θ として式(7.20)を積分すれば

$$[T]_{t_0}^t = \int_{\theta_0}^{\theta} N d\theta \tag{7.21}$$

式(7.21)は，外力モーメントによってなされた仕事はその間の回転運動の運動エネルギーの増加に等しいことを意味する．保存力 $N = -dU/d\theta$ が作用している場合には，式(5.6)より

$$T + U(\theta) = \left(= \frac{1}{2}I\omega^2 + U(\theta)\right) = T_0 + U(\theta_0) = E \quad (= \text{一定}) \tag{7.22}$$

式(7.22)は，回転運動においても力学エネルギー保存則が成立していることを意味する．

7.2　慣性モーメントと慣性乗積

説明の対象を，これまでの1次元から図 **7.6** のような3次元空間直交座標系 (O$-xyz$) に広げる．その x 軸回りの慣性モーメント I_x は，半径ベクトル $\boldsymbol{r}$ の yz

7.2 慣性モーメントと慣性乗積

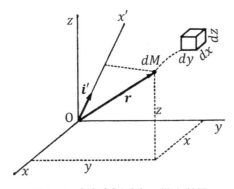

図 7.6 直交座標系内の微小質量

平面（x 軸に垂直な平面）への投影の長さが y^2+z^2 であることから得られる．I_y と I_z も同様にして得られるから，空間直交座標軸回りの**慣性モーメント**はそれぞれ

$$I_x=\int(y^2+z^2)dm, \qquad I_y=\int(z^2+x^2)dm, \qquad I_x=\int(x^2+y^2)dm \quad (7.23)$$

非常に薄い板状の物体の場合には，板に垂直に z 軸をとり式(7.23)で $z\simeq0$ とおけば

$$I_z=I_x+I_y \tag{7.24}$$

また

$$I_0=\int(x^2+y^2+z^2)dm \tag{7.25}$$

で定義される量を点 O に関する**極慣性モーメント**と言う．

慣性モーメントの値は，同じ剛体でも回転中心軸の位置によって異なる．通常は，例えば機械工学便覧に掲載されているように，重心を通る対称軸回りの慣性モーメントを考える．重心を通る1つの軸の回りの慣性モーメント $I'=Mk'^2$ が分かっているとき，この軸に平行な任意の軸の回りの慣性モーメント I を求める式は

$$I=I'+Mh^2, \qquad k^2=k'^2+h^2 \tag{7.26}$$

250   第7章　剛体の動力学

で与えられる．ここで，h は2つの平行軸間の距離である．式(7.26)左式右辺第2項は，全質量が重心に集まったと考えたときの重心から距離 h 離れた平行軸に関する慣性モーメントである．

図7.3の実体振子において，重心を通る水平軸に関する回転半径を k' と記せば，$k^2=k'^2+a^2$ であるから，例7.1内の式 $l=k^2/a$ と式(7.26)より

$$b=l-a=\frac{k^2}{a}-a=\frac{k'^2}{a} \tag{7.27}$$

図7.3の $l=a+b$ から分かるように，a と b の関係は対称であるから，点 O′ を通る水平な軸で支えると，同じ相当単振子の長さ l を持ち，点 O が振動の中心となる．この関係を利用して，相当単振子の長さ l が分かると，周期 T を測り式(4.23)に代入することによって，その地点の g の値を知ることができる．この目的のために作られた可逆振子を，**ケイターの可逆振子**と言う．

また $l=a+\dfrac{k'^2}{a}$ であるから，実体振子の周期は重心と支点間の距離 a だけによって決まる．周期を最小にするには，$\dfrac{dl}{da}=0 \rightarrow 1-\dfrac{k'^2}{a^2}=0 \rightarrow a=k'=b$ を満足する点，すなわち重心 G が線分 l の中点になる点を支点とすればよい．この付近では支点の位置がわずかに狂っても周期はほとんど変わらない．このことは時計の振子に利用される．

図7.6において，任意の方向に傾いた軸 Ox' の回りの慣性モーメント $I_{x'}$ を調べる．軸 Ox' の方向余弦を $(\lambda,\ \mu,\ \nu)$，その方向の単位ベクトルを i' とすれば，位置ベクトル r の Ox' 方向の射影は内積の定義から，$x'=r\cdot i'=\lambda x+\mu y+\nu z$ で表される．したがって，方向余弦（単位長さ）が有する $\lambda^2+\mu^2+\nu^2=1$ の関係と式(7.23)を用いれば，**図7.7**のように

$$I_{x'}=\int \overline{\mathrm{P'P}}^2 dm=\int(r^2-x'^2)dm=\int((x^2+y^2+z^2)-(\lambda x+\mu y+\nu z)^2)dm$$

$$=\int(x^2(1-\lambda^2)+y^2(1-\mu^2)+z^2(1-\nu^2)-2\mu\nu yz-2\lambda\nu zx-2\lambda\mu xy)dm$$

$$=\int(x^2(\mu^2+\nu^2)+y^2(\nu^2+\lambda^2)+z^2(\lambda^2+\mu^2)-2\mu\nu yz-2\lambda\nu zx-2\lambda\mu xy)dm$$

$$=\int(\lambda^2(y^2+z^2)+\mu^2(z^2+x^2)+\nu^2(x^2+y^2)-2\mu\nu yz-2\lambda\nu zx-2\lambda\mu xy)dm$$

7.2 慣性モーメントと慣性乗積　　251

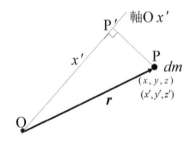

図 7.7　位置 r の軸 Ox' への投影

$$= \lambda^2 I_x + \mu^2 I_y + \nu^2 I_z - 2\mu\nu I_{yz} - 2\lambda\nu I_{zx} - 2\lambda\mu I_{xy} \tag{7.28}$$

ここで

$$I_{yz} = \int yz\,dm, \quad I_{zx} = \int zx\,dm, \quad I_{xy} = \int xy\,dm \tag{7.29}$$

はそれぞれ，x 軸，y 軸，z 軸についてのあるいは yz 面，zx 面，xy 面についての**慣性乗積**と呼ぶ．式(7.6)と式(7.7)に現れた積分項は，実はこの慣性乗積なのである．慣性モーメントは常に正であるが，慣性乗積は正，0，負いずれの値をもとることができる．

　回転軸に関する慣性モーメントと角速度の積は回転軸回りの角運動量であるのに対して，慣性乗積に角速度を乗じたものは，回転軸に垂直な慣性乗積が関係するもう一方の座標軸回りの角運動量であることは，式(7.6)から分かる．すなわち慣性乗積は，直交する座標軸間の角運動量の連成を表すのに用いられる．

　いま，図 7.7 の軸 Ox' 上に点 $R(x, y, z)$ をとり，$\overline{OR}$ の長さを

$$\overline{OR} = 1/\sqrt{I'_x} \tag{7.30}$$

とすれば $\lambda = \dfrac{x}{\overline{OR}} = \sqrt{I'_x} \cdot x,\ \mu = \dfrac{y}{\overline{OR}} \sqrt{I'_x} \cdot y,\ \lambda = \dfrac{z}{\overline{OR}} \sqrt{I'_x} \cdot z$ であるから，点 R の軌跡は式(7.28)より

$$I_x x^2 + I_y y^2 + I_z z^2 - 2I_{yz} yz - 2I_{zx} zx - 2I_{xy} xy = 1 \tag{7.31}$$

　式(7.31)は**図 7.8** に示すような楕円体閉曲面を表し，このような楕円体閉曲面を**慣性楕円体**と言う．その理由は，慣性楕円体上の任意の 1 点 R と中心点 O を

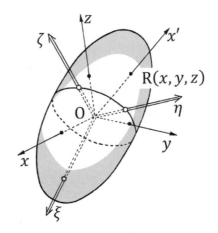

図 7.8 慣性楕円体

結ぶ直線 $\overline{OR}$ の回りの慣性モーメントが $1/\overline{OR}^2$ で与えられるからである.

慣性楕円体は座標軸の原点の位置によって異なるが,座標軸のとり方(方向)には無関係である.慣性楕円体には(例えばラグビーボールのように)3個の対称軸 ξ, η, ζ(主軸と言う)があり,これらの主軸を**慣性主軸**と言う.慣性主軸を座標軸にとれば式(7.31)は

$$I_\xi \xi^2 + I_\eta \eta^2 + I_\zeta \zeta^2 = 1 \tag{7.32}$$

という標準型に書くことができる.この場合の ξ, η, ζ 軸回りの慣性モーメント I_ξ, I_η, I_ζ を**主慣性モーメント**と言う.そして,座標軸($O-\xi\eta\zeta$)についての方向余弦が λ', μ', ν' で表され原点 O を通る直線回りの慣性モーメントは

$$I = \lambda'^2 I_\xi + \mu'^2 I_\eta + \nu'^2 I_\zeta \tag{7.33}$$

で与えられる.図7.8のような慣性楕円体を描くことができれば,慣性主軸の方向や任意の軸回りの慣性モーメントの大きさが一目で分かり,剛体の回転運動の扱いに都合が良い.

いま,z 軸が対称軸(慣性主軸)であるとする.このとき

$$I_{xy} = \int xy\,dm = \iint \rho xy \left(\int_{z>0} dz + \int_{z<0} dz \right) dx dy = 0 \tag{7.34}$$

式(7.34)のように,z 軸が対称軸であれば I_{xy} は 0 となる.同様に,x 軸が対称

7.2 慣性モーメントと慣性乗積 253

軸であれば I_{yz} は 0，y 軸が対称軸であれば I_{zx} は 0 になる．また，xy 面が対称面であれば $I_{zx}=I_{yz}=0,$，yz 面が対称面であれば $I_{xy}=I_{zx}=0,$，zx 面が対称面であれば $I_{yz}=I_{xy}=0,$　になる．

さて，座標系 (O-xyz) が原点の回りに回転してできる座標系 (O-$x'y'z'$) を考え，これら 2 つの座標系に関する慣性モーメント・慣性乗積の間の関係を調べてみよう．x'，y'，z' 軸の方向余弦をそれぞれ (a_{11}，a_{12}，a_{13})，(a_{21}，a_{22}，a_{23})，(a_{31}，a_{32}，a_{33}) とすれば，座標の変換は

$$\left.\begin{array}{l} x'=a_{11}x+a_{12}y+a_{13}z \\ y'=a_{21}x+a_{22}y+a_{23}z \\ z'=a_{31}x+a_{32}y+a_{33}z \end{array}\right\} \tag{7.35}$$

一般のベクトル成分の変換も全く同じである．式(7.35)右辺の係数を並べた

$$[T]=\begin{bmatrix} a_{11} & a_{12} & a_{13} \\ a_{21} & a_{22} & a_{23} \\ a_{31} & a_{32} & a_{33} \end{bmatrix} \tag{7.36}$$

を**変換行列**と言う．変換の対象が座標である場合には，2.2.3 項の平面の例で示したように，これを**座標変換行列**と言う．直交座標同士の変換の場合には

$$\sum_{k=1}^{3}a_{ik}a_{jk}=\delta_{ij}=\begin{cases} 1(i=j) \\ 0(i\neq j) \end{cases} \tag{7.37}$$

式(7.37)を直交関係と言い，直交関係が成立する式(7.35)の変換を**直交変換**と呼ぶ．

3 次元空間内の慣性モーメントと慣性乗積の成分を行列の形にまとめて

$$[I]=\begin{bmatrix} I_{11} & I_{12} & I_{13} \\ I_{21} & I_{22} & I_{23} \\ I_{31} & I_{32} & I_{33} \end{bmatrix} \tag{7.38}$$

のように表現すれば，これらの変換は

$$[I']=[T][I][T]^{T} \tag{7.39}$$

の形に書けて，変換は行列の乗算によって機械的に計算できる．ここで，式(7.39)右辺の上添字 T は行列の転置を意味する．

[問題 19]

(19-1) 図 7.9 のように，中心軸の回りに自由に回転できる半径 r のプーリーに索を巻いて荷重 W を吊り下げた系の運動方程式を求めよ．

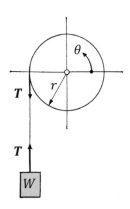

図 7.9 プーリーに巻いた索端の荷重

解 策の張力を T とし，プーリーの回転角を図 7.9 に示す向き（反時計回り）にとると，プーリーと荷重の運動方程式はそれぞれ

$$I\ddot{\theta}=Tr, \qquad \frac{W}{g}(r\ddot{\theta})=W-T \tag{7.40}$$

したがって運動方程式は，式(7.40)の左右両式から T を消去して

$$\left(I+\frac{W}{g}r^2\right)\ddot{\theta}=Wr \tag{7.41}$$

(19-2) 内半径 $R_1=3.5$ cm，外半径 $R_2=4$ cm，長さ $l=2$ m の密度が一様な鋼製中空軸の中心回りの慣性モーメントと慣性乗積を求めよ．ただし，鋼の比重は 7.8 である．

解 中心軸を z 軸として，重心を原点にとり，図 7.10 のように座標軸をとる．

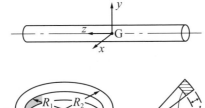

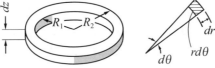

図 7.10 中空軸の慣性モーメント

密度を ρ とすれば,$dm = \rho r d\theta \cdot dr \cdot dz$ であるから

$$I_z = \int r^2 dm = \int_{-l/2}^{l/2} \int_0^{2\pi} \int_{R_1}^{R_2} \rho r^3 dr d\theta dz = \frac{1}{2}\rho\pi(R_2^4 - R_1^4)l \tag{7.42}$$

全質量を M とすれば

$$M = \rho\pi(R_2^2 - R_1^2)l = 7.8 \times 10^{-3}\pi(4^2 - 3.5^2) \times 200 = 18.38 \text{ kg} \tag{7.43}$$

ゆえに

$$I_x = I_y = \frac{1}{4}\rho\pi(R_2^4 - R_1^4)l + \frac{1}{12}\rho\pi(R_2^2 - R_1^2)l^3 = \left(\frac{R_2^2 + R_1^2}{4} + \frac{l^2}{12}\right)M$$

$$= \left(\frac{4^2 + 3.5^2}{4} \times 10^{-4} + \frac{2^2}{12}\right) \times 18.38 = 6.140 \text{ kgm}^2 \tag{7.44}$$

$R_1 = 0$ とすれば,円柱・棒・円板の慣性モーメントが求められる.

また,中心軸回りの慣性乗積は,例えば式(7.34)のように,すべて 0 になる.一般に,x 軸が対称軸であれば $I_{yz} = 0$,y 軸が対称軸であれば $I_{zx} = 0$,xy 面が対称面であれば $I_{zx} = I_{yz} = 0$ となる.したがって,図 7.10 の x,y,z 軸は慣性主軸である.

(19-3) 図 7.11 のような両底面の半径が R_1,R_2,高さが h の載頭直円錐の中心軸回りの慣性モーメントを求めよ.

解 比重量を γ とすれば

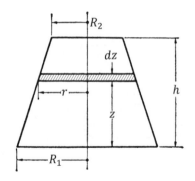

図 7.11 載頭直円錐の慣性モーメント

$$I_z = \int_0^h \frac{1}{2} \frac{\gamma}{g} \pi r^4 dz \tag{7.45}$$

$r = R_1 - \dfrac{(R_1 - R_2)z}{h}$ であるから

$$I_z = \frac{\gamma}{g} \frac{\pi h}{10} \frac{R_1^5 - R_2^5}{R_1 - R_2} \tag{7.46}$$

(19-4) 図 7.12 に示す平面図形の点 O を通る面に垂直な z 軸回りの面積の慣性モーメントと慣性楕円体を求めよ.

解 x 軸, y 軸に沿う辺の長さがそれぞれ a, b である矩形の場合

$$I_x = \int y^2 dA = \int_0^a \int_0^b y^2 dy dx = \frac{ab^3}{3} \tag{7.47}$$

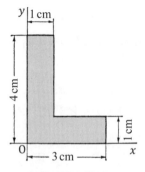

図 7.12 L 型面積の慣性モーメント

したがって

$$\left.\begin{array}{l}I_x = \dfrac{1}{3} \times (1 \times 4^3 + 2 \times 1^3) = 22 \text{ cm}^4 \\[2mm] I_y = \dfrac{1}{3} \times (3 \times 1^3 + 1 \times 3^3) = 10 \text{ cm}^4 \\[2mm] I_z = I_x + I_y = 32 \text{ cm}^4 \text{ (式(7.24)より)}\end{array}\right\} \quad (7.48)$$

次に,慣性楕円体を求める.まず慣性乗積は

$$I_{xy} = \iint xy\,dx\,dy = \frac{1}{4} \times (1^2 \times 4^2 + 1^2 \times (3^2 - 1^2)) = 6 \text{ cm}^4 \quad (7.49)$$

平面図形であるから $z=0$, すなわち $I_{yz} = I_{zx} = 0$. したがって z 軸は明らかに慣性主軸の 1 つである. 慣性主軸を ξ, η, ζ とし, ξ 軸と x 軸のなす角を θ とすれば(図 7.13), ξ, η, ζ 軸から x, y, z 軸への座標変換行列 $[T]$ は,平面の場合の式(2.39)を参照して

$$\begin{Bmatrix}x\\y\\z\end{Bmatrix} = \begin{bmatrix}\cos(\theta) & -\sin(\theta) & 0\\ \sin(\theta) & \cos(\theta) & 0\\ 0 & 0 & 1\end{bmatrix}\begin{Bmatrix}\xi\\ \eta\\ \zeta\end{Bmatrix} \quad (7.50)$$

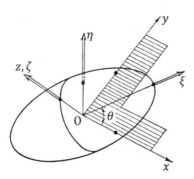

図 7.13 L 型面積の慣性楕円体

主慣性モーメントを I_ξ, I_η, I_ζ とすれば

$$\begin{array}{l}I_x = \cos^2(\theta)\cdot I_\xi + \sin^2(\theta)\cdot I_\eta = 22, \quad I_y = \sin^2(\theta)\cdot I_\xi + \cos^2(\theta)\cdot I_\eta = 10, \\[2mm] I_z = I_\zeta = 32, \quad I_{xy} = -\cos(\theta)\cdot\sin(\theta)\cdot(I_\xi - I_\eta) = 6\end{array} \quad (7.51)$$

これら4式から

$$\tan(\theta) = 1+\sqrt{2}, \qquad \theta = \tan^{-1}(2.414) = 67.5°,$$
$$I_\xi = 2(8-3\sqrt{2}) = 7.515 \text{ cm}^4, \qquad I_\eta = 2(8+3\sqrt{2}) = 24.485 \text{ cm}^4 \tag{7.52}$$

したがって慣性楕円体の方程式は

$$7.515\xi^2 + 24.485\eta^2 + 32\zeta^2 = 1 \tag{7.53}$$

(19-5) 図7.14に示すように，半径 R の薄い円板の中心を通り面の法線と角 θ をなす軸に関する慣性モーメントを求めよ．

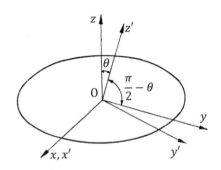

図7.14 薄い円板の慣性モーメント

解 中心を原点にした直交座標系 (O-xyz), (O-$x'y'z'$) を図7.14のようにとる．x, y, z 軸は慣性主軸であり，円板の質量 M は $M = \rho \pi R^2 l$ (ρ は密度，l は厚さ) であるから，式(7.44)と式(7.42)で $R_1 = 0$, $R_2 = R$, l は微小とすれば

$$I_x = I_y = \frac{R^2}{4}M, \qquad I_z = \frac{R^2}{2}M \tag{7.54}$$

z' 軸の方向余弦は

$$\lambda = 0, \qquad \mu = \sin(\theta), \qquad \nu = \cos(\theta) \tag{7.55}$$

したがって，式(7.33)から

$$I_{z'} = \sin^2(\theta)\frac{R^2}{4}M + \cos^2(\theta)\frac{R^2}{2}M = \frac{R^2}{4}M(1+\cos^2(\theta)) \tag{7.56}$$

次に x', y', z' 軸に関する慣性モーメント・慣性乗積を求める．座標変換行列

[T] は，式(7.36)と平面の場合の式(2.39)より

$$[T] = \begin{bmatrix} 1 & 0 & 0 \\ 0 & \cos(\theta) & -\sin(\theta) \\ 0 & \sin(\theta) & \cos(\theta) \end{bmatrix} \tag{7.57}$$

ゆえに

$$I_{x'} = I_x = \frac{R^2}{4} M$$

$$I_{y'} = \cos^2(\theta) \cdot I_y + \sin^2(\theta) \cdot I_z = \frac{R^2}{4} M(1 + \sin^2(\theta))$$

$$I_{x'y'} = 0$$

$$I_{y'z'} = I_{z'x'} = -\cos(\theta)\sin(\theta)(I_y - I_z) = \frac{R^2}{4} M \cos(\theta) \sin(\theta) \tag{7.58}$$

(19-6) 図 7.15 に示すように，半径 100 mm，厚さ 50 mm の一様な円板（比重 7.8）に，半径 15 mm の円孔が，円板の中心に互いに対称な 2 個所の位置（円板中心から半径 75 mm の円周上）に設けられている．円板に垂直な中心軸に対する慣性モーメントを求めよ．この円板を中心軸の回りに回転させ，1 分間に 20 000 rpm まで一様に加速するには，いくらのトルクが必要か．

解 半径 R，厚さ T，比重 γ の円板のそれに垂直な中心軸回りの慣性モーメン I_0 は，式(7.1)より

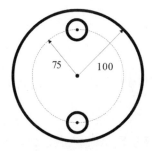

図 7.15　2 円孔付き円板
　　　（厚さ：50，穴半径：15，単位：mm）

260　　第7章　剛体の動力学

$$I_0 = \int r^2 dm = \frac{\gamma}{g} T \int_0^{2\pi} \left(\int_0^R r^2 dr \right) r d\theta = \frac{\pi \gamma T R^4}{2g} \tag{7.59}$$

半径 R_s で質量が

$$M_s = \frac{2\pi \gamma T R_s{}^2}{2g} \tag{7.60}$$

の円孔の中心が回転中心から距離 l にあるときの慣性モーメントは，その穴が中心にあるときよりも $M_s l^2$ だけ大きく減少する．この穴は2個所に存在するから，求める慣性モーメントは

$$I = \frac{\pi \gamma T}{2g} R^4 - 2 \left(\frac{\pi \gamma T}{2g} R_s{}^4 + M_s l^2 \right) = \frac{\pi \gamma T}{2g} (R^4 - 2(R_s{}^4 + 2R_s{}^2 l^2)) \tag{7.61}$$

式(7.61)に与えられた数値を代入して

$$I = \frac{3.142 \times 7.8 \times 10^3 \times 0.05}{2 \times 9.807} (0.1^4 - 2(0.015^4 + 2 \times 0.015^2 \times 0.075^2))$$

$$= 0.005\,924 \text{ kgf·m·s}^2 = 0.0581 \text{ kg·m}^2 \tag{7.62}$$

トルク N は

$$N = I\ddot{\theta} = 0.005\,924 \times 2\pi \times \frac{20\,000}{60^2} = 0.206\,8 \text{ kgf·m} = 2.028 \text{ N·m} \tag{7.63}$$

（19-7）　2辺の長さが $x = a$，$y = b$ の一様な薄い長方形板の中心点（重心）に関する慣性楕円体を求めよ．

解　単位辺長の正方形あたりの質量を ρ とする．中心点を原点とし，主軸方向に座標軸をとれば，主慣性モーメントは，式(7.24)と式(7.31)より

$$I_x = \int_{-b/2}^{b/2} y^2 \cdot \rho a dy = \frac{\rho}{12} ab^3, \qquad I_y = \frac{\rho}{12} a^3 b, \qquad I_z = I_y + I_x = \frac{\rho}{12} ab(a^2 + b^2)$$
$$\tag{7.64}$$

主軸は対称軸であるから慣性乗積はすべて 0．全質量は $M = \rho ab$ であるから，慣性楕円体は

$$\frac{M}{12} (b^2 x^2 + a^2 y^2 + (a^2 + b^2) z^2) = 1 \tag{7.65}$$

(19-8) 一様な円錐の重心回りの慣性楕円体が球である．底面の半径と高さの比を求めよ．

解 図 7.16 のように，円錐の重心 G を原点とし中心線を x 軸とする直交座標軸 (G-xyz) をとる．また，頂点 O を原点とする直交座標軸 (O-$\xi\eta\zeta$) をとる．円錐の高さを h，底辺の半径を b とする．

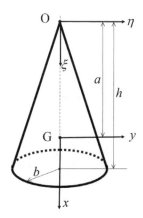

図 7.16 円錐（底辺半径 b 高さ h）

頂点から重心 G までの距離を a とすれば，密度が一様である重心（＝図心）の定義式(1.23)より

$$a = \left(\int_0^h \xi \cdot \pi \left(\frac{b}{h}\xi\right)^2 d\xi\right) \bigg/ \left(\int_0^h \pi \left(\frac{b}{h}\xi\right)^2 d\xi\right) = \left[\frac{\xi^4}{4}\right]_0^h \bigg/ \left[\frac{\xi^3}{3}\right]_0^h = \frac{3}{4}h \tag{7.66}$$

頂点から距離 ξ の位置における半径は $(b/h)\xi$ であるから，この微小厚さ $d\xi$ の部分円板の頂点 O 回りの慣性モーメントは

$$(dI_\xi)d\xi = \left(\int_0^{(b/h)\xi}\int_0^{2\pi} r^2 r d\theta dr\right) d\xi = \frac{\pi}{2}\left(\frac{b}{h}\xi\right)^4 d\xi$$

また，x 軸回りの慣性モーメントに関しては x 軸と ξ 軸は同一であるから，$I_\xi = I_x$．したがって

$$I_x (= I_\xi) = \int_0^h \frac{\pi}{2}\left(\frac{b}{h}\xi\right)^4 d\xi = \frac{\pi}{10}b^4 h \tag{7.67}$$

262　　第7章　剛体の動力学

また，半径 $\left(\dfrac{b}{h}\right)\xi$，微小厚さ $d\xi$ の円板の直径回りの慣性モーメントは

$\dfrac{\pi}{4}\left(\dfrac{b}{h}\xi\right)^4 d\xi$ であり（問題（19-2）の式（7.43）と式（7.44）で $R_2=\dfrac{b}{h}\xi$，$l=d\xi$，

$\rho=1$，$R_1=0$ とおいた式参照），それが重心 G から x 軸方向の距離

$$\xi-a=\xi-\frac{3}{4}h \tag{7.68}$$

だけ離れた位置にあるための慣性モーメントの増加量は，式（7.26）より

$\pi\left(\dfrac{b}{h}\xi\right)^2\left(\xi-\dfrac{3}{4}h\right)^2$ であるから

$$dI_y=\left(\frac{\pi}{4}\left(\frac{b}{h}\xi\right)^4+\pi\left(\frac{b}{h}\xi\right)^2\left(\xi-\frac{3}{4}h\right)^2\right)d\xi \tag{7.69}$$

式（7.69）を ξ で積分して

$$I_y(=I_z)=\int_0^h\left(\frac{\pi}{4}\left(\frac{b}{h}\xi\right)^4+\pi\left(\frac{b}{h}\xi\right)^2\left(\xi-\frac{3}{4}h\right)^2\right)d\xi=\pi\left(\frac{b^4h}{20}+\frac{b^2h^3}{80}\right) \tag{7.70}$$

慣性楕円体が球であるから

$$I_x=I_y=I_z \tag{7.71}$$

式（7.67）と式（7.70）を式（7.71）に代入して

$$\frac{b^2}{h^2}=\frac{1}{4}\ \rightarrow\ \frac{b}{h}=\frac{1}{2} \tag{7.72}$$

（19-9）　一様な球が1つの直径の回りに一定の角速度で回転している．この球が冷却されて半径が $1/n$ に収縮した．このとき回転の角速度はいくらになるか．また，運動エネルギーは何倍になるか．運動エネルギーの増加はどこからきているのかを述べよ．ただし，外力は働かないとする．

解　質量 M・半径 r の球の1つの直径回りの慣性モーメントは（後述の式（7.98）参照）

$$I=\frac{2}{5}r^2 M \tag{7.73}$$

この球が冷却されて半径を $1/n$ に縮小したときの慣性モーメントは

$$I' = \frac{2}{5}\left(\frac{r}{n}\right)^2 M \tag{7.74}$$

冷却前後の角速度をそれぞれ ω, ω' とすれば，角運動量保存則より

$$I\omega = I'\omega' \tag{7.75}$$

式(7.75)に式(7.73)と式(7.74)を代入して

$$\omega' = n^2\omega \tag{7.76}$$

このように，角速度は n^2 倍になる．

運動エネルギーの増加比は

$$\frac{1}{2}I'\omega'^2 / \frac{1}{2}I\omega^2 = n^2 \tag{7.77}$$

この運動エネルギーの増加は，回転中の球が遠心力に逆らって収縮した仕事から来るものであり，元々球が有していた熱エネルギーが冷却により放出されて力学エネルギーに変換されたものである．

(19-10)　半径 $R = 30\,\mathrm{cm}$，重さ $W = 50\,\mathrm{kgf}$ の滑車に重さを無視できるひもがかけられ，ひもの両端には重り Q_1, Q_2 が吊り下げられている．$Q_2 = 30\,\mathrm{kgf}$ のとき，Q_1 が落下する加速度を重力加速度の 1/5 にするためには，Q_1 の重さをいくらにすればよいか．ただし，ひもと滑車は滑らないとする．

解　使用する諸量を図7.17のように表記する．滑車の単位面積あたりの密度を ρ とすれば，その慣性モーメントは式(7.1)より

$$I = \int_0^R \int_0^{2\pi} r^2 \cdot \rho r d\theta dr = \rho \int_0^R r^3 \left(\int_0^{2\pi} d\theta\right) dr = \frac{R^2}{2}\rho\pi R^2 = \frac{R^2}{2}\frac{W}{g} \tag{7.78}$$

したがって，回転の運動方程式は

$$I\ddot{\theta} = \frac{R^2}{2}\frac{W}{g}\ddot{\theta} = (T_1 - T_2)R \tag{7.79}$$

題意より

$$R\ddot{\theta} = \frac{g}{5}, \qquad T_1 = \frac{Q_1}{g}\left(g - \frac{g}{5}\right) = \frac{4}{5}Q_1, \qquad T_2 = \frac{Q_2}{g}\left(g + \frac{g}{5}\right) = \frac{6}{5}Q_2 \tag{7.80}$$

式(7.80)を式(7.79)に代入して

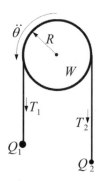

図 7.17 重りを吊り下げた滑車

$$\frac{R}{2}\frac{W}{g}\frac{g}{5} = \left(\frac{4}{5}Q_1 - \frac{6}{5}Q_2\right)R \tag{7.81}$$

式(7.81)に与えられた数値を代入して

$$Q_1 = \frac{1}{4}\left(\frac{W}{2} + 6Q_2\right) = \frac{50 + 12 \times 30}{8} = 51.25 \text{ kgf} = 502.6 \text{ N} \tag{7.82}$$

(19-11) 半径 $r_1 = 10$ cm,質量 $M_1 = 10$ kg の一様なローラ A が初め角速度 $\omega_0 = 270$ rad/s で回転している.これを図 7.18 に示すように,自由に回転できる半径 $r_2 = 150$ cm,質量 $M_2 = 20$ kg のローラ B の上に置く.初めローラの接触面は滑っているが,A は減速し B は増速して最後に滑りがなくなる.滑りがなく

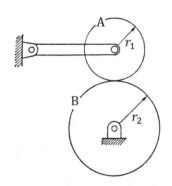

図 7.18 接触する 2 個のローラ

7.2 慣性モーメントと慣性乗積　　265

なるまでの時間とそのときの両ローラの回転数を求めよ．また，運動エネルギー
の減少量はいくらか．ただし，ローラ間の摩擦係数を $\mu=0.3$ とし，軸受の摩擦
は無視できるとする．

解　半径 r，厚さ T，密度 ρ の一様な円板の質量は $M=\pi\rho r^2 T$ であるから，そ
の中心軸回りの慣性モーメントは（式(7.59)参照）

$$I=\frac{\pi\rho T}{2}r^4=\frac{1}{2}r^2 M \tag{7.83}$$

したがって，2つのローラの回転運動の運動方程式は

$$\frac{1}{2}r_1{}^2 M_1\ddot{\theta}_1=-\mu M_1 g\cdot r_1, \qquad \frac{1}{2}r_2{}^2 M_2\ddot{\theta}_2=\mu M_1 g\cdot r_2$$

$$\rightarrow\ \ddot{\theta}_1=-\frac{2g\mu}{r_1}, \qquad \ddot{\theta}_2=\frac{2g\mu}{r_2}\frac{M_1}{M_2} \tag{7.84}$$

初期 $t=0$ で $\dot{\theta}_1=\omega_0$，$\dot{\theta}_2=0$ であり，時間 t_s 秒後に $\dot{\theta}_1=\dot{\theta}_2$ になったとすれば

$$r_1\left(\omega_0-\frac{2g\mu}{r_1}t_s\right)=r_2\frac{2g\mu}{r_2}\frac{M_1}{M_2}t_s \tag{7.85}$$

式(7.85)と与えられた数値から

$$t_s=\frac{r_1\omega_0}{2g\mu(1+(M_1/M_2))}=\frac{0.1\times270}{2\times9.807\times0.3\times(1+0.5)}=3.059\ \text{s} \tag{7.86}$$

接触面間の滑りがなくなったときの回転数を ω_{s1}，ω_{s2} とすれば，式(7.84)と式
(7.86)より

$$\omega_{s1}=\omega_0+\ddot{\theta}t_s=\frac{M_1}{M_1+M_2}\omega_0, \qquad \omega_{s2}=\omega_{s1}\frac{r_1}{r_2}=\frac{M_1}{M_1+M_2}\frac{r_1}{r_2}\omega_0 \tag{7.87}$$

式(7.87)と与えられた数値から

$$\omega_{s1}=\frac{10}{10+20}\times270=90\ \text{rad/s}, \qquad \omega_{s2}=\frac{10}{30}\times\frac{0.1}{1.5}\times90=2\ \text{rad/s} \tag{7.88}$$

運動エネルギーの減少量は

$$E_{loss}=\frac{1}{2}(I_1(\omega_0{}^2-\omega_{s1}{}^2)-I_2\omega_{s2}{}^2)$$

$$=\frac{1}{2}\left(\frac{1}{2}r_1{}^2 M_1(\omega_0{}^2-\omega_{s1}{}^2)-\frac{1}{2}r_2{}^2 M_2\omega_{s2}{}^2\right)=\frac{r_1{}^2 M_1\omega_0{}^2}{4}\times\frac{M_1 M_2}{M_1+M_2}$$

266   第7章 剛体の動力学

$$= \frac{0.1^2 \times 270^2}{4} \times \frac{10 \times 20}{10+20} = 1215 \, \text{N·m}(=\text{J}) = 124.0 \, \text{kgf·m} \qquad (7.89)$$

(19−12) 1) 一様な棒を鉛直にし，水平な軸を付けて実体振子として小さい振動をさせるとき，回転半径と相当単振子の長さを求めよ．また，その周期を最小にするには軸をどこに付ければよいか．さらに，2) 実体振子が一様な球の場合はどうなるか．

解 1) 長さ L の一様な棒の単位長さあたりの質量を ρ とすれば，その質量は $M = \rho L$，また重心回りの慣性モーメント I_{L0} は

$$I_{L0} = \int_{-L/2}^{L/2} x^2 \rho dx = \rho \left[\frac{x^3}{3} \right]_{-L/2}^{L/2} = \frac{\rho L^3}{12} = \frac{L^2}{12} M \qquad (7.90)$$

式(7.8)と式(7.90)から，回転半径は

$$k = \frac{L}{\sqrt{12}} \qquad (7.91)$$

水平軸を重心から y の点に置くと，軸回りの慣性モーメントは式(7.26)より

$$I_{Ly} = \left(y^2 + \frac{L^2}{12} \right) M \qquad (7.92)$$

相当単振子の長さは，式(7.10)で説明した定義より

$$l = \frac{k^2}{y} = \frac{L^2}{12y} \qquad (7.93)$$

式(7.11)よりこの実体振子の周期は

$$T = 2\pi \sqrt{\frac{I_{Ly}}{ygM}} = \frac{2\pi}{\sqrt{g}} \sqrt{y + \frac{L^2}{12y}} \qquad (7.94)$$

周期を最小にするためには

$$\frac{dT}{dy} = \frac{2\pi}{\sqrt{g}} \cdot \left(1 - \frac{L^2}{12y^2} \right) \cdot \frac{1}{2} \cdot \left(1 / \sqrt{y + \frac{L^2}{12y}} \right) = 0 \qquad (7.95)$$

式(7.95)より

$$12y^2 = L^2 \rightarrow y = \frac{\sqrt{3}}{6} L \qquad (7.96)$$

7.2 慣性モーメントと慣性乗積　　267

2)　半径 R の一様な球の単位体積あたりの質量を ρ とすれば，球の質量は

$$M=2\int_0^R\int_0^{2\pi}\int_0^{\sqrt{R^2-z^2}}\rho dr r d\theta dz=4\pi\rho\int_0^R\left(\int_0^{\sqrt{R^2-z^2}}r dr\right)dz$$

$$=4\pi\rho\int_0^R\left(\frac{R^2-z^2}{2}\right)dz=4\pi\rho R^3\left(\frac{1}{2}-\frac{1}{6}\right)=\frac{4}{3}\pi\rho R^3 \qquad (7.97)$$

一方，その球の直径軸回りの慣性モーメントは，式(7.97)を参照して式(7.1)より

$$I_{R0}=2\int_0^R\int_0^{2\pi}\int_0^{\sqrt{R^2-z^2}}r^2\cdot\rho dr\cdot rd\theta\cdot dz=4\pi\rho\int_0^R\left(\int_0^{\sqrt{R^2-z^2}}r^3 dr\right)dz$$

$$=4\pi\rho\int_0^R\frac{(R^2-z^2)^2}{4}dz=\pi\rho R^5\left(1-\frac{2}{3}+\frac{1}{5}\right)=\frac{8}{15}\pi\rho R^5=\frac{2}{5}R^2 M \quad (7.98)$$

式(7.8)と式(7.98)から，回転半径は

$$k=\sqrt{\frac{2}{5}}R \qquad (7.99)$$

水平軸を重心から y の点に置くと，軸回りの慣性モーメントは式(7.26)より

$$I_{Ly}=\left(y^2+\frac{2}{5}R^2\right)M \qquad (7.100)$$

相当単振子の長さは，式(7.10)で説明した定義より

$$l=\frac{k^2}{y}=\frac{2R^2}{5y} \qquad (7.101)$$

式(7.11)よりこの実体振子の周期は

$$T=2\pi\sqrt{\frac{I_{Ry}}{gyM}}=\frac{2\pi}{\sqrt{g}}\sqrt{y+\frac{2R^2}{5y}} \qquad (7.102)$$

周期を最小にするためには，

$$\frac{dT}{dy}=\frac{2\pi}{\sqrt{g}}\cdot\left(1-\frac{2R^2}{5y^2}\right)\cdot\frac{1}{2}\cdot\left(1/\sqrt{y^2+\frac{2R^2}{5y}}\right)=0 \qquad (7.103)$$

式(7.103)より

$$5y^2=2R^2 \rightarrow y=\sqrt{\frac{2}{5}}R \qquad (7.104)$$

(19-13) 図 7.19 のように，薄い長方形の板（辺長 a, b）が，片辺を通る軸の回りに自由に回ることができる．この系の微小振動の周期を求めよ．ただし回転軸は鉛直と角度 α をなしている．

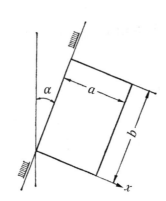

図 7.19　回転できる矩形の板

解　板の質量を M，単位面積あたりの密度を ρ とすれば，$M=\rho ab$．板の軸回りの慣性モーメント I は式(7.1)より

$$I = \int_0^a x^2 \rho b\, dx = \frac{\rho a^3 b}{3} = \frac{a^2}{3} M \tag{7.105}$$

板を軸回りに微小角 θ 回転したときの復元モーメントは

$$Mg \sin(\alpha) \sin(\theta) \frac{a}{2} \simeq \frac{a}{2} Mg \sin(\alpha) \theta$$

であるから，運動方程式は

$$\frac{a^2}{3} M \cdot \ddot{\theta} + \frac{a}{2} Mg \sin(\alpha) \cdot \theta = 0 \tag{7.106}$$

よって，系の微小振動の周期は

$$T = 2\pi \sqrt{\frac{2a}{3g \sin(\alpha)}} \tag{7.107}$$

(19-14) 半径 $r=10\,\mathrm{cm}$，長さ $l=30\,\mathrm{cm}$，質量 $M=5\,\mathrm{kg}$ の一様な円柱が，図

7.20 のような重さが無視できる軸 ABC に取り付けられている．軸の AB 部分は鉛直であり，毎分 600 rpm で回転している．軸の BC 部分は円柱の軸と一致し，$\alpha = 30°$，$b = 20$ cm である．円柱が持つ運動エネルギーを求めよ．

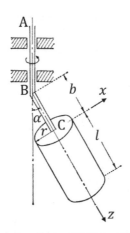

図 7.20 斜めに回転する円柱

解 図 7.20 に示すように，点 B を原点とし，円柱の中心軸を z 軸にとる．円柱の密度を ρ とすれば，円柱の $b+z$ 部分断面の微小厚さ dz の質量は $dM = \rho \pi r^2 dz$ であるから，式(7.54)と式(7.26)より

$$I_x = \int_b^{b+l}\left(\frac{r^2}{4}+z^2\right)dM = \int_b^{b+l}\left(\frac{r^2}{4}+z^2\right)\rho\pi r^2 dz = \rho\pi r^2\left[\frac{r^2}{4}z+\frac{z^3}{3}\right]_b^{b+l}$$

$$= M\left(\frac{r^2}{4}+b^2+bl+\frac{l^3}{3}\right) \tag{7.108}$$

また式(7.54)より

$$I_z = \frac{r^2}{2}M \tag{7.109}$$

回転軸 AB 回りの慣性モーメント I は，式(7.108)と式(7.109)より

$$I = I_x\cos^2(90°-\alpha) + I_z\cos^2(\alpha) = \frac{M}{4}\left(\frac{7}{4}r^2+b^2+bl+\frac{l^2}{3}\right) = 0.1844 \text{ kgm}^2 \tag{7.110}$$

運動エネルギーは

$$E = \frac{1}{2}I\omega^2 = \frac{1}{2} \times 0.184\,4 \times \left(\frac{600}{60} \times 2\pi\right)^2 = 363.8\,\text{N m} \qquad (7.111)$$

7.3 回転体の反力と釣合せ

回転軸を固定する軸受には，回転体の重さのほかに慣性力が働くことは本章の初めで触れたが，このような力を決定するのは運動方程式(7.2)と回転運動の決定には関係しなかった式(7.3)の残りの2成分の式である．そこで，軸受の反力を R，そのモーメントを Q とし，これらを外力 F ならびに外力のモーメント N と分離して表し，運動方程式を

$$M\ddot{\boldsymbol{r}}_g = \boldsymbol{F} + \boldsymbol{R}, \qquad \frac{d\boldsymbol{L}}{dt} = \boldsymbol{N} + \boldsymbol{Q} \qquad (7.112)$$

と書いておく．

いま，図 7.21 に示すように，2つの軸受 A，B で支えられた回転体の例について考える．回転軸を z 軸とし，重心を含む $x-y$ 断面上の軸心点を原点 O とする固定座標系 (O$-xyz$) をとる．外力が作用しない場合には $F_x = F_y = F_z = 0$，$N_x = N_y = 0$ であるから，角速度 $\omega(t)$ の回転運動のために生じる軸受反力のみを考えて

$$M\ddot{\boldsymbol{r}}_g = \boldsymbol{R}, \qquad \frac{d\boldsymbol{L}}{dt} = \boldsymbol{Q} \qquad (7.113)$$

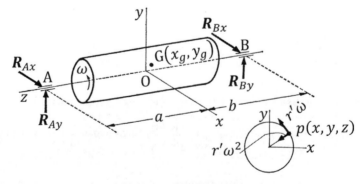

図 7.21　回転体の釣合

回転により z 方向（回転軸方向）には軸受反力は発生しないので，式(7.113)では x，y 成分のみを考えればよい．

回転体内のすべての点は z 軸回りの円運動をし，図 7.22 から分かるように $r\cos(\theta)=x$，$r\sin(\theta)=y$ であるから，点 $(x,\ y)$ の加速度成分は $(-x\omega^2-y\dot{\omega},\ -y\omega^2+x\dot{\omega},\ 0)$ になる．したがって回転体全体の慣性力成分は

$$\int(x\omega^2+y\dot{\omega})dm, \quad \int(y\omega^2-x\dot{\omega})dm, \quad 0 \tag{7.114}$$

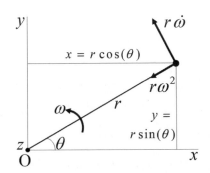

図 7.22　z 軸回りの回転体の加速度
（z 軸は紙面手前方向）

すなわち

$$M(x_g\omega^2+y_g\dot{\omega}), \quad M(y_g\omega^2-x_g\dot{\omega}), \quad 0 \tag{7.115}$$

式(7.115)は加速度による慣性力ベクトル $(-M\ddot{\boldsymbol{r}}_g)$ の x，y 成分であり，式(7.113)左式から

$$\left.\begin{array}{l} M(x_g\omega^2+y_g\dot{\omega})+R_{Ax}+R_{Bx}=0 \\ M(y_g\omega^2-x_g\dot{\omega})+R_{Ay}+R_{By}=0 \end{array}\right\} \tag{7.116}$$

が得られる．式(7.116)から両軸受に作用する反力の合力 $R_{Ax}+R_{Bx}$ と $R_{Ay}+R_{By}$ は求めることができるが，それぞれの軸受の反力を求めるためには，さらにモーメントの釣合式が必要である．そこで式(7.3)より（× 印はベクトル積）

272   第7章　剛体の動力学

$$N(=-Q)=\frac{dL}{dt}=\frac{d}{dt}\int(r\times v)dm=\int(\dot{r}\times v+r\times\dot{v})dm$$

$$=\int(v\times v+r\times a)dm=\int(r\times a)dm \tag{7.117}$$

　式(7.117)は，角運動量の時間微分に　－(負)の符号を付すと慣性力のモーメント Q に等しくなることを意味する．ベクトル積の定義式(1.8)より，$r\times a$ の x 成分は ya_z-za_y であるから，これに図7.22から求め式(7.114)に用いた加速度の成分を代入すれば，慣性力のモーメントの x 成分が求められる．式(7.117)の y，z 成分も同様にして求められるから

$$\int(-yz\omega^2+zx\dot{\omega})dm, \qquad \int(zx\omega^2+yz\dot{\omega})dm, \qquad -\int(x^2+y^2)\dot{\omega}dm \tag{7.118}$$

　一方，図7.21から明らかなように，軸受反力 R による x 軸回りのモーメント（x 軸に向かう右ねじ回りの方向が止）は $Q_x=-R_{Ay}a+R_{By}b$ であるから，式(7.118)と式(7.113)右式から x 軸回りの力のモーメントの釣合は

$$-\int yz\omega^2dm+\int zx\dot{\omega}dm-R_{ay}a+R_{by}b=0 \tag{7.119}$$

で与えられる．式(7.119)左辺中の項 $-R_{ay}a+R_{by}b$ は，x 軸右ねじ回りの外力（＝軸受反力）モーメントである．同様にして y 軸回りの力のモーメントの釣合式が求められる．これらの式を式(7.29)に示した慣性乗積を用いて書き換えると

$$\left.\begin{array}{l} -I_{yz}\omega^2+I_{zx}\dot{\omega}-R_{Ay}a+R_{By}b=0 \\ I_{zx}\omega^2+I_{yz}\dot{\omega}+R_{Ax}a-R_{Bx}b=0 \end{array}\right\} \tag{7.120}$$

　式(7.116)と式(7.120)(合計4式)から2つの軸受の反力（合計4個）を求めることができるが，それらに含まれる x_g，y_g，I_{yz}，I_{zx} は回転体に固定した座標系を基準にとっているから，回転と共に変化する．したがって，反力も時間的に変化する量であり，軸受には回転角速度 ω の周期的な力が働き，振動の原因となる．

　しかし，式(7.116)と式(7.120)は力と力のモーメントの釣合の式（ダランベールの原理）にほかならないから，座標系 (O－xyz) を x 軸と y 軸を回転体に固定してとった回転座標系としても，これらの式はそのまま成立する．このような座

標系をとると，式中の量はすべて時間に無関係な量となり，都合が良い．

もし重心が回転軸上にあると，$x_g = y_g = 0$ であるから，式(7.116)より

$$R_{Ax} = -R_{Bx}, \qquad R_{Ay} = -R_{By} \tag{7.121}$$

であり，反力の合力は 0 になる．しかし偶力が残ってしまうから，やはり振動は起こる．回転が原因で生じる軸受の反力がすべて 0 で静かに（つまり，振動を生じることなく）回るためには，さらに式(7.120)から

$$I_{yz} = I_{zx} = 0 \tag{7.122}$$

式(7.122)は，z 軸が慣性楕円体の主軸でなければならないことを意味する．このことは式(7.7)からも明らかである．このとき慣性楕円体の方程式は，式(7.31)より

$$I_x x^2 + I_y y^2 + I_z z^2 - 2I_{xy}xy = 1 \tag{7.123}$$

となり，慣性主軸の 1 つ（この場合には z 軸）が回転軸に一致することを表している．完全に釣合をとって軸受に反力が生じない状態を，回転体が動的に釣り合っていると言う．重心の偏心（回転体の質量 M と重心の偏心量 e の積 Me を**不釣合**と言う）は，例えば水平なレールの上に軸を乗せるだけで重力によって検出することができる．このようにして静的な試験によって釣合をとる操作を**静釣合試験**と言う．これに対し，動的に釣り合わせる，すなわち偶力を生じさせる一対の不釣合（**偶不釣合**と言う）を検出して釣り合わせるには，回転させてみなければならない．この操作を**動釣合試験**と言う．

7.4 剛体の平面運動

剛体の平面運動では，固定座標系における重心の座標を (x, y) とすれば重心の運動は

$$M\ddot{x} = X, \qquad M\ddot{y} = Y \tag{7.124}$$

から定められる．また，重心を通り運動平面に垂直な軸回りの慣性モーメントを I，回転角を θ とすれば，重心回りの回転運動は，固定軸回りの回転運動と同様に

$$I\ddot{\theta} = N \tag{7.125}$$

から求められる．ここで，$X \cdot Y$ は外力の x 方向・y 方向成分，N は重心回りの外力モーメントである．

重心の運動は，式(4.15)のように，その経路（図2.1の s）の接線方向と主法線方向の運動方程式を用いて考えると都合が良い場合がある．この場合には，重心の速度ベクトル $\boldsymbol{v}$ が x 軸となす角を φ とすれば，式(2.9)（ρ は曲率半径：図2.3参照）より

$$\frac{v^2}{\rho} = v \cdot v \cdot \frac{1}{\rho} = v \cdot \frac{ds}{dt} \cdot \frac{d\varphi}{ds} = v \frac{d\varphi}{dt} \tag{7.126}$$

したがって重心の運動方程式は，式(7.124)の代りに

$$M \frac{dv}{dt} = F_t, \qquad Mv \frac{d\varphi}{dt} = F_n \tag{7.127}$$

を用いればよい．また剛体の運動エネルギーは重心の運動エネルギーと重心回りの運動（＝回転運動）エネルギーの和であるから，式(5.21)と式(7.19)より

$$T = \frac{1}{2} M v^2 + \frac{1}{2} I \dot{\theta}^2 \tag{7.128}$$

例7.3　転動体に外力が作用し，平面上を転がり運動する場合を調べてみる．

図 **7.23** に示すように，転動体の中心に力 X とトルク N が作用すると，床平面との接触点には接線方向に摩擦の反力 F が働き，この力のために転動体は転がり運動をする．転動体の重心は回転の軸上にあるとし，その半径を r，重心の速

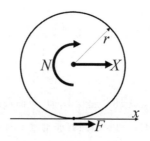

図 **7.23**　転がり運動

度を v，角速度を ω とする．また，摩擦力 F は座標軸 x の正方向に向くときを正と定めると，運動方程式は

$$M\dot{v} = X + F, \qquad I\dot{\omega} = N - rF \tag{7.129}$$

接触点で滑らずに転がる運動をする場合には，接触点の速度は 0 であるから

$$v = r\omega \tag{7.130}$$

式(7.8)で定義される回転半径 $k\left(=\sqrt{I/M}\right)$ を用いて式(7.129)から摩擦力 F を消去すれば，運動方程式は，

$$M\left(1 + \frac{k^2}{r^2}\right)\dot{v} = X + \frac{N}{r} \qquad \text{または} \qquad I\left(1 + \frac{r^2}{k^2}\right)\dot{\omega} = N + r \cdot X \tag{7.131}$$

重心の運動は重心回りの回転運動を，回転運動は重心の運動を伴うために，見かけ上，質量が $(1 + k^2/r^2)$ 倍，慣性モーメントが $(1 + r^2/k^2)$ 倍になっていることを，式(7.131)は示している．このように摩擦力 F は，重心の運動をあるいは重心回りの回転運動を妨げるが，静摩擦力であるから，滑りの動摩擦力と違って仕事をしない．したがって，外力がする仕事は転導体の運動エネルギーに等しい．

式(7.129)と式(7.130)から v と ω を消去すれば摩擦力は，$F = -\dfrac{k^2}{r^2 + k^2}X + \dfrac{r^2}{r^2 + k^2} \cdot \dfrac{N}{r}$ となるが，滑らずに転がるためには，接触点における面の反力を R，静摩擦係数を μ_s と記せば，$|F| \leq \mu_s R$ である必要がある．X や N が大きいとこの条件が満たされなくなり，滑りを伴う転がり運動になる．このときには動摩擦係数 μ_k を用いて，運動方程式の摩擦力 F に $F = \pm\mu_k R$ の関係を導入して解けばよい．このとき，滑り速度 $|v - r\omega|$ は時間と共に増大する．もしある瞬間から外力が作用しなくなったとすると，滑りの摩擦力の働きによって，$v > r\omega$ の場合には v が次第に減少し反対に ω が増加する．$v < r\omega$ の場合には，v は次第に増加し反対に ω は減少する．普通，v の変化よりも $r\omega$ の変換の方が大きいが，この状態は $v = r\omega$ になるまで続き，それ以後は等速度の滑りがない転がり運動を続ける．

実際の転がり運動では，**図 7.24**(a)に示すように，接触点に転がりを妨げるよ

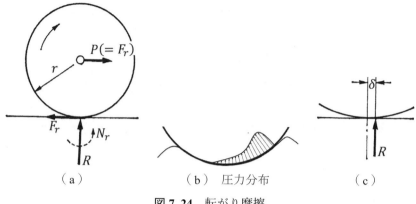

図 7.24 転がり摩擦

うな偶力のモーメント N_r が働く．これは転がろうとするとき接触面に働く反力 R が，同図(b)と同図(c)のように，進行方向前方に偏ることに起因する非対称性に基づくモーメントであり，滑りの摩擦に倣って

$$N_r = \delta \cdot R \tag{7.132}$$

で表す．式(7.132)中の δ を**転がりの摩擦係数**と言う．δ は無次元の滑り摩擦係数 μ と違って長さの次元を持っている．そしてその値は，材料や面の状態ばかりではなく荷重や速度によっても変化し，鋼（例えば鉄道レール）で $\delta = 0.005 \sim 0.05$ mm の程度である．

水平面上に置かれた転動体の中心に水平な力 P を作用させ，ちょうど転がり抵抗と釣り合うためには

$$P \cdot r = N_r \tag{7.133}$$

式(7.133)を満足する力 P は，滑らずに一定速度で転がり運動を続けさせるために絶えず加え続けなければならない力である．通常は転がり摩擦を転がりの摩擦係数ではなく力の単位を有する

$$P = \frac{\delta}{r} R (= \mu_r R) \tag{7.134}$$

で表現する方が便利である．

例えば $\delta = 0.05$ mm，$r = 50$ mm とすれば，$\delta/r = 1 \times 10^{-3}$ となる．通常の滑り

摩擦係数 μ_k の値は 10^{-1} 程度であるから，滑り摩擦に比べると転がり摩擦は無視できる程度に小さい．

先述の図 7.23 に関する説明では転がり摩擦を無視した．もし転がり摩擦を考慮すれば運動方程式は $M\dot{v}=X+F$, $I\dot{\omega}=N-rF-\delta R$ となるが，通常の場合，転がり摩擦を無視した結果とあまり差がない．

車両の摩擦抵抗は転がり摩擦だけでなく軸受の摩擦も含めて，$P=F_r=\mu_r R$ の形に表すのが普通である．実際に直接測ることができるのは，軸受の摩擦を含めた引張力である．この形の μ_r を**転がり抵抗係数**と言う．鉄道車両の場合には $\mu_r=0.005$ であり，電車では重さの約 0.005 倍のけん引力で引っ張ることができる．アスファルト路面上のタイヤの場合には $\mu_r=0.008\sim 0.015$ 程度の値である．

例7.4 剛体に撃力（力積 S）を作用させる場合を考える．撃力が作用すると，その瞬間に剛体の運動量はその力積に相当する分だけ変化する．図 **7.25** に示すように，P は撃力の作用点，G は剛体の重心，撃力 S は直線 PG に垂直に加えられるとする．撃力によって，静止していた剛体は急に運動を始めるが，そのときの重心の初速度を v_0，重心回りの回転の初角速度を ω_0 とすれば，運動方程式から

$$Mv_0=S, \quad I\omega_0=Sa \tag{7.135}$$

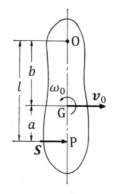

図 **7.25** 打撃の中心

の関係が得られる．いま，直線 PG 上の点の速度を調べてみると，点 G からの距離 b が $v_0 - b\omega_0 = 0$ の関係を満足する点 O は，速度が 0 になり不動の点となる．式(7.135)と式(7.8)から $b = \dfrac{I}{Ma} = \dfrac{k^2}{a}$, $k = \sqrt{\dfrac{I}{M}}$ (k は回転半径)である．点 O と点 P は可逆的であり，それらは実体振子(例 7.1)の振動の中心と支点の関係の位置にある．また不動の点 O を支えても反力が働かないから，この関係にある点 P は点 O に対する**打撃の中心**と呼ばれる．

図 **7.26** は，玉突きの球を，中心を含む鉛直面内で水平に突く場合を示す．いま，台との接触点 O に瞬間的に働く摩擦の反力は撃力 S に比べて小さく，無視できるものとする．球が台上を最初から滑らずに転がるためには，撃力の作用点 P は点 O に対して前述の関係を満足しなければならない．したがって，図 7.25 内の b を球の半径 r で置き換えればよいから，$a > k^2/r$ または $a < k^2/r$ に従って，初期条件が $v_0 < r\omega_0$ または $v_0 > r\omega_0$ の滑りを伴う転がり運動を始めることが分かる．

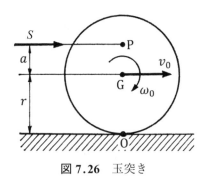

図 **7.26** 玉突き

図 **7.27** に示すように，球が回転角速度 ω_0 で転がってきて半径 r より低い高さ h の突起に衝突する場合の球の挙動を調べる．球の重心点 G を原点とし衝突点 C への方向を x 軸，それから直角上方向に y 軸をとる．衝突直前の重心の速度を $v_0(v_{0x}, v_{0y}) = r\omega_0$，衝突直後の速度を v'_x, v'_y，また衝突により回転の角速度が ω_0 から ω' に変わったとする．衝突の瞬間に点 C で作用する反力・摩擦力の力積

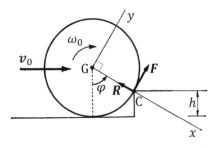

図 7.27 球の衝突

をそれぞれ $\overline{R}$, $\overline{F}$ とすれば, (x, y) 軸方向並進運動の運動方程式は

$$M(v'_x - v_{0x}) = -\overline{R}, \quad M(v'_y - v_{0y}) = \overline{F} \tag{7.136}$$

また，重心 G 回りの回転運動の運動方程式は

$$I(\omega' - \omega_0) = -\overline{F} \cdot r \tag{7.137}$$

$\overline{R}$ と $\overline{F}$ が分かっていないから，衝突直後の運動を表す v'_x, v'_y, ω' の3個の量は式(7.136)と式(7.137)の関係だけからは決まらない．その代わりに，跳返りの係数 $e = -v'_x/v_{0x}$ の値と滑りがないという条件を与えると，衝突の衝突直後の運動状態を求めることができる．いま，点 C で跳ね返されたり滑ったりすることはない（衝突時には $e = 0$, $\overline{F} \leq \mu_s \overline{R}$, $v'_y - r\omega' = 0$) とすれば

$$v'_x = 0 \tag{7.138}$$

幾何学的関係から

$$v_{0x} = v_0 \sin(\varphi), \quad v_{0y} = v_0 \cos(\varphi) \tag{7.139}$$

式(7.136)左式に式(7.138)を代入して式(7.139)を用いれば

$$\overline{R} = Mv_{0x} = Mv_0 \sin(\varphi) \tag{7.140}$$

球の慣性モーメントは式(7.98)より $I = \dfrac{2}{5}Mr^2$ であるから

$$\overline{F} = \dfrac{2}{7}Mv_0(1 - \cos(\varphi)) \tag{7.141}$$

また，衝突時に滑りがないから

280 第7章 剛体の動力学

$$\omega' = \frac{v'_y}{r}, \qquad \omega_0 = \frac{v_{0y}}{r} = \frac{v_0 \cos (\varphi)}{r} \tag{7.142}$$

式(7.137)に式(7.136)，(7.139)，(7.141)，(7.142)を代入して

$$\frac{2}{5} Mr^2 \left(\frac{v'_y}{r} - \frac{v_0}{r} \right) = -M(v'_y - v_{0y})r \;\rightarrow\; v'_y = \frac{2+5\cos (\varphi)}{7} v_0, \;\; \omega' = \frac{v'_y}{r}$$
$$\tag{7.143}$$

撃力は衝突点 C の回りにモーメントを持たないから，衝突点回りの角運動量をとれば，角運動量保存則が成立する．式(7.136)右式と式(7.137)から $\overline{F}$ を消去して得られた式(7.143)左式は角運動量保存則にほかならない．

さて，突起の高さを h とすれば図 7.27 から

$$h = r(1 - \cos (\varphi)) \;\rightarrow\; \cos (\varphi) = 1 - \frac{h}{r} \tag{7.144}$$

衝突前には球は $v_0 = r\omega_0$ で転がっているから，式(7.143)と式(7.144)から

$$\omega' = \frac{2+5\cos (\varphi)}{7} \omega_0 = \left(1 - \frac{5}{7} \frac{h}{r} \right) \omega_0 \tag{7.145}$$

衝突時（初期：$t = 0$）には，球の中心（重心 G）の突起の角（点 C）からの高さは $r \cos (\varphi)$ であり，その瞬間に球は角速度 ω' で回転し始める．$h < r$ としているから式(7.145)より常に $\omega' > 0$ であり，衝突後の球は表面上の点 C を中心に時計回りに回転して，突起を登り始める．そのときの慣性モーメントは，中心回りの慣性モーメントより式(7.8)に示す $Mr^2 (h = r)$ だけ増加した $I_C = I + Mr^2$ になる．これに $I = (2/5)Mr^2$（球の直径軸回りの慣性モーメント：式(7.98)参照）を代入すれば，$I_C = (7/5)Mr^2$ である．

衝突後に直線 $\overline{GC}$ が水平と角 θ の傾きになっているときの球の角速度を ω とすれば，力学エネルギー保存則から

$$\frac{1}{2} \cdot \frac{7}{5} Mr^2 \cdot \omega^2 + Mgr \sin (\theta) = \frac{1}{2} \cdot \frac{7}{5} Mr^2 \cdot \omega'^2 + Mgr \cos (\varphi) \tag{7.146}$$

すなわち

$$\omega^2 = \omega'^2 - \frac{10g}{7r} (\sin (\theta) - \cos (\varphi)) \tag{7.147}$$

突起を乗り越えるために必要な速度 v_0 は，$\theta=90°(\sin(\theta)=1)$ で $\omega>0$ でなければならないから，式(7.147)に式(4.144)と式(7.145)と $\omega_0=v_0/r$ を代入して

$$\omega'^2 - \frac{10gh}{7r^2} > 0 \rightarrow \left(1-\frac{5}{7}\frac{h}{r}\right)^2 \frac{v_0^2}{r^2} - \frac{10gh}{7r^2} > 0 \rightarrow v_0^2 > 10gh \bigg/ \left(7\left(1-\frac{5}{7}\frac{h}{r}\right)^2\right)$$

(7.148)

例7.5 航空機・船舶・自動車の旋回運動を調べてみよう．航空機が鉛直面内を上昇しようとするときには，昇降舵を上方に操舵する．これによって頭上げモーメントを生じ，**図7.28** に示すように，機体の迎角が増して大きい揚力が得られる．その揚力 L と重量 W との差が主な向心力となって，飛行経路は上向きに曲げられ上昇する．

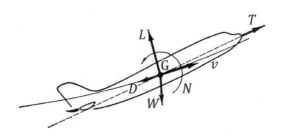

図 **7.28** 航空機の上昇

船の旋回の場合も同様であり，操舵によって船首の向きが変わりながら横滑りし，そのために水面下の部分に作用する水力が向心力となって，航路は次第に曲がっていく．

自動車の方向変換では，前車輪の向きを変えて（前輪駆動の場合）曲がるが，車の向きを旋回させるのはタイヤの横滑りによって生じる力の作用である．タイヤが回転面内の速度で転がり運動をしている場合と違って，**図7.29** に示すように，回転面と β の角度をなす方向に横滑りすると，接地面にその横滑りを妨げる横向きの力が生じる．接地面に働く合力の進行方向に直角な方向の成分 F_c は向心力として働き，この力はコーナリングフォース（コーナーを切る力）と呼ばれ

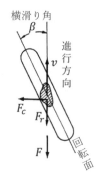

図 7.29　タイヤに作用するコーナリングフォース

る．進行方向後ろ向きの力 F_r は横滑り時の転がり抵抗であり，F は車輪に駆動トルク・制動トルクが作用するときの駆動力・制動抵抗である．これらの力はいずれも横滑り角 β や荷重に依存して変化する．

[問題 20]

(20-1)　図 7.30(a) は砥石車のような半径 R の薄い円板であるが，取付けが悪く，その対称軸が回転軸と角 α をなして取り付けられている．円板の材質は一様で，直径 250 mm，質量 2 kg，$\alpha = 5'$ である．3 000 rpm のとき，どのような偶力のモーメントが形成されるか．

解　回転軸を z 軸に，x 軸を円板の面内（図 7.30(a) の紙面手前方向）にとる．したがって，$(O-xyz)$ は円板に固定してとった回転座標系である．円板の面内に極座標 (r, θ) をとり，単位面積あたりの質量を ρ とすれば，同図(b)のように，円板の微小部分の質量は $dm = \rho r d\theta dr$ である．同図(c)のように，その微小質量は回転軸 z に沿って円板の中心点 O から $r\sin(\theta)\sin(\alpha)$ の点を回転中心とし，その点から回転軸に直角な方向に $r\sqrt{1-\sin^2(\theta)\sin^2(\alpha)}$ の距離の位置（この距離が微小質量の回転半径）にあるから，回転の角速度を ω とすれば，この微小質量に働く遠心力 df は

7.4 剛体の平面運動

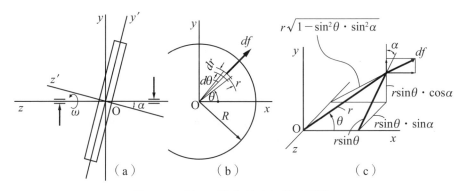

図 7.30 斜めに取り付けた薄い円板 1

$$df = \rho r d\theta dr \cdot r\sqrt{1-\sin^2(\theta)\sin^2(\alpha)} \cdot \omega^2 \tag{7.149}$$

この遠心力 df は回転軸に直角な平面（回転平面）内に作用し，df の x 軸に垂直な方向の成分は

$$df \cdot \frac{r\sin(\theta)\cos(\alpha)}{r\sqrt{1-\sin^2(\theta)\sin^2(\alpha)}} \tag{7.150}$$

この力成分の作用線は x 軸から $r\sin(\theta)\sin(\alpha)$ の距離にあるから，遠心力の x 軸回りのモーメントは

$$\int_0^R \int_0^{2\pi} \frac{\sin(\theta)\cos(\alpha)}{\sqrt{1-\sin^2(\theta)\sin^2(\alpha)}} \cdot r\sin(\theta)\sin(\alpha) \cdot df$$

$$= \int_0^R \int_0^{2\pi} \frac{\sin(\theta)\cos(\alpha)}{\sqrt{1-\sin^2(\theta)\sin^2(\alpha)}} \cdot r\sin(\theta)\sin(\alpha) \cdot \rho r d\theta dr \cdot$$

$$r\sqrt{1-\sin^2(\theta)\sin^2(\alpha)} \cdot \omega^2$$

$$= \rho\omega^2 \cos(\alpha)\sin(\alpha) \int_0^R r^3 \left(\int_0^{2\pi} \sin^2(\theta) d\theta \right) dr$$

$$= \rho\omega^2 \frac{\sin(2\alpha)}{2} \frac{R^4}{4} \int_0^{2\pi} \frac{1-\cos(2\theta)}{2} d\theta = \rho\omega^2 \frac{\sin(2\alpha)}{2} \frac{R^4}{4} \left[\frac{\theta}{2}\right]_0^{2\pi}$$

$$= \frac{\pi \rho R^4 \omega^2 \sin(2\alpha)}{8} \tag{7.151}$$

$\rho = M/(\pi R^2)$, $\omega = 2\pi N/60$ であり，$M = 2\,\text{kg}$, $R = 0.125\,\text{m}$, $\sin(2\alpha) = \sin(10') = 0.0029$,

284　　第7章　剛体の動力学

$N=3\,000\,\text{rpm}$ であるから

$$\frac{\pi\rho R^4\omega^2\sin(2\alpha)}{8}=\frac{MR^2(2\pi)^2N^2\sin(2\alpha)}{8\cdot60^2}$$

$$=\frac{2\cdot0.125^2\cdot6.283^2\cdot9\cdot10^6\cdot0.0029}{8\cdot36\cdot10^2}=1.118\,\text{Nm} \tag{7.152}$$

このモーメントは，x 軸方向に時計回りすなわち円板を回転軸に垂直な方向に起き返らせる向きに作用する偶力のモーメントである.

（20−2）　水平な直線軌道を進む列車がある. 機関車以外の車両の総重量は 400 tf，機関車の重量（動輪上の重量）は 70 tf である. 鉄道の転がり抵抗係数が $\mu_r=0.005$，車輪とレールの間の静摩擦係数が $\mu_s=0.2$ であるとき，（a）　等速度で進むために必要な機関車のけん引力はいくらか.（b）　毎秒速度が 0.8 km/h の割合で増加する時の加速中の引張力はいくらか.（c）　最大引張力はいくらか.

解　（a）　等速度で進むために必要なけん引力は $400\times0.005=2$ tf.（b）　加速度は $0.8\times10^3/3\,600=1/4.5\,\text{m/s}^2$ であり回転する車輪の各加速度は無視できるから，加速する時の引張力は $\dfrac{400}{9.807}\times\dfrac{1}{4.5}+400\times0.005=11.068$ tf.（c）　機関車が出し得る最大けん引力は $70\times0.2=14$ tf.

（20−3）　**図 7.31** に示すように，振子 1 に先端にさらに振子 2 を取り付けた 2 重振子の運動方程式を作れ.

解　振子の質量を M，重心 G の回りの慣性モーメントを I とし，それぞれ 1 と 2 の下添字を付けて表現する. 振子 1 は固定中心軸 O の回りに回転するから，その運動方程式は，結合点 O_2 に働く力の $x\cdot y$ 成分をそれぞれ $X\cdot Y$ とすれば，固定中心軸 O の回りの振子 M_1 の回転運動の運動方程式であり

$$(M_1h_1{}^2+I_1)\ddot{\theta}_1=-M_1gh_1\sin(\theta_1)+Xl\cos(\theta_1)-Yl\sin(\theta_1) \tag{7.153}$$

振子 2 については，重心 G_2 における力の釣合式

$$M_2\ddot{x}_2+X=0 \qquad と \qquad M_2\ddot{y}_2+Y=M_2g \tag{7.154}$$

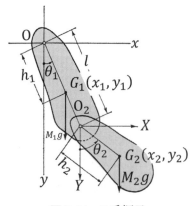

図 7.31　2重振子

と重心 G_2 回りの回転運動の運動方程式

$$I_2\ddot{\theta}_2 = Xh_2\cos(\theta_2) - Yh_2\sin(\theta_2) \tag{7.155}$$

が得られる．拘束条件式は

$$x_2 = l\sin(\theta_1) + h_2\sin(\theta_2), \qquad y_2 = l\cos(\theta_1) + h_2\cos(\theta_2) \tag{7.156}$$

これらの6式から，x_2, y_2 および拘束力 X, Y を消去して，θ_1, θ_2 を求めることができる．

(20-4)　直径85 cm，質量200 kgの均一なローラを水平面上に置き，軸に水平方向の力500 Nを加えて転がすときの加速度を求めよ．水平方向の力の代わりに300 Nmのトルクを軸に作用させる場合はどうか．

解　ローラの半径を R，軸方向長さあたりの単位断面積の質量を ρ とすると，全質量は $M = \pi\rho R^2$．中心軸回りの慣性モーメントは式(7.1)より

$$I_0 = \int r^2 dm = \int_0^R \int_0^{2\pi} r^2 \cdot \rho r d\theta dr = 2\pi\rho \int_0^R r^3 dr = \frac{1}{2}\pi\rho R^4 = \frac{1}{2}R^2 M \tag{7.157}$$

ローラ円周上の慣性モーメント I は，式(7.26)と式(7.157)より

$$I = I_0 + R^2 M = \frac{3}{2}R^2 M \tag{7.158}$$

軸に力 F を加えて転がすときには，$I\ddot{\theta}=FR$ より加速度は

$$R\ddot{\theta}=\frac{2}{3}\cdot\frac{F}{M}=\frac{2}{3}\cdot\frac{500}{200}=1.667 \text{ m/s}^2 \tag{7.159}$$

軸にトルク T を作用させる場合には，$I\ddot{\theta}=T$ より加速度は

$$R\ddot{\theta}=\frac{2}{3}\frac{T}{MR}=\frac{2}{3}\frac{300}{200\times 0.85/2}=2.353 \text{ m/s}^2 \tag{7.160}$$

(20−5) 長さ $2l$，質量 M の一様な棒の両端を水平に支持しておき，一方の支点を急に取り去った直後の，棒の角加速度と支点の反力を求めよ．

解 単位長さあたりの質量は $M/2l$ であるから，棒の一端回りの慣性モーメント I は

$$I=\int_0^{2l}\frac{M}{2l}x^2 dx=\frac{M}{2l}\frac{(2l)^3}{3}=\frac{4}{3}Ml^2 \tag{7.161}$$

$I\ddot{\theta}=Mgl$ より角加速度は，$\ddot{\theta}=\dfrac{Mgl}{I}=\dfrac{3g}{4l}$

重心の加速度は $l\ddot{\theta}=\dfrac{3g}{4}$ であるから，支点の反力は

$$R=M\left(g-\frac{3}{4}g\right)=\frac{Mg}{4} \tag{7.162}$$

(20−6) 図 **7.32** に示すように，長さ $l=60$ cm，質量 $M=0.8$ kg の一様な棒を，滑らかな鉛直壁に $\theta_0=45°$ 傾けて立てかけて手放した．床は水平で滑らかである

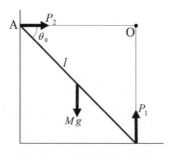

図 **7.32** 鉛直な壁に立てかけた棒

7.4 剛体の平面運動 287

とすると，棒が滑り始める瞬間の床の反力 P_1 と壁の反力 P_2，および棒の端 A が床に衝突する瞬間の速度を求めよ。

解 初期の棒の瞬間中心は点 O である。棒の重心と点 O 間の距離は $l/2$ であるから，棒の点 O 回りの慣性モーメント I は式(7.1)と式(7.26)より

$$I = \int_{-l/2}^{l/2} r^2 \frac{M}{l} dr + \left(\frac{l}{2}\right)^2 M$$

$$= \left(\frac{1}{l}\left[\frac{r^3}{3}\right]_{-l/2}^{l/2} + \frac{l^2}{4}\right) M = \left(\frac{l^2}{12} + \frac{l^2}{4}\right) M = \frac{l^2}{3} M \tag{7.163}$$

手放した後に自由落下する棒の運動方程式は

$$\frac{l^2}{3} M \cdot \ddot{\theta} = \frac{l}{2} \cdot Mg \cos(\theta) \ \rightarrow \ \ddot{\theta} = \frac{3g}{2l} \cos(\theta) \tag{7.164}$$

$\theta = \theta_0 = 45°$ のときには $\sin(45°) = \cos(45°) = \dfrac{1}{\sqrt{2}}$ だから，角加速度は

$$\ddot{\theta} = \frac{3g}{2\sqrt{2}\,l} \tag{7.165}$$

重心の垂直と水平方向加速度は，それぞれ

$$-\frac{l}{2}\ddot{\theta}\cos(\theta) = -\frac{3}{8}g \ \text{と} \ \frac{l}{2}\ddot{\theta}\sin(\theta) = \frac{3}{8}g \tag{7.166}$$

したがって

$$P_1 = M\left(g - \frac{3}{8}g\right) = 0.8 \times \frac{5}{8} \times 9.807 = 4.904 \text{ N}$$

$$P_2 = \frac{3}{8}Mg = 0.8 \times \frac{3}{8} \times 9.807 = 2.942 \text{ N} \tag{7.167}$$

式(7.164)より

$$\dot{\theta}\ddot{\theta} = \frac{3g}{2l}\dot{\theta}\cos(\theta) \ \rightarrow \ \frac{d}{dt}\left(\frac{\dot{\theta}^2}{2}\right) = \frac{3g}{2l}\frac{d}{dt}(-\sin(\theta)) \tag{7.168}$$

$t = 0$ のとき $\theta = \theta_0 = 45°$，$\dot{\theta} = 0$ として式(7.168)を積分すれば

$$\dot{\theta}^2 = \frac{3g}{l}\left(\frac{1}{\sqrt{2}} - \sin(\theta)\right) \tag{7.169}$$

端 A が床に衝突するのは $\theta = 0$ のときであり，その衝突速度 v_c は

288 　第 7 章　剛体の動力学

$$v_c = l(\dot{\theta})_{\theta=0} = 0.6\sqrt{\frac{3\times9.807}{0.6\times1.414}} = 3.533 \text{ m/s} \tag{7.170}$$

(20-7)　小さい球が速度 v で粗い固定平面に，平面に立てた垂線（y 軸）と角度 α をなして衝突するとき，跳ね返りの速度 v_r を求めよ．ただし，衝突によって平面と垂直方向の運動量の損失はないとし，球は十分小さく生じる回転に必要なエネルギーは無視できるとする．

解　衝突では力の把握が困難なので，代わりに運動量で考える．この場合の"粗い"と言う意味は，衝突によって平面方向（x 軸）の運動量が垂直方向の運動量の μ_r 倍の損失を伴うことである．

y 軸から角 β 傾いた方向に跳ね返るとする．衝突による y 軸方向と x 軸方向の力積はそれぞれ

$2v\cos(\alpha)$ と $\mu_r\cdot2v\cos(\alpha)$ であるから，x 軸方向の運動量の変化は

$$v\sin(\alpha) - v_r\sin(\beta) = 2\mu_r v\cos(\alpha) \tag{7.171}$$

球の衝突による運動エネルギーの変化 E_r は，x 軸方向の力積の変化と衝突中の x 軸方向の平均速度の積であるから，質量を 1 とすれば

$$E_r = \frac{1}{2}(v^2 - v_r{}^2) = 2\mu_r v\cos(\alpha)\frac{v\sin(\alpha) + v_r\sin(\beta)}{2} \tag{7.172}$$

衝突によって y 軸方向の運動量の損失がないから

$$v\cos(\alpha) = v_r\cos(\beta) \tag{7.173}$$

式(7.171)と式(7.173)を式(7.172)に代入して解くと（途中計算は省略）

$$v_r = v\sqrt{1 - 4\mu_r\sin(\alpha)\cos(\alpha) + 4\mu_r{}^2\cos^2(\alpha)} \tag{7.174}$$

(20-8)　直径 $d=0.6$ m，質量 $M=30$ kg のローラが水平から $30°$ 傾いた斜面を下り始める．動摩擦係数を 0.10 とすれば，10 秒後のローラの速度と角速度を求めよ．

解　接線方向の加速度を a とすれば

$$Ma = Mg\sin(30°) - 0.1Mg\cos(30°) \tag{7.175}$$

$\sin(30°)=1/2$, $\cos(30°)=\sqrt{3}/2$ であるから, $a=0.4134g=4.054 \text{ m/s}^2$

10 秒後の速度は

$$v_{10}=40.54 \text{ m/s} \tag{7.176}$$

ローラの中心軸回りの慣性モーメントは式 (7.157) より $I=(d^2/8)M$ であるから, 回転角加速度を $\ddot{\theta}$ とすれば

$$I\ddot{\theta}=0.1\times Mg\cos(30°)\times\frac{d}{2}$$

$$\rightarrow \ddot{\theta}=0.1\times\frac{\sqrt{3}}{2}\times\frac{4}{0.6}\times 9.807=5.662 \text{ rad/s}^2$$

10 秒後の角速度は

$$\dot{\theta}_{10}=56.62 \text{ rad/s} \tag{7.177}$$

(20−9) 図 7.33 に示すように, 2 本の一様な同質・同径の棒 AB, BC (長さはそれぞれ $2l_1$, $2l_2$) が一点 B でピン連結・一点 A でピン支持され, 鉛直に吊るされている. 棒 BC の一点 P に水平な衝撃力を加えてこれを動かすとき, 棒 BC が回転しないためには, P の位置はどこにすればよいか.

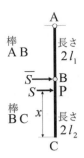

図 7.33 ピン支持で吊り下げた 2 連の棒

解 点 P に作用する外からの衝撃の力積を S, 棒 l_1 の端点 B に棒 l_2 から作用する力積を $\overline{S}$ とする.

棒の単位長さあたりの質量を ρ とすれば, 棒 AB の点 A 回りの慣性モーメン

290　　第7章　剛体の動力学

トは，式(7.26)より

$$I_{1A} = \int_{-l_1}^{l_1} z^2 \rho dz + l_1{}^2 \times 2l_1\rho = \frac{8}{3}l_1{}^3\rho \tag{7.178}$$

棒 l_1 の端点 A 回りの回転速度を $\dot{\theta}_{1A}$ とすれば，角運動量と回転の力積の関係から

$$\frac{8}{3}l_1{}^3\rho\dot{\theta}_{1A} = 2l_1\overline{S} \;\rightarrow\; \overline{S} = \frac{4}{3}l_1{}^2\rho\dot{\theta}_{1A} \tag{7.179}$$

棒 l_2 の並進速度を v_2 とすれば，運動量と力積の関係から

$$2l_2\rho v_2 = S - \overline{S} \tag{7.180}$$

棒 l_2 には棒 l_1 から力積 $-\overline{S}$ が作用し，棒 l_2 は回転運動をしないから

$$-\overline{S}l_2 + S(x - l_2) = 0 \;\rightarrow\; x = \left(1 + \frac{\overline{S}}{S}\right)l_2 \tag{7.181}$$

棒 l_2 は並進運動をするから

$$2l_1 \times \dot{\theta}_{1A} = v_2 \tag{7.182}$$

式(7.179)と式(7.182)から

$$\overline{S} = \frac{2}{3}l_1\rho v_2 \tag{7.183}$$

式(7.180)と式(7.183)から

$$S = 2l_2\rho v_2 + \overline{S} = \left(\frac{2l_1 + 6l_2}{3}\right)\rho v_2 \tag{7.184}$$

式(7.183)と式(7.184)を式(7.181)に代入して

$$x = \frac{2l_1l_2 + 3l_2{}^2}{l_1 + 3l_2} \tag{7.185}$$

(20−10)　半径 r，質量 M の一様な円柱が角速度 ω_0 で水平な軸の回りに回っている．これをこのまま動摩擦係数が μ の粗い水平面上に置くと，初め接触点で滑って動摩擦力が働く運動をし，その後やがて滑らずに転がりながら進む一定速度の運動に変わる．この一定並進速度 v_c と一定回転角速度 ω_c を求めよ．また，この時までに摩擦力がした仕事 E_μ を求めよ．

解 円柱の中心軸回りの慣性モーメントは，式(7.157)より $Mr^2/2$ であるから，回転の運動方程式は

$$\frac{1}{2}Mr^2\ddot{\theta} = -\mu Mgr \rightarrow \ddot{\theta} = -\frac{2g\mu}{r} \tag{7.186}$$

円柱中心の並進加速度を α，接触面間の滑りがなくなるときの時刻を t_0 とすれば，式(7.186)より

$$r\left(\omega_0 - \frac{2g\mu}{r}t_0\right) = \alpha t_0 \qquad \text{ただし，} \qquad M\alpha = Mg\mu \tag{7.187}$$

式(7.187)より

$$t_0 = \frac{r\omega_0}{3g\mu} \tag{7.188}$$

式(7.186)と式(7.188)より

$$v_c = \alpha t_0 = \frac{r}{3}\omega_0, \qquad \omega_c = \omega_0 + \ddot{\theta}t_0 = \frac{\omega_0}{3} \tag{7.189}$$

円柱の水平面との接触点回りの慣性モーメントは式(7.157)と式(7.26)より $\left(1+\frac{1}{2}\right)Mr^2 = \frac{3}{2}Mr^2$ であるから

$$E_\mu = \frac{1}{2}Mr^2\omega_0^2 - \frac{3}{2}Mr^2\left(\frac{\omega_0}{3}\right)^2 - \frac{1}{2}Mv^2 = \frac{1}{6}Mr^2\omega_0^2 \tag{7.190}$$

(20-11) 図 **7.34** に示すように，半径 r のローラが半径 R の円筒の内面を滑らずに転がり，鉛直線の左右に鉛直面内の転がり振動をする．運動方程式を作り，微小振動の周期を求めよ．もし滑ったらどうなるか．

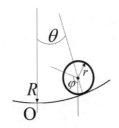

図 **7.34** 円筒内面を転がるローラ

292　　第7章　剛体の動力学

解　ローラの円周表面回りの慣性モーメントは前問のように $(1+1/2)Mr^2$ だから，運動方程式は

$$\frac{3}{2}Mr^2\ddot{\varphi} = -Mgr\sin(\theta) \tag{7.191}$$

ローラは滑らずに転がるから，円筒内面の最下点からローラ接触点までの距離は

$$r(\theta + \varphi) = R\theta \tag{7.192}$$

式(7.191)と式(7.192)から φ を消去して，θ が微小なので $\sin(\theta) \simeq \theta$ とおけば，運動方程式は

$$\ddot{\theta} + \frac{2g}{3(R-r)}\theta = 0 \tag{7.193}$$

式(7.193)は線形2次微分方程式である．その解は振動を表し，周期は（後述の 8.1 節参照）

$$T = 2\pi\sqrt{\frac{3(R-r)}{2g}} \tag{7.194}$$

滑る場合には，その際の摩擦仕事のため運動エネルギーが消費され，振幅は次第に減少していく．そして，やがて滑りのない転がり振動となり，以後はこの一定の転がり振動が続行する．

7.5　剛体の空間運動

　剛体の運動は，重心の運動と重心回りの回転運動に分けられる．重心の運動は質点の運動と同じ方法で簡単に求めることができる．また重心に対する相対運動は，重心回りの角運動量と外力の合モーメントをとれば，重心を固定点と見た固定点回りの回転運動と同じ方法で求められる．そこで，剛体内の1点を固定した剛体の固定点回りの回転運動を取り扱えば，剛体の空間運動（3次元運動）を一般的に取り扱ったことになる．

7.5.1　オイラー角

固定点を持つ剛体が固定点 O を原点とする空間に固定した座標系 $(O-xyz)$ に

7.5 剛体の空間運動

対してどう動くかを求めるには，剛体に固定した座標系 (O−ξηζ) の ξ, η, ζ 軸の方向が分かればよい．これを表すには，図 7.35 に示す角 θ, φ, ψ を用いるのが便利である．θ は ζ 軸 (z' 軸) と z 軸のなす角 ($0 \leq \theta \leq \pi$)，φ は z−ζ 面と x 軸のなす角 ($0 \leq \varphi \leq 2\pi$) であり，これにより ζ 軸の方向が球座標 (図 2.7 の r 方向) の場合と同様に決まる．ξ, η 軸は ζ 軸に垂直な平面 (三角形 ONQ を含む円) 内にあり，ξ 軸の方向は z−ζ 面の半径 ON となす角 ψ ($0 \leq \psi \leq 2\pi$) によって表す．このような角 (θ, φ, ψ) を**オイラー角**と言う．剛体に固定した座標系 (O−ξηζ) が初めに固定座標系 (O−xyz) と一致していたとすると，その位置から角 φ の回転 (z−ζ 平面を決める)→θ の回転 (ζ 軸を決める)→ψ の回転 (ξ 軸を決める．η 軸は自動的に決まる) を順次行えば，剛体は**図 7.35** の新位置に来る．ここで，初めの角 φ の回転と次の角 θ の回転を行ったときの位置を，便宜のため中間の座標系 (O−$x'y'z'$) で表しておく．z' 軸は ζ 軸と同一である．

ξ 軸方向単位ベクトルの ON (x' 軸) 方向成分は $\cos(\psi)$，ξ 軸方向単位ベクトルの OQ (y' 軸) 方向成分は $\sin(\psi)$ である．ON (x' 軸) 方向成分の OM 方向成分は $\cos(\theta)$，OM 方向成分の x 方向成分は $\cos(\varphi)$ である．また，OQ (y' 軸)

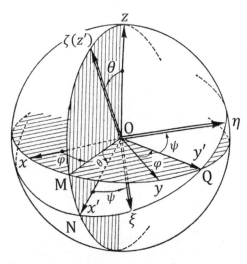

図 7.35 オイラー角

294 　第 7 章　剛体の動力学

方向成分の x 軸方向成分は $-\sin(\varphi)$ である．したがって，ξ 方向の方向余弦は $(\cos(\theta)\cos(\varphi)\cos(\psi)-\sin(\varphi)\sin(\psi))$ になる．同様に，y，z 方向成分が求められるが，このようにして ξ，η，ζ 軸と x，y，z 軸間の方向余弦の関係をまとめると，**表 7.1** のようになる．

表 7.1　座標間の方向余弦

	x	y	z
ξ	$\cos(\theta)\cos(\varphi)\cos(\psi)-\sin(\varphi)\sin(\psi)$	$\cos(\theta)\sin(\varphi)\cos(\psi)+\cos(\varphi)\sin(\psi)$	$-\sin(\theta)\cos(\psi)$
η	$-\cos(\theta)\cos(\varphi)\sin(\psi)-\sin(\varphi)\cos(\psi)$	$-\cos(\theta)\sin(\varphi)\sin(\psi)+\cos(\varphi)\cos(\psi)$	$\sin(\theta)\sin(\psi)$
ζ	$\sin(\theta)\cos(\varphi)$	$\sin(\theta)\sin(\varphi)$	$\cos(\theta)$

さて，**図 7.36** に示すように，$\dot{\varphi}$ は剛体の z 軸回りの角速度を，$\dot{\theta}$，$\dot{\psi}$ はそれぞれ OQ 軸（y' 軸），ζ 軸（z' 軸）回りの角速度を表し，剛体の運動はこれらの角速度を合成した角速度ベクトル $\boldsymbol{\omega}$ で表される．OQ 軸方向の方向余弦は**表 7.2** （ a ）と表 7.2（ b ）で与えられるから，$\boldsymbol{\omega}$ の x，y，z 成分は

$$
\left.
\begin{aligned}
\omega_x &= -\dot{\theta}\sin(\varphi)+\dot{\psi}\sin(\theta)\cos(\varphi)\\
\omega_y &= \dot{\theta}\cos(\varphi)+\dot{\psi}\sin(\theta)\sin(\varphi)\\
\omega_z &= \dot{\varphi}+\dot{\psi}\cos(\theta)
\end{aligned}
\right\}
\tag{7.195}
$$

また ξ，η，ζ 成分は

$$
\left.
\begin{aligned}
\omega_\xi &= \dot{\theta}\sin(\psi)-\dot{\varphi}\sin(\theta)\cos(\psi)\\
\omega_\eta &= \dot{\theta}\cos(\psi)+\dot{\varphi}\sin(\theta)\sin(\psi)\\
\omega_\zeta &= \dot{\varphi}\cos(\theta)+\dot{\psi}
\end{aligned}
\right\}
\tag{7.196}
$$

7.5 剛体の空間運動

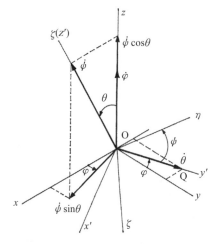

図 7.36 オイラー角の説明

表 7.2 OQ 軸（y' 軸）の方向余弦
(a) 空間に固定した座標系 $O-xyz$ への方向余弦

	x	y	z
OQ	$-\sin(\varphi)$	$\cos(\varphi)$	0

(b) 剛体に固定した座標系 $O-\xi\eta\zeta$ への方向余弦

	ξ	η	ζ
OQ	$\sin(\phi)$	$\cos(\phi)$	0

7.5.2 オイラーの運動方程式

剛体が固定点回りに回転するときの運動方程式は，角運動量の法則より

$$\frac{d\boldsymbol{L}}{dt} = \boldsymbol{N} \qquad (式(6.19)と式(7.3)) \tag{7.197}$$

角運動量の成分 L_x, L_y, L_z は式(7.5)で与えられているが，剛体の角速度を $\omega(t)$ とすれば

$$\boldsymbol{L} = \int (\boldsymbol{r} \times \boldsymbol{v}) dm = \int (\boldsymbol{r} \times (\boldsymbol{\omega} \times \boldsymbol{r})) dm \tag{7.198}$$

であるから，ベクトル積の定義（1.1.3項参照）と慣性乗積の定義（式(7.29)）より

$$\left.\begin{array}{l} L_x = \int((y^2+z^2)\omega_x - xy\omega_y - xz\omega_z)dm = I_x\omega_x - I_{xy}\omega_y - I_{xz}\omega_z \\ L_y = -I_{yx}\omega_x + I_y\omega_y - I_{yz}\omega_z \\ L_z = -I_{zx}\omega_x - I_{zy}\omega_y + I_z\omega_z \end{array}\right\} \quad (7.199)$$

式(7.199)を，行列を用いて書けば

$$\boldsymbol{L} = \boldsymbol{I} \cdot \boldsymbol{\omega}, \qquad \boldsymbol{I} = \begin{bmatrix} I_x & -I_{xy} & -I_{xz} \\ -I_{yx} & I_y & -I_{yx} \\ -I_{zx} & -I_{zy} & I_z \end{bmatrix} \quad (7.200)$$

この $\boldsymbol{I}$ は対称であり**慣性テンソル**と呼ばれ，式(7.38)と同一の行列である．図7.37 に見られるように，剛体の回転運動における角運動量 $\boldsymbol{L}$ の方向と角速度 $\boldsymbol{\omega}$ の方向は一般には一致しない．これは，慣性乗積が0でない場合には，例えば式(7.7)に示したように，$\boldsymbol{\omega}$ と直角方向の角運動量が生じるためである．

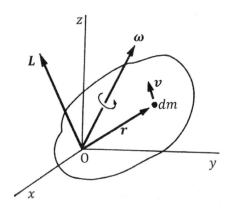

図 7.37　固定点を持つ剛体の運動

さて，慣性モーメントと慣性乗積（I_x, I_{xy}, … 等）は固定座標を基準にしたものであるから，剛体が回転運動するとそれらの値は時間と共に変化する．したがって，固定座標を基準にした運動方程式(7.199)を用いて運動を求めるのは便利ではない．そこで慣性主軸（ξ, η, ζ）を座標軸に選ぶと，角運動量の成分は

$$L_\xi = I_\xi \omega_\xi, \qquad L_\eta = I_\eta \omega_\eta, \qquad L_\zeta = I_\zeta \omega_\zeta \qquad\qquad (7.201)$$

のように簡単になり，しかも慣性主軸は剛体に固定されているから，I_ξ, I_η, I_ζ は時間に無関係な不変量になって都合が良い．しかし，座標系 $(O-\xi\eta\zeta)$ は固定座標に対して剛体と共に角速度 $\boldsymbol{\omega}$ で回転しているから，角運動量の時間微分には，$(O-\xi\eta\zeta)$ 座標系から見た変化のほかに回転による変化が加わり，式(2.92)〜(2.96)で調べたように

$$\frac{d\boldsymbol{L}}{dt} = \frac{d^*\boldsymbol{L}}{dt} + \boldsymbol{\omega} \times \boldsymbol{L} \qquad\qquad (7.202)$$

となる．ここで $d^*\boldsymbol{L}/dt$ は剛体と共に回転している座標系 $(O-\xi\eta\zeta)$ から見た $\boldsymbol{L}$ の時間微分である．したがって運動方程式は

$$\frac{d^*\boldsymbol{L}}{dt} + \boldsymbol{\omega} \times \boldsymbol{L} = \boldsymbol{N} \qquad\qquad (7.203)$$

式(7.201)は回転座標系から見た角運動量であり，I_ξ は一定量であるから，$d^*\boldsymbol{L}/dt$ の ξ 成分は $I_\xi \cdot d\omega_\xi/dt$ となる．また $\boldsymbol{\omega} \times \boldsymbol{L}$ の ξ 成分は $(\omega_\eta L_\zeta - \omega_\zeta L_\eta) = -(I_\eta - I_\zeta)\omega_\eta\omega_\zeta$ で表される．η, ζ 成分も同様に求めることができて，式(7.203)を成分に分けて書くと

$$\left.\begin{array}{l} I_\xi \dfrac{d\omega_\xi}{dt} - (I_\eta - I_\zeta)\omega_\eta\omega_\zeta = N_\xi \\[2mm] I_\eta \dfrac{d\omega_\eta}{dt} - (I_\zeta - I_\xi)\omega_\zeta\omega_\xi = N_\eta \\[2mm] I_\zeta \dfrac{d\omega_\zeta}{dt} - (I_\xi - I_\eta)\omega_\xi\omega_\eta = N_\zeta \end{array}\right\} \qquad\qquad (7.204)$$

この式を**オイラーの運動方程式**と言う．この式から ω_ξ, ω_η, ω_ζ の変化，言い換えると剛体の瞬間回転軸すなわち角速度ベクトルが剛体上をどのように動くか，を求めることができる．これに続いて剛体が固定座標系（慣性系）に対してどのように動くかを求めるには，剛体の姿勢を表す慣性主軸 (ξ, η, ζ) の方向の変化が分かればよい．これを表すには図 7.35 に示したオイラー角を用いればよく，すでに分かっている ω_ξ, ω_η, ω_ζ を用いて，式(7.196)から θ, φ, ψ を求めることができる．

例7.6 前述の問題（20−1）（図7.30）についてもう少し考察する．図**7.38**に示すように，ξ 軸を回転軸に垂直（図7.30(a)における x 軸方向：紙面に垂直手前方向）にとれば

$$\omega_\xi=0, \qquad \omega_\eta=-\omega\sin(\alpha), \qquad \omega_\zeta=\omega\cos(\alpha)$$

$$I_\xi=I_\eta=\frac{WR^2}{4g}, \qquad I_\zeta=\frac{WR^2}{2g} \tag{7.205}$$

であり，$\boldsymbol{\omega}\times\boldsymbol{L}$ はその ξ 成分だけが残り，オイラーの運動方程式は

$$\frac{WR^2\omega^2\sin(\alpha)\cos(\alpha)}{4g}+N_\xi=0 \tag{7.206}$$

になる．式(7.206)左辺第1項が円板を軸に垂直な方向に起き返えらせる向きに働く見かけの力（ここでは遠心力）のモーメントである．

さて，回転運動における運動エネルギー T は

$$\int v^2 dm = \int \boldsymbol{v}\cdot(\boldsymbol{\omega}\times\boldsymbol{r})dm = \int \boldsymbol{\omega}\cdot(\boldsymbol{r}\times\boldsymbol{v})dm = \boldsymbol{\omega}\cdot\boldsymbol{L} \tag{7.207}$$

の関係があるから

$$T=\frac{1}{2}\boldsymbol{\omega}\cdot\boldsymbol{L} \tag{7.208}$$

で示される．この式に式(7.199)と式(7.201)を代入すれば

$$T=\frac{1}{2}(I_x\omega_x{}^2+I_y\omega_y{}^2+I_z\omega_z{}^2-2I_{xy}\omega_x\omega_y-2I_{yz}\omega_y\omega_z-2I_{zx}\omega_z\omega_x)$$

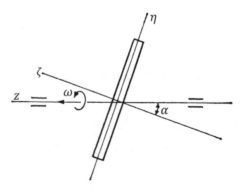

図**7.38** 斜めに取り付けた薄い円板2

$$= \frac{1}{2}(I_\xi \omega_\xi^2 + I_\eta \omega_\eta^2 + I_\zeta \omega_\zeta^2) \tag{7.209}$$

になる．また，式(7.204)の各式にそれぞれ ω_ξ, ω_η, ω_ζ を乗じて加え合わせると

$$\frac{dT}{dt} = \boldsymbol{N} \cdot \boldsymbol{\omega} \tag{7.210}$$

が得られる（式(5.24)と式(7.20)参照）．

7.5.3 こまの運動

図 7.39(a)に示すように，十分速い速度で回転するこまの軸が鉛直軸から傾いていると，こまの軸は鉛直軸の回りをゆっくりと一定の傾き角で振れ回る．この運動を**定常歳差運動**と言う．

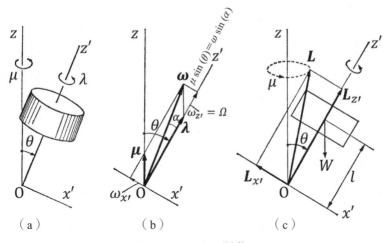

図 7.39 こまの運動 1

まずこまの運動を考える際に用いる座標系と主な記号を定義する．
(O−xyz)： 空間に固定した座標系（鉛直上向きに z 軸をとる）．
(O−$x'y'z'$)： こまの軸の動きに従って運動する座標系（こまの軸方向に z' をとり，z−z' の面内に x' 軸をとる）．

300   第7章 剛体の動力学

$\boldsymbol{\lambda}$: こまの自転の角速度ベクトル.

$\boldsymbol{\mu}$: こまの振れ回り（公転）の角速度ベクトル.

θ: こまの軸 z' の鉛直軸 z からの傾き.

$\boldsymbol{\omega}$: こまの角速度ベクトル（$\boldsymbol{\omega}=\boldsymbol{\mu}+\boldsymbol{\lambda}$）.

Ω: $\boldsymbol{\omega}$ の z' 方向成分（$=\omega_{z'}$）.

$\omega_{x'}$: $\boldsymbol{\omega}$ の x' 方向成分.

C: こまの軸 z' 回りの慣性モーメント（$=I_{z'}$）.

A: x' 軸および y' 軸回りの慣性モーメント（$=I_{x'}=I_{y'}$）.

$W=Mg$:   こまの重量.

l: 原点 O（こまの軸の固定点）とこま重心の距離.

座標系（$\mathrm{O}-x'y'z'$）は，z 軸回りに角速度 μ で回転する座標系であり，こまに固定された座標系ではない. こまは，この座標系から見ると，z' 軸（ζ 軸）の回りに角速度 λ で回転している. こまは z' 軸回りに軸対称であり，z' 軸に垂直な平面ではどの方向も同じ慣性モーメントを持っているから，こまに固定された座標系はとる必要がなく，このような中間座標系を用いた方が簡単で解析に都合が良いのである. この座標系での運動方程式は

$$\frac{d^*\boldsymbol{L}}{dt}+\boldsymbol{\mu}\times\boldsymbol{L}=\boldsymbol{N} \qquad （式(7.203)と同一） \qquad (7.211)$$

図 7.39(b)と同図(c)から，角運動量の成分は

$$\left.\begin{array}{l}L_{x'}=A\omega_{x'}=-A\mu\sin(\theta) \quad =\mathrm{const.}\\ L_{y'}=0 \qquad\qquad\qquad\quad =\mathrm{const.}\\ L_{z'}=C\omega_{z'}=C(\mu\cos(\theta)+\lambda)=\mathrm{const.}\end{array}\right\} \qquad (7.212)$$

であり，定常歳差運動では角速度 μ，λ は一定であるから，$\boldsymbol{L}$ は座標系（$\mathrm{O}-x'y'z'$）から見れば静止したベクトルになる. したがって，式(7.211)において $d^*\boldsymbol{L}/dt=0$ であり

$$\boldsymbol{\mu}\times\boldsymbol{L}=\boldsymbol{N} \qquad\qquad\qquad\qquad (7.213)$$

が成立する. 式(7.213)左辺はベクトル積であり，式(1.7)を参照して成分ごとに書けば

$$N_{x'} = \mu_{y'} L_{z'} - \mu_{z'} L_{y'}, \quad N_{y'} = \mu_{z'} L_{x'} - \mu_{x'} L_{z'}, \quad N_{z'} = \mu_{x'} L_{y'} - \mu_{y'} L_{x'} \quad (7.214)$$

図7.39(b)のように，μ は z 軸回りの回転角速度であるから，それと直交する y' 軸（$=y$ 軸）の成分である $\mu_{y'}$ は 0 である．また式(7.212)より $L_{y'}=0$ であるから，式(7.214)の中で $N_{y'}$ だけが残る．これは，こまに働く外力のモーメント $\boldsymbol{N}$ は y' 成分しか持たない重力のモーメント $N_{y'} = Wl\sin(\theta)$ だけであることから容易に理解できる．

さて，図7.39(b)のように μ の成分は $\mu_{x'} = -\mu\sin(\theta)$，$\mu_{y'}=0$，$\mu_{z'}=\mu\cos(\theta)$ である．また図7.39(b)より，$\mu\cos(\theta)+\lambda=\Omega$ になる．

そこで，式(7.212)と式(7.214)より

$$N_{y'} = Wl\sin(\theta) = -\mu\cos(\theta)\cdot A\mu\sin(\theta) + \mu\sin(\theta)\cdot C(\mu\cos(\theta)+\lambda)$$
$$= C\Omega\mu\sin(\theta) - A\mu^2\sin(\theta)\cos(\theta) \quad (7.215)$$

こまが傾いて歳差運動をしているとき，すなわち $\sin(\theta)\neq 0$ のとき，運動方程式(7.213)は

$$A\cos(\theta)\cdot\mu^2 - C\Omega\cdot\mu + Wl = 0 \quad (7.216)$$

したがって歳差運動の角速度 μ は，こまの軸回りの角速度 Ω と傾き角 θ を与えると

$$\mu = \frac{C\Omega \pm \sqrt{C^2\Omega^2 - 4AWl\cos(\theta)}}{2A\cos(\theta)} \quad (7.217)$$

から求められる．$\theta < \pi/2$ ならば，$C^2\Omega^2 > 4AWl\cos(\theta)$ を満足する程度に Ω が大きければ，定常運動が成り立つ．$\mu\cos(\theta)+\lambda=\Omega$ であるから，そのためには，こまの自転の角速度 λ が十分大きくなければならないことが分かる．一般に，式(7.217)右辺の復号が示すように，速い歳差運動と遅い歳差運動の両方が存在するが，速い運動は摩擦のために早期に減衰し，遅い運動だけが残る．

図7.40 のように $\theta = \pi/2$ のときには $\cos(\theta)=0$ であるから，式(7.216)から，

$$\mu = \frac{Wl}{C\Omega} \quad (7.218)$$

この場合には図7.39(b)から分かるように $\theta=\pi/2 \rightarrow \cos(\theta)=0$ であるから，μ の成分は Ω の中には存在せず，$\Omega=\lambda$ となる．

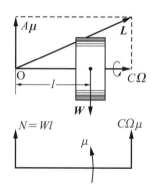

図 7.40　こまの運動 2

こまの運動をもっと一般的に調べてみる．座標系 (O−$x'y'z'$) はオイラー角 θ, φ によって与えられ，図 7.41 に示すようにこの座標系の角速度 ω' は

$$\omega'_{x'} = -\dot{\varphi} \sin(\theta), \qquad \omega'_{y'} = \dot{\theta}, \qquad \omega'_{z'} = \dot{\varphi} \cos(\theta) \tag{7.219}$$

こまはこの座標系の中において角速度 $\dot{\psi}$ で回転しているから，こまの角速度 ω は

$$\omega_{x'} = -\dot{\varphi} \sin(\theta), \qquad \omega_{y'} = \dot{\theta}$$
$$\omega_{z'} = \omega_\zeta = \dot{\varphi} \cos(\theta) + \dot{\psi} \tag{7.220}$$

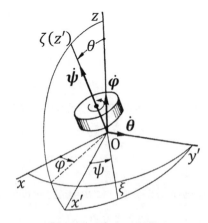

図 7.41　こまの運動 3

である．一方，慣性モーメントは $I_{x'}=I_{y'}=A$，$I_{z'}=C$ であるから，角運動量は

$$\left.\begin{array}{l} L_{x'}=I_{x'}\omega_{x'}=-A\dot{\varphi}\sin(\theta) \\ L_{y'}=I_{y'}\omega_{y'}=A\dot{\theta} \\ L_{z'}=I_{z'}\omega_{z'}=C(\dot{\varphi}\cos(\theta)+\dot{\psi}) \end{array}\right\} \tag{7.221}$$

で与えられる．

オイラーの運動方程式は，式(7.203)のように

$$\frac{d^{*}\boldsymbol{L}}{dt}+\boldsymbol{\omega}'\times\boldsymbol{L}=\boldsymbol{N} \tag{7.222}$$

式(7.222)のうち左辺第1項の x', y', z' 方向成分は

$$\left.\begin{array}{l} \dfrac{d^{*}L_{x'}}{dt}=-A\ddot{\varphi}\sin(\theta)-A\dot{\varphi}\dot{\theta}\cos(\theta) \\[2mm] \dfrac{d^{*}L_{y'}}{dt}=A\ddot{\theta} \\[2mm] \dfrac{d^{*}L_{z'}}{dt}=C\dfrac{d^{*}}{dt}(\dot{\varphi}\cos(\theta)+\dot{\psi}) \end{array}\right\} \tag{7.223}$$

また，式(7.222)のうち左辺第2項の x', y', z' 方向成分は

$$\left.\begin{array}{l} \omega'_{y'}L_{z'}-\omega'_{z'}L_{y'}=\dot{\theta}\cdot C(\dot{\varphi}\cos(\theta)+\dot{\psi})-\dot{\varphi}\cos(\theta)\cdot A\dot{\theta} \\ \omega'_{z'}L_{x'}-\omega'_{x'}L_{z'}=-\dot{\varphi}\cos(\theta)\cdot A\dot{\varphi}\sin(\theta)+\dot{\varphi}\sin(\theta)\cdot C(\dot{\varphi}\cos(\theta)+\dot{\psi}) \\ \omega'_{x'}L_{y'}-\omega'_{y'}L_{x'}=-\dot{\varphi}\sin(\theta)\cdot A\dot{\theta}+\dot{\theta}\cdot A\dot{\varphi}\sin(\theta)=0 \end{array}\right\} \tag{7.224}$$

一方，外力モーメントが重力モーメント $N_{y'}=Wl\sin(\theta)$ だけであり $N_{x'}=0$, $N_{z'}=0$ だから，これらを式(7.222)の右辺に代入すれば，式(7.222)は

$$\left.\begin{array}{l} -A\ddot{\varphi}\sin(\theta)-2A\dot{\varphi}\dot{\theta}\cos(\theta)+C\dot{\theta}(\dot{\varphi}\cos(\theta)+\dot{\psi})=0 \\ A\ddot{\theta}+\dot{\varphi}\sin(\theta)(C(\dot{\varphi}\cos(\theta)+\dot{\psi})-A\dot{\varphi}\cos(\theta))=Wl\sin(\theta) \\ C\dfrac{d}{dt}(\dot{\varphi}\cos(\theta)+\dot{\psi})=0 \end{array}\right\} \tag{7.225}$$

になる．式(7.225)の第3式から容易に積分

$$\dot{\varphi}\cos(\theta)+\dot{\psi}=\omega_{\zeta}=\text{const.}(=\Omega) \tag{7.226}$$

が得られる．Ω は初めこまに与えた ζ 軸回りの角速度であり，この角速度はこま

304　　第 7 章　剛体の動力学

がどのような運動をしても一定に保たれる.

式(7.225)の第 1 式に式(7.226)を代入して $\sin(\theta)$ を乗じれば

$$A\ddot{\varphi}\sin^2(\theta)+2A\dot{\varphi}\dot{\theta}\sin(\theta)\cos(\theta)-C\Omega\dot{\theta}\sin(\theta)=0 \tag{7.227}$$

式(7.227)を積分すれば

$$A\dot{\varphi}\sin^2(\theta)+C\Omega\cos(\theta)=\text{const.}(=L_z) \tag{7.228}$$

が得られる. このことは, 逆に式(7.228)を時間微分すれば式(7.227)になることから理解できる. 式(7.228)は角運動量の z 軸成分の保存を表すが, このことは重力が z 軸回りにモーメントを持たないことからすぐ分かる.

さて, 式(7.225)の第 2 式において $\ddot{\theta}=0$ とし, 式(7.226)を代入すれば, $\dot{\varphi}=\mu$ であるから, $\theta\neq0$, π (すなわち $\sin(\theta)\neq0$) のとき, 前に求めた式(7.216)の関係が得られる. したがって, $t=0$ で $\dot{\theta}=0$ とし, θ に応じた式(7.216)を満足する角速度 μ を与えてやれば, 定常歳差運動を続けることができる. もしこれとは異なる初期条件を与えれば, 最初はこまの軸が静止している状態で手を放しても, こまの軸は上下に動く歳差運動をする. しかし, 普通はすぐ定常歳差運動に落ち着く.

ここで, 定常運動 ($\theta=\theta_0$, $\dot{\varphi}=\dot{\varphi}_0=\mu$) がわずかに乱れた場合の運動を調べてみる. それには, $\theta=\theta_0+\theta_1$, $\dot{\varphi}=\dot{\varphi}_0+\dot{\varphi}_1$ とおき, 式(7.225)に代入する. θ_1, $\dot{\varphi}_1$ は小さい量であり, その 2 乗以上の微小量を省略すると, 運動方程式は

$$\left.\begin{aligned}&A\sin(\theta_0)\ddot{\varphi}_1+(2A\mu\cos(\theta_0)-C\Omega)\dot{\theta}_1=0\\&A\ddot{\theta}_1+(C\Omega\mu\cos(\theta_0)-A\mu^2\cos(2\theta_0)-Wl\cos(\theta_0))\theta_1\\&\quad+(C\Omega\sin(\theta_0)-A\mu\sin(2\theta_0))\dot{\varphi}_1=0\end{aligned}\right\} \tag{7.229}$$

第 1 式はすぐ積分できるから, これから $\dot{\varphi}_1$ を求めて第 2 式に代入すれば

$$\ddot{\theta}_1+\left(\sin^2(\theta_0)+\left(\cos(\theta_0)-\frac{Wl}{A\mu^2}\right)^2\right)\mu^2\theta_1=\text{const.} \tag{7.230}$$

となり, θ_1 は単振動をする. こまの軸は定常的な傾き θ_0 の付近で上下に振動するが, このような θ の変化を伴う運動がこまの**章動**である.

$\theta_0=0$ のねむりごまは, 回転速度が大きいときには安定であるが, 摩擦や空気

抵抗によって回転が遅くなり，$C^2\Omega^2<4AWl$ になると不安定になって首を振り出すことも，上の式から求められる．また，$\theta_0=\pi$ すなわち吊り下げているときには，いつも安定である．

7.5.4 外力モーメントが0のこまの運動

こまの重心を支え外力モーメントが働かない場合には，こまはどのような運動をするだろうか．$N=0$ であるから，$\boldsymbol{L}=$ 一定となる．また，$L_\zeta=$ 一定であるから，対称軸（ζ軸）が空間的に不動な $\boldsymbol{L}$ と一定の傾きを保ったままその回りを旋回する運動が可能である（図7.42）．式(7.216)で $l=0$ とおくと，式(7.212)より

$$\mu=\frac{C\Omega}{A\cos(\theta)}=\frac{C\omega_{z'}}{A\cos(\theta)}=\frac{C(\lambda+\mu\cos(\theta))}{A\cos(\theta)}$$

$$\rightarrow \quad \mu=\frac{C\lambda}{(A-C)\cos(\theta)} \qquad 0<\theta<\frac{\pi}{2} \qquad (7.231)$$

が得られ，$C\neq A$ であれば，$C>A$ または $C<A$ に従って，回る向きが反対の歳差運動になる．しかし，ζ軸回りに回転させ，初めにζ軸の方向を一定に保てば，ζ軸と $\boldsymbol{L}$ が一致しいつまでもζ軸の方向は変化しない．すなわちζ軸は不動となる．

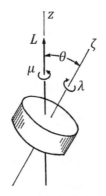

図7.42 重心を支えたこま

まず，このような慣性主軸回りの回転が安定か否かを調べてみる．例えば，ζ軸回りに回転し，$\omega_\xi=\omega_\eta=0$ とすると，$N=0$ であるから，オイラーの運動方程式(7.204)の第3式から，$\omega_\zeta=\Omega=$ 一定である．いま，攪乱によって微小な角速

306　　　第7章　剛体の動力学

度 ω_ξ, ω_η が生じたとする. ω_ζ の変化分は微小量の2乗程度の大きさであるから,
それを無視すると

$$I_\xi \frac{d\omega_\xi}{dt} = (I_\eta - I_\zeta)\Omega\omega_\eta, \qquad I_\eta \frac{d\omega_\eta}{dt} = (I_\zeta - I_\xi)\Omega\omega_\xi \qquad (7.232)$$

が得られる. 式(7.232)から例えば ω_η を消去すると

$$\frac{d^2\omega_\xi}{dt^2} = \frac{(I_\eta - I_\zeta)(I_\zeta - I_\xi)}{I_\xi I_\eta}\Omega^2\omega_\xi \qquad (7.233)$$

となる. 式(7.233)より, ω_ξ の大きさは, $(I_\eta - I_\zeta)(I_\zeta - I_\xi) < 0$ のとき, 初めに与え
られた攪乱よりは増大しない. すなわち, 主慣性モーメント I_ζ が最大または最小
の場合には, その軸回りの回転運動は安定である. しかし I_ζ が I_ξ と I_η の中間の
値をとる場合には, $(I_\eta - I_\zeta)(I_\zeta - I_\xi) > 0$ となり, 攪乱は指数関数的に大きくなり
不安定になる (この現象は, 落ち葉のような落体の運動, 液体中を浮遊する粒子
の運動などに見られる. 流体抵抗によるモーメントを受ける場合には, 回転軸は
漸近的に安定な軸に近づく).

　こまのように対称軸 (ζ 軸) の回りに回転する回転体では, $I_\xi = I_\eta = A$ である
から I_ζ は, $I_\zeta > A$ なら最大, $I_\zeta < A$ なら最小となり, 回転運動は必ず安定になる.
また, 式(7.204)の第3式より常に $\omega_\zeta = \Omega =$ 一定, が成立する. したがって,
ω_ξ, ω_η が小さくなくても式(7.232)はそのまま成り立ち, $I_\zeta = C$ とおいて, この
方程式の解は

$$\omega_\xi = a\cos(\nu t + \varepsilon), \qquad \omega_\eta = a\sin(\nu t + \varepsilon), \qquad \nu = \frac{(C-A)\Omega}{A} \qquad (7.234)$$

ここで, a, ε は回転の初期状態によって決まる定数である. いま, $t=0$ で
$\omega_\xi = \omega_\eta = 0$ であれば $a=0$ となり, 回転軸は空間的に不動となる. しかし, この
ような特別な場合を除けば, $C \neq A$ であれば, 瞬間回転軸 $\boldsymbol{\omega}$ は ζ 軸回りを角速度
ν で回りながら移動し, その軌跡は**図7.43**のように固定点を頂点とする円錐面を
形成する.

　次に, 固定座標系に対して回転体がどのような運動をするかを考える. 角運動
量は

$$L_\xi = A\omega_\xi, \qquad L_\eta = A\omega_\eta, \qquad L_\zeta = C\omega_\zeta = C\Omega \qquad (7.235)$$

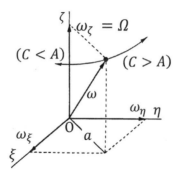

図 7.43 瞬間回転軸の軌跡

であるから，L と ω は ζ 軸と同一平面上にあり，$C>A$ の場合には L は ζ 軸と ω の間に，$C<A$ の場合は ω が ζ 軸と L の間にあることが分かる．$N=0$ であるから L は不変量として空間に固定されており，これを z 軸にとる．オイラー角を用いると

$$\left. \begin{array}{l} L_\xi = A\omega_\xi = -L\sin(\theta)\cos(\phi) \\ L_\eta = A\omega_\eta = L\sin(\theta)\sin(\phi) \\ L_\zeta = C\Omega = L\cos(\theta) \end{array} \right\} \quad (7.236)$$

であり，$\omega_\xi, \omega_\eta, \omega_\zeta$ は式(7.196)で与えられるから

$$\left. \begin{array}{l} \omega_\xi = \dot{\theta}\sin(\phi) - \dot{\varphi}\sin(\theta)\cos(\phi) = -\dfrac{L}{A}\sin(\theta)\cos(\phi) \\ \omega_\eta = \dot{\theta}\cos(\phi) + \dot{\varphi}\sin(\theta)\sin(\phi) = \dfrac{L}{A}\sin(\theta)\sin(\phi) \\ \Omega = \dot{\varphi}\cos(\theta) + \dot{\psi} = \dfrac{L}{C}\cos(\theta) \end{array} \right\} \quad (7.237)$$

となる．したがって，式(7.231)と式(7.236)の第3式と式(7.234)より

$$\left. \begin{array}{l} \dot{\theta} = 0 \rightarrow \theta = \text{const.} \\ \dot{\varphi} = \dfrac{L}{A} = \dfrac{C\Omega}{A\cos(\theta)} = \mu \\ \dot{\psi} = L\left(\dfrac{1}{C} - \dfrac{1}{A}\right)\cos(\theta) = \left(1 - \dfrac{C}{A}\right)\Omega = -\nu \end{array} \right\} \quad (7.238)$$

の関係が得られ，回転体の運動は図 7.44 に示すように定常歳差運動である．瞬

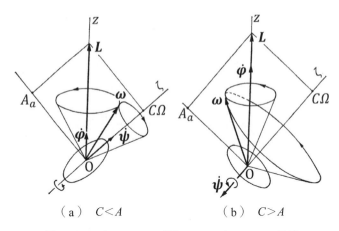

(a) $C<A$　　　　(b) $C>A$

図 **7.44**　ポールホード錐・ハーポールホード錐

間回転軸 ω の剛体上の軌跡は ζ 軸を軸とする円錐面（**ポールホード錐**）空間上の軌跡は z 軸を軸とする円錐面（**ハーポールホード錐**）で与えられ，運動はちょうど前者が後者の上を滑らずに転がる運動で表される．$\dot{\varphi}$, $\dot{\psi}$ の値は，前に求めた値すなわち式 (7.231) 下式の μ, λ の値と一致する（2 次元の場合の 2.2.4 項参照）．

例7.7　地球はわずかに扁平な回転楕円体（$C>A$）であり，自転軸は対称軸の回りを角速度 $(C-A)\Omega/A$ で回っており，北極が移動する．その周期は $2\pi A/((C-A)\Omega)$ であり，計算すると約 10 カ月となる．自転軸と対称軸のずれは 0.3″ である．実際に観測される周期は 427 日（チャンドラー周期と呼ばれる）であり，計算値とは一致しないが，これは地球が剛体ではないことによると言われている．

7.5.5　ジャイロの運動

図 **7.45** に示すように，枠（ギンバル）を用い，3 軸が自由に支えられた構造で重心を支持された**ジャイロ**では，台 E がどのように姿勢を変えてもジャイロの軸

7.5 剛体の空間運動

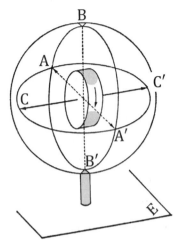

図 **7.45** ジャイロ

CC' の方向は不変である．このように対称軸の回りに高速回転する回転体で，こまの力学的性質を備えた装置を，一般に**ジャイロスコープ**と言う．その工学上の応用は広く，ジャイロ・コンパス，ジャイロ・ホライズン，ジャイロ・スタビライザーなどがあり，特に飛行体の慣性誘導装置として欠かせない装置である．

　外からジャイロの軸の方向を変える向きにトルク（ジャイロモーメント）N を作用させると，ジャイロの軸はその向きには回転しないで，トルクの軸方向にジャイロの軸を向けるように振れ回る歳差運動をする．この現象を**ジャイロ現象**と呼ぶ．このジャイロ現象の Spin（こまの回転）・Torque（こまを傾けようとするトルク）・Precession（こまの**歳差運動**（振れ回り運動））は，**図 7.46** に示すように，右手の親指・人差指・中指の順に互いに直角に並んでおり，いわゆる右手系をなしている．そこで，この頭文字の間に原点の O を挟んだ STOP という言葉でこの関係を記憶するとよい．

　ちなみに，『機械工学事典』（日本機械学会発行，参考文献 16）では，歳差運動を「軸対称の質量分布を持つ剛体をその軸回りに回転させ，回転軸と直角方向にモーメントを作用させるとき，回転軸はモーメント軸と直角方向の軸回りに回転する．この運動を歳差運動と言う．」のように定義している．

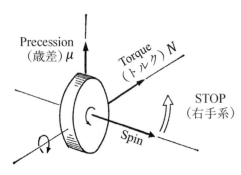

図 7.46 ジャイロ現象

触れ回りの角速度を μ，ジャイロの（旋転）軸回りの回転の角運動量を L とすれば，式(7.213)より

$$\mu \times L = N \tag{7.239}$$

が成立する．このように歳差運動をするのは，歳差運動によって N と釣り合うトルクが生じているためである．すなわち，ジャイロの軸を一定の角速度 μ で強制的に歳差運動させると

$$N_G = -\mu \times L \tag{7.240}$$

の慣性トルクが生じる．これを**ジャイロモーメント**と言う．ジャイロモーメントはジャイロの軸の方向を変化させるときに生じるコリオリの力のモーメントにほかならない．

車両が旋回（カーブ）するとき，車両によるジャイロモーメントは車両を外側に倒す向きに作用する．プロペラの回転で進む航空機の旋回中の機首の頭上げ頭下げモーメントも，エンジン・プロペラのジャイロモーメントの作用である．

例7.8 こまの運動では，歳差運動が続く限り，こまの軸を倒そうとする重力によるトルクに対して反対向きの，こまを直立させようとするトルクが発生するから，こまは倒れないで定常歳差運動をすることになる．こまが持つ大きさ $C\Omega$ と $A\mu \sin(\theta)$ の角運動量がそれぞれ角速度 $\mu \sin(\theta)$，$\mu \cos(\theta)$ でその方向を変えるときのジャイロモーメントと，重力のモーメントの釣合の式が式(7.216)

にほかならない．

例7.9 ジャイロ現象の関係を用いて，オイラーの運動方程式を組み立ててみる．図 **7.47**（a）より，ξ 軸回りの回転運動のみを考えるときの運動方程式は $I_\xi(d\omega_\xi/dt)=N_{\xi 1}$ である．ところが，η 軸，ζ 軸回りにも運動をしているから，このような運動をさせるために必要な ξ 軸回りの外力のモーメントを調べると，同図（b）と同図（c）より

$$N_{\xi 2}=\omega_\eta\times I_\zeta\omega_\zeta, \qquad N_{\xi 3}=-\omega_\zeta\times I_\eta\omega_\eta \tag{7.241}$$

となる．そこで，ξ 軸回りの外力のモーメントを N_ξ とすると，$N_\xi-N_{\xi 2}-N_{\xi 3}$ が ξ 軸回りの回転運動に関係するから

$$I_\xi\frac{d\omega_\xi}{dt}=N_{\xi 1}=N_\xi-N_{\xi 2}-N_{\xi 3}$$
$$=N_\xi+(I_\eta-I_\zeta)\omega_\eta\omega_\zeta \tag{7.242}$$

が得られる．η, ζ 方向に対しても同様にして，オイラーの運動方程式(7.204)が求められる．

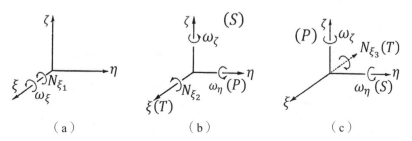

図 **7.47** ジャイロ現象における回転運動

例7.10 最も多く使われている，ギンバルが 1 つだけの 1 自由度系のジャイロの働きを調べてみよう．図 **7.48** に示すように，AA′ 軸回りに高速回転しているローターとギンバルは，その重心を通る CC′ 軸の回りに回転できるようになっ

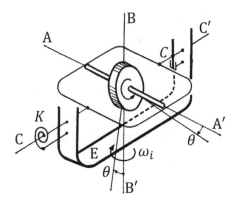

図 7.48　レート・ジャイロ

ている．CC′ 軸を支えるベース E にはばね（剛性 K）とダンパ（粘性減衰係数 C）が取り付けられており，CC′ 軸の回転角を θ とすると，$-K\theta$，$-C\dot{\theta}$ のモーメントが働くようになっている．いま，ベース E が AA′ 軸と CC′ 軸に垂直な BB′ の回りに角速度 ω_i で回転するとする．AA′ 軸回りの角速度を L とすれば，ジャイロモーメントは大きさ $\omega_i L$ で CC′ 方向を向くベクトルである．回転体とギンバルの CC′ 軸回りの慣性モーメントを I とすると，運動方程式は

$$I\ddot{\theta} = \omega_i L - K\theta - C\dot{\theta} \tag{7.243}$$

となる．ω_i の時間変化がゆっくりとしているときには，$\dot{\theta}$ は小さい．また，ばね力が他の力に比べて大きい場合には，近似的に $\theta \simeq (L/K)\omega_i$ となる．したがって，角度 θ からベース E が取り付けられている物体の角速度 ω_i を知ることができる．このようなジャイロはレート・ジャイロと呼ばれる．

例 7.11　鉄道車両が急カーブを高速で走行すると，一方の車輪がレールから浮かびがちになる．この問題を扱うために，図 7.49 のように座標軸をとる．車輪 1 個の慣性モーメントを I とすれば，ジャイロモーメント N_G は，$N_G = 2I\omega_\xi\omega_\eta$ となる．速度を v，車輪の半径を r，カーブの曲率半径を R とすれば，$\omega_\xi = v/r$，$\omega_\eta = v/R$ であり，ジャイロモーメントが車輪を浮かび上がらせる

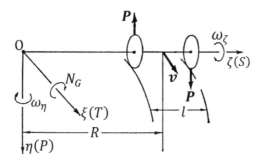

図 7.49 鉄道車両のカーブ走行

力 P は

$$P = \frac{N_G}{l} = \frac{2Iv^2}{lrR} \tag{7.244}$$

となる．静荷重を W とすれば，安全のためには $W \geq P$ であり，したがって

$$v \leq \sqrt{\frac{WlrR}{2I}} \tag{7.245}$$

いま，$r=1$ m，車輪の回転半径 $k=0.8$ m，$R=400$ m，軌間距離 $l=1.435$ m で，静荷重が車輪のみとすると，$I=(W/g)k^2$ であるから，危険速度 v_c は

$$v_c = \sqrt{\frac{glrR}{2k^2}} = \sqrt{\frac{9.807 \times 1.435 \times 1 \times 400}{2 \times 0.8^2}} = 66.29 \text{ m/s} = 238.6 \text{ km/h} \tag{7.246}$$

[問題 21]

(21-1) 定常歳差運動をする図 7.39 のこまの瞬間回転軸回りの慣性モーメントおよび運動エネルギーを求めよ．また，重心の運動エネルギーと重心回りの回転運動の運動エネルギーを求め，それらの和がこまの運動エネルギーに等しいことを示せ．

解 こまの軸と瞬間回転軸のなす $x'-z'$ 平面内の角を α とする．こまに固定した

314   第7章　剛体の動力学

座標系 $(\mathrm{O}-x'y'z')$ から瞬間回転軸を含む空間への座標変換行列 $[T]$ は，2次元平面の場合の式(2.39)と3次元空間の場合の式(7.36)を参照して

$$[T]=\begin{bmatrix} a_{11} & a_{12} & a_{13} \\ a_{21} & a_{22} & a_{23} \\ a_{31} & a_{32} & a_{33} \end{bmatrix}=\begin{bmatrix} \cos{(\alpha)} & 0 & -\sin{(\alpha)} \\ 0 & 1 & 0 \\ \sin{(\alpha)} & 0 & \cos{(\alpha)} \end{bmatrix} \tag{7.247}$$

こまに固定した座標系回りの慣性モーメントを表す行列 $[I']$ は

$$[I']=\begin{bmatrix} A & 0 & 0 \\ 0 & A & 0 \\ 0 & 0 & C \end{bmatrix} \tag{7.248}$$

瞬間回転軸は $x'-z'$ 平面内にあるから，その軸回りの慣性モーメント I_ω は

$$I_\omega=I_{z'}=\textstyle\sum_{i=1}^{3}\sum_{j=1}^{3}a_{3i}a_{3j}I'_{ij}=A\sin^2{(\alpha)}+C\cos^2{(\alpha)} \tag{7.249}$$

図7.39(b)に示すように

$$\mu\sin{(\theta)}=\omega\sin{(\alpha)} \tag{7.250}$$

また

$$\omega\cos{(\alpha)}=\lambda+\mu\cos{(\theta)}=\omega_{z'}=\Omega \tag{7.251}$$

式(7.250)と式(7.251)から $\sin{(\alpha)}$ と $\cos{(\alpha)}$ を導いて式(7.249)に代入すれば

$$I_\omega=I_{z'}=\frac{A\mu^2\sin^2{(\theta)}+C\Omega^2}{\omega^2}=\frac{A\mu^2\sin^2{(\theta)}+C\Omega^2}{\mu^2\sin^2{(\theta)}+\Omega^2} \tag{7.252}$$

こまは中心軸に関して対称で，$I_x=I_y=A$，$I_z=C$　$\omega_y=\omega\sin{(\alpha)}=\mu\sin{(\theta)}$ であるから，重心の回転運動の運動エネルギーは

$$E_1=\frac{1}{2}I_y\omega_y{}^2=\frac{1}{2}A\mu^2\sin^2{(\theta)} \tag{7.253}$$

また，重心回りの回転運動の運動エネルギーは

$$E_2=\frac{1}{2}I_z\Omega^2=\frac{1}{2}C\Omega^2 \tag{7.254}$$

一方，こまの瞬間中心軸回りの運動エネルギーは

$$E_\omega=\frac{1}{2}I_\omega\omega^2=\frac{1}{2}(A\mu^2\sin^2{(\theta)}+C\Omega^2) \rightarrow E_\omega=E_1+E_2 \tag{7.255}$$

(21−2)　速度 $v=720\,\mathrm{km/h}$ で航行しているジェット機が半径 $R=1\,500\,\mathrm{m}$ の円

に沿って旋回する．旋回中に機体にかかる曲げモーメント N はいくらか．ただし，タービン・圧縮機の回転速度は $6\,000$ rpm($=60f$) で，回転しているローターの重さは $W=400$ kgf，その回転半径は $k=0.2$ m である．

[解] 旋回（公転）の角速度は $\mu=v/R$，ローターの慣性モーメントは式(7.8)より Wk^2/g，タービン・圧縮機の角速度は $2\pi f$ であるから，式(7.213)と式(7.200)左式より

$$N = \frac{v}{3600} \times \frac{1}{R} \times \frac{W}{g} \times k^2 \times 2\pi f$$

$$= \frac{7.2\times 10^5}{3.6\times 10^3} \times \frac{1}{1.5\times 10^3} \times \frac{4\times 10^2}{9.807} \times (2\times 10^{-1})^2 \times 2\times 3.142 \times \frac{6\times 10^3}{6\times 10}$$

$$= 136.7 \text{ kgfm}(=1\,341 \text{ N m}(=\text{J})) \tag{7.256}$$

(21-3) 航空機の車輪（重さ $W=30$ kgf，回転半径 $k=0.6$ m）が離陸時のまま 20 rps で回転している．この脚を，図 7.50 に示すように，点 O 回りに角速度 $\mu=4$ rad/s で 90°回転させ，機体内に引き込ませるとき，支柱に働くジャイロモーメントを求めよ．

[解] 前問題と同様に，式(7.213)と式(7.200)左式より

$$N = 4\times\left(\frac{3\times 10}{9.807}\times 0.6^2\times 2\times 10\times 2\times 3.142\right) = 553.6 \text{ kgfm}(=5\,429 \text{ N m})$$

$$\tag{7.257}$$

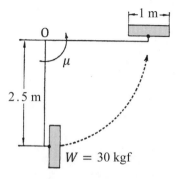

図 7.50 航空機の車輪

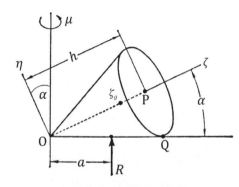

図 7.51 転がる直円錐

316　　第7章　剛体の動力学

(21−4)　**図 7.51** に示すように，高さ h，半頂角 α，密度 ρ の均質な直円錐が水平面上を転がり，直円錐の軸 Oζ は頂点 O を通る鉛直軸の回りに角速度 μ で回転する．面の反力の合力 R の作用点 a は μ の関数である．a を表す式を導き，転がり運動を続けることができる μ の極限の値を求めよ．ただし，直円錐の慣性主軸を $(\xi, \eta\zeta)$ とする．

解　頂点 O から軸方向に距離 ζ の半径は $\zeta \tan(\alpha)$ であるから，この回転体の慣性モーメントは

$$\left.\begin{array}{l} I_\zeta = \displaystyle\int_0^h r^2 dm = \int_0^h (\zeta \tan(\alpha))^2 \pi(\zeta \tan(\alpha))^2 \rho d\zeta = \frac{\rho\pi h^5}{5}\tan^4(\alpha) \\[3mm] I_\xi = I_\eta = \dfrac{I_\zeta}{2}\quad (\text{式}(7.24)\text{参照}) \end{array}\right\} \quad (7.258)$$

転がりの回転 μ 軸（頂点 O を含む鉛直軸）から底辺の中心点 P までの水平距離は $h\cos(\alpha)$ であるから，転がりによって生じる点 P の速度は $\mu \cdot h\cos(\alpha)$．一方，点 P から水平面までの底辺に沿った距離は $\overline{\text{PQ}} = h\tan(\alpha)$（＝底辺の半径）であるから，直円錐の中心軸 ζ 回りの回転角速度を ω_ζ とすれば，この回転によって生じる底辺と水平面の接触点 Q の速度は $-\omega_\zeta \cdot h\tan(\alpha)$．直円錐は水平面上を滑らずに転がるから

$$\mu \cdot h\cos(\alpha) + (-\omega_\zeta \cdot h\tan(\alpha)) = 0 \;\rightarrow\; \omega_\zeta = \mu\frac{\cos^2(\alpha)}{\sin(\alpha)} \quad (7.259)$$

η 軸方向の回転角速度の鉛直軸成分が μ であるから

$$\omega_\eta = \frac{\mu}{\cos(\alpha)} \quad (7.260)$$

直円錐の質量は半径 $\overline{\text{PQ}}$，高さ h の直円筒の質量の $\dfrac{1}{3}$ であるから

$$M = \frac{\pi}{3}\rho h \cdot (h\tan(\alpha))^2 = \frac{\pi\rho}{3}h^3 \tan^2(\alpha) \quad (7.261)$$

直円錐の頂点 O からの重心位置は

$$\zeta_g = \frac{3}{4}h \quad (7.262)$$

オイラーの運動方程式(7.204)より

$$N_\xi = -(I_\eta - I_\zeta)\omega_\eta\omega_\zeta = \frac{\pi\rho h^5}{10}\tan^4(\alpha)\omega_\eta\omega_\zeta \tag{7.263}$$

接地点の反力は $R = Mg$ であるから，重心回りのモーメントの釣合より

$$N_\xi = (a - \zeta_g\cos(\alpha))Mg \tag{7.264}$$

式(7.264)に式(7.259)〜(7.263)を代入して

$$a = \frac{3}{4}h\cos(\alpha) + \frac{\pi\rho h^5}{10}\tan^4(\alpha)\frac{\mu^2}{\tan(\alpha)}\frac{3}{\pi\rho g h^3\tan^2(\alpha)}$$

$$= \frac{3}{4}h\cos(\alpha) + \frac{3\mu^2 h^2}{10g}\tan(\alpha) \tag{7.265}$$

回転が可能であるためには，反力 R が円錐の斜面 $\overline{OQ}$ の範囲内に存在しなければならないから

$$\overline{OQ} = \frac{h}{\cos(\alpha)} \geq a \tag{7.266}$$

式(7.265)と式(7.266)より

$$\mu \leq \sqrt{\frac{5g(4 - 3\cos^2(\alpha))}{6h\sin(\alpha)}} \tag{7.267}$$

第8章 振動

　本書はこれまで，物体を質点・質点系・剛体と見てきた．しかし，すべての物体は弾性体であり，力を受けると必ず変形する．そこで弾性体の動力学では，力・運動・変形の3者間の関係を見る必要がある．本章ではその代表例として，まず1自由度系の振動を論じる．

　振動・音響を利用する機器や装置は数多くあるが，逆に振動・騒音は機械や人間にとって邪魔である場合も多い．いずれにしろ振動は，私達の日常生活に極めて身近な存在である．

　ここ半世紀間に，有限要素法（FEM）・モード解析[2)~12)]・高速フーリエ変換（FFT）などの進展・融合・普及により，多自由度系の力学が一変した．現在では，複雑な実機の振動・音響の理論数値解析・実験・計測が，ものづくりにおける不具合の診断・原因究明・対策・改善への有力な手段になっている[14)]．さらに振動は，従来力学の枠を超えた波動（音・超音波・電磁波・光・核放射線）の学術として，情報・医療・娯楽・通信・建築・エネルギーなど，私達の日常生活全般に必須である．これらについては，本書の著者らが記した他の参考文献2～14を参照されたい．しかし，本章で学ぶ1自由度系の振動が上記すべての分野への入口のさらに第1歩であることは不動の事実であり，すべてが本章の理解から始まる．

8.1 自由振動

8.1.1 力学特性

　星は静止し月は丸く海は水平で山は高い．この世にあるすべての物は作用を受

8.1 自 由 振 動　　319

けない限り変らない．これは，**"物体はあるままの状態を保とうとする性質を
持っている"** ためである．色・艶・触感などとは無関係な力学では，速度・形・
位置の 3 者があるままの状態の対象となる．**表 8.1** を用いてこの性質を説明する．

表 8.1　物体の力学的性質

性　　質	性質の名称	変化	抵抗力
慣性（いまの速度でいたい）	質量　　M	加速度　$\ddot{x}$	慣性力 $f_M = -M\ddot{x}$
復元性（本来の形でいたい）	剛性　　K	変形　　x	復元力 $f_K = -Kx$
粘性（いまの位置にいたい）	粘性　　C	速度　　$\dot{x}$	粘性抵抗力 $f_C = -C\dot{x}$

　　第 1 に，物体はいまあるままの速度を保とうとする．この性質を**慣性**（＝質
量）と言う（3.1 節：慣性の法則）．物体は速度の変動（＝正・負の加速度）を嫌
い，**慣性力** $f_M(t)$（＝抵抗力：負値）を出して抵抗する．

$$f_M(t) = -M\ddot{x}(t) \tag{8.1}$$

　　第 2 に，物体は本来の形を保とうとし，形の変化（変形）を嫌って本来の形に
復元しようとする．この性質を**復元性**と言う．そして，**復元力** $f_K(t)$（＝抵抗力：
負値）を出して抵抗する．

$$f_K(t) = -Kx(t) \tag{8.2}$$

　　第 3 に，物体はいまの位置にいようとする．その原因は様々であるが，ここで
はこの性質を**粘性**[12]で代表する．物体は位置の変動（＝速度）を嫌い，**粘性抵抗
力** $f_C(t)$（＝抵抗力：負値）を出して抵抗する．

$$f_C(t) = -C\dot{x}(t) \tag{8.3}$$

　　表 8.1 に示すこれら 3 つの力学的性質（**力学特性**と言う）を用いて物体を簡略
表現すれば，**図 8.1** の 1 自由度系力学モデルになる．

　　これらのうち第 1 と第 2 は物体自身が本来有する性質であり振動の発生原因で

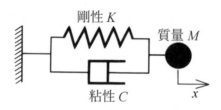

図 8.1 1自由度力学モデル
（粘性減衰系）

あるが，第3は物体の周辺を囲む流体などとの相互作用によって生じる付加的性質であり，物体自身が有する本質ではない．また第3の性質は，動く（：位置が変化する）という現象をすべて抑制するから，振動に対してもそれを止めようとするだけで，振動の発生には関与しない．

8.1.2 運動方程式と解

物体に加速度・速度・変形（1自由度系では変位）の外作用を与えれば，それらを嫌う表8.1の力学特性が上記の抵抗力を出して阻止しようとする．ある瞬間（$t=0$）に外作用を除き物体を自由にすれば，これらの抵抗力だけが残存して力が釣り合うから，式(8.1)～(8.3)より

$$f_M + f_C + f_K = 0 \quad \text{すなわち}, \quad M\ddot{x} + C\dot{x} + Kx = 0 \tag{8.4}$$

力学の脇役である粘性を省略して $C=0$ とおけば（これを不減衰系と言う）

$$M\ddot{x} + Kx = 0 \tag{8.5}$$

力の釣合式(8.4)と式(8.5)を数学的に見れば系の運動 x を変数とする微分方程式であるから，これを**運動方程式**と言う．

まず，自由状態にある不減衰系の運動方程式(8.5)について述べる．質量 M と剛性 K は力学特性を表す物理量で正の定数であるから，右辺が0である式(8.5)は，$x(t)$ を2回時間微分すれば必ず同一関数の負値になることを意味する．これを満足するのは**三角関数**か**複素指数関数**[4)12)] しかない．これら両関数は，共に**単振動**（単一の周期を持つ振動）を表す関数であるから，式(8.5)の解が周期関数

になり振動という現象を生じることは，運動方程式を解く前から明らかなのである．

そこで，まずその解を三角関数で表せば

$$x(t) = X_C \cos(\Omega t) + X_S \sin(\Omega t) = X \cos(\Omega t + \varphi) \tag{8.6}$$

一方これを複素指数関数で表せば

$$x(t) = X_1 \exp(j\Omega t) + X_2 \exp(-j\Omega t) \tag{8.7}$$

ここで，X_C と X_S または X_1 と X_2 は振動の初期条件から決まる未定係数である．

式(8.7)では，実現象 $x(t)$ を表す式に虚数（$j = \sqrt{-1}$ は単位虚数）と言う実現象には存在しない数を含む複素数が用いられている．これに関しては，**"現時点で実際に生じる現象を表現しているのは実部のみであり，虚部は現瞬間の現象としては意味を持たない"** ことを心得ておれば，複素数の使用には何の問題も生じない．

なお，三角関数と複素指数関数の間には

$$\cos(\theta) = \frac{\exp(j\theta) + \exp(-j\theta)}{2}, \quad \sin(\theta) = \frac{\exp(j\theta) - \exp(-j\theta)}{2j} \tag{8.8a}$$

あるいは逆に

$$\exp(j\theta) = \cos(\theta) + j\sin(\theta), \qquad \exp(-j\theta) = \cos(\theta) - j\sin(\theta) \tag{8.8b}$$

の関係があり（**オイラーの公式**），互換が可能である．これは，両関数が共に同一の周期現象を表現する別表現の**周期関数**である，ことを意味する．

式(8.6)と式(8.7)で，X は**振幅**，$\Omega t + \varphi$ は**位相**，φ は**初期位相**（あるいは単に位相），$\Omega = \sqrt{K/M}$(rad/s) は（不減衰系の）**固有角振動数**または**固有角周波数**（単位時間に進む角），$f_n = \Omega/(2\pi)$(1/s) は**固有振動数**または**固有周波数**（単位時間に繰り返す回数），$T_n = 1/f_n = 2\pi/\Omega$(s) は**固有周期**（1回の繰返しにかかる時間）と言う．これらは共にこの系固有の質量と剛性の値で決まる定数であり，単振動の性質と特徴を表現する量である．

次に式(8.4)について述べる．実際の機械には固体摩擦・流体抵抗・内部減衰など種々の抵抗が働くが，通常これらを粘性 C で代表し，粘性を有する力学系を粘性減衰系と呼ぶ．式(8.4)が時間に無関係に成立するためには，$x(t)$ を何回時

間微分しても同一の関数になる必要がある．これを満足する関数は指数関数しかない．そこで指数関数を用いて，解を次のように置く．

$$x(t) = X \exp(\lambda t) \tag{8.9}$$

式(8.9)を式(8.4)に代入して両辺を $\exp(\lambda t)$ で割れば

$$M\lambda^2 + C\lambda + K = 0 \tag{8.10}$$

$\Omega = \sqrt{K/M}$ であるから，式(8.10)の解は2次方程式の根の公式から

$$\lambda = -\frac{C \pm \sqrt{C^2 - 4MK}}{2M} = \sqrt{\frac{K}{M}}\left(-\frac{C}{2\sqrt{MK}} \pm \sqrt{\left(\frac{C}{2\sqrt{MK}}\right)^2 - 1}\right)$$

$$= \Omega\left(-\frac{C}{C_C} \pm \sqrt{\left(\frac{C}{C_C}\right)^2 - 1}\right) = -\Omega\zeta \pm \Omega\sqrt{\zeta^2 - 1} = \lambda_1, \ \lambda_2 \tag{8.11}$$

ここで式(8.11)では，$C_C = 2\sqrt{MK}$，$\zeta = C/C_C$ という量を導入している．

一般に，運動方程式に2通りの解（ここでは λ_1 と λ_2）が存在する場合には，それが表現する現象は両者の和になるから，式(8.4)の解である式(8.9)は

$$x(t) = X_A \exp(\lambda_1 t) + X_B \exp(\lambda_2 t) \tag{8.12}$$

方程式の解が式(8.11)のように平方根を含む場合には，その中身が正か負かによって表現する現象が異なる．式(8.11)の平方根内は $\zeta \geq 1$ なら正・$\zeta < 1$ なら負であるから，以下にこれらを分けて説明する．

1) $\zeta \geq 1$ （$C \geq C_C$）の場合

$\zeta > \sqrt{\zeta^2 - 1}$ であるから，λ_1，λ_2 は共に負の実数であり，式(8.12)は時間と共に単調に減少して0に収束する．これは，粘性減衰 C が特定の値 C_C より大きいと，運動は無周期となり，**振動を生じない**，ことを意味する．

2) $\zeta < 1$ （$C < C_C$）の場合

λ_1，λ_2 は共に複素数であり，これを実部と虚部に分けて表現し

$$-\Omega\zeta \pm j\Omega\sqrt{1 - \zeta^2} = -\sigma \pm j\omega_d \quad (\sigma > 0) \tag{8.13}$$

と記せば，式(8.12)は式(8.8)より

$$x(t) = \exp(-\sigma t)(X_A \exp(j\omega_d t) + X_B \exp(-j\omega_d t))$$

$$= X_D \exp(-\sigma t) \cos(\omega_d t) \tag{8.14}$$

式(8.14)は，単振動を表す時間の調和関数の振幅に $\exp(-\sigma t)$ を含んでいる．これは同式が，粘性減衰 C が特定の値 C_c より小さいと，運動は，**振動しながら振幅が時間と共に減少し 0 に収束していくこと**（：減衰自由振動）を意味する．

式(8.13)の角振動数 $\omega_d(=\Omega\sqrt{1-\zeta^2}<\Omega)$ を**減衰固有角振動数**，$f_d=\omega_d/(2\pi)$ を**減衰固有振動数**，$T_d=1/f_d=2\pi/\omega_d$ を**減衰固有周期**と呼ぶ．図 **8.2** にその様相を実線で示す．比較のため，同図の一点鎖線に不減衰（$C=0$）の場合の自由振動を示す．これら両者を比較すれば，粘性減衰の存在は振動に対し，① 振動を減衰させる（時間と共に振幅を減少させる），② 振動を少しゆっくりとさせる（$\Omega \to \omega_d$），という2通りの影響を与えることが分かる．

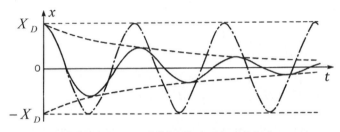

図 8.2 減衰振動と不減衰振動の比較
実線：粘性減衰振動，一点鎖線：不減衰振動

上記の1) と2) を分ける値 $C_c=2\sqrt{MK}$ は，系に振動を生じさせるかさせないかの臨界状態を生じる粘性減衰の値を示し，**臨界減衰係数**と呼ぶ．また $\zeta=C/C_c$ は，比の形で表される無次元数であり，これを**減衰比**と呼ぶ．

減衰自由振動における減衰の速さを考えるには，隣接する振動の振幅の比をとると便利である．第 n 番目の振幅を a_n，それから1周期 T_d 後の第 $n+1$ 番目の振幅を a_{n+1} とすれば

$$\frac{a_{n+1}}{a_n}=\frac{\exp(-\sigma(t+T_d))}{\exp(-\sigma t)}=\exp(-\sigma T_d)=\exp(-\Omega\zeta T_d)$$

$$=\exp\left(-\sqrt{\frac{K}{M}}\frac{C}{2\sqrt{MK}}T_d\right)=\exp\left(-\frac{C}{2M}T_d\right)=\text{const.}$$

324   第8章　振　　　　動

となり，自由振動の振幅は等比級数的に減じている．いま，この比の逆数の対数
をとると，$T_d = 2\pi\omega_d$ であるから

$$\delta = \ln\left(\frac{a_n}{a_{n+1}}\right) = \frac{C}{2M}T_d = \sqrt{\frac{K}{M}}\frac{C}{2\sqrt{MK}}T_d = \Omega\frac{C}{C_c}\frac{2\pi}{\omega_d} = \frac{2\pi\zeta}{\sqrt{1-\zeta^2}} \qquad (8.15)$$

式(8.15)の δ を**対数減衰率**と言い，減衰比 ζ だけの関数である．実際の系の振
動を測定し図8.2の実線を描いてその図から δ を求めれば，減衰比を実験的に決
めることができる．

この例のように，一般に時間の経過と共に $\exp(-\sigma t)$ に比例して減少していく
量に対し，定数 $1/\sigma = \tau$ は時間の次元を持つから，これを**時定数**と呼ぶ．時定数
が大きいことは，減衰が小さく長い時間かかってゆっくりと減少していくことを
意味する．$\exp(-\sigma t)$ が半分になる時間は何時から測っても同じになり，
$t = 0.693\tau$ である．

減衰自由振動の場合には，

$$\tau = \frac{1}{\sigma} = \frac{1}{\Omega\zeta} = \frac{C_c}{\sqrt{K/M}\,C} = \frac{2\sqrt{MK}}{\sqrt{K/M}\,C} = 2\frac{M}{C} \qquad (8.16)$$

8.2　強　制　振　動

8.2.1　不　減　衰　系

図8.1で $C=0$ とおいた不減衰系に単一の周波数 ω を持つ振幅 F の周期外力
$F\exp(\omega t)$ が作用し続ける場合の運動方程式は，式(8.5)の右辺にこの外力を加
えて

$$M\ddot{x} + Kx = F\exp(\omega t) + 0 \qquad (8.17)$$

式(8.17)右辺に一見意味がないように見える $+0$ を第2項として加えた理由は，
右辺が0の運動方程式（＝式(8.5)）が0以外の解（数学的には微分方程式の一
般解）を有するからである．その解は式(8.6)または式(8.7)であり，現象として
は不減衰自由振動を表す．一般に方程式の右辺が2項の和からなる場合には，そ
の和が表す実現象は各々の解が表す実現象の和になる．式(8.17)では，右辺第1

項の解（微分方程式の特解）が強制振動を，第2項の解（一般解）が自由振動を表す．これは，強制振動の応答には必ず自由振動が実現象として併発し混入することを意味する．

自由振動については前節で説明したから，式(8.17)右辺第1項だけの解を

$$x(t)=X\exp(j\omega t) \rightarrow \ddot{x}(t)=-\omega^2 X\exp(j\omega t) \quad (X \text{ は強制振動の振幅})$$

$$(8.18)$$

とおき，式(8.17)に代入して両辺を $\exp(j\omega t)$ で割れば，$(-\omega^2 M+K)X=F$ すなわち

$$\frac{X}{F/K}=\frac{X}{X_{st}}=\frac{1}{1-\omega^2(M/K)}=\frac{1}{1-(\omega/\Omega)^2}=\frac{1}{1-\beta^2} \quad (8.19)$$

ここで，$X_{st}=F/K$ は一定力 F による静変位，X/X_{st} はこの静変位を基準とする振幅比，$\beta=\omega/\Omega$ は固有角振動数 Ω を基準とする振動数比であり，式(8.19)は不減衰強制振動応答の振幅と振動数の関係を比の形で無次元化表現している．

式(8.19)は，振幅 X が $\beta<1$ で正，$\beta>1$ で負になることを示している．実現象で振幅の大きさが負になることはないから，これは，前者では変位応答が加振と同方向（位相遅れが0），後者では変位応答が加振と逆方向になる（変位応答の位相が加振力より180°遅れる）ことを意味する．そこで $X=|X|\exp(\varphi)$（φ は位相）とおけば，$\beta<1$ で $\varphi=0$, $\beta>1$ で $\varphi=-\pi$.

式(8.19)を図で表現すると，**図8.3**になる．図8.3(a)の振幅比 $|X|/X_{st}$ は，$\beta=0$ で1，β の増加と共に，$\beta<1$ では増大し，$\beta=1$ で無限大になり，$\beta>1$ では減少して0に収束する．

振幅が無限大になるこの現象を（**不減衰**）**共振**と言う．回転機械では，共振振動数の回転速度を**危険速度**とも言うように，一般に機械を共振状態で運転し続けることは，金属疲労に起因する破壊や不具合を生じる可能性を生じて危険であり，避けなければならない．しかし，"無限大になる"とは"時間と共に0から直線的に限りなく成長し続ける（**図8.4**）"という意味であり，瞬間的に無限大になるという意味ではない．そこでやむを得ず危険速度以上で運転する機械では，共振振動数を速やかに通過すればあまり問題を生じない．

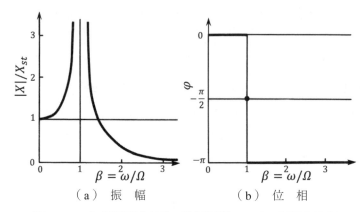

図 8.3　1自由度不減衰系の強制振動における振幅と位相

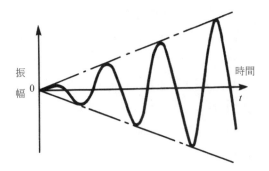

図 8.4　不減衰系の共振
（振幅が時間に比例して増加）

　位相 φ は，図 8.3(b)のように加振角振動数 ω が不減衰固有振動数 Ω に等しい $\beta=1$ で $-\pi/2$ であり，その周波数点で 0 から $-\pi$ に不連続に変化する．式 (8.19) では振幅 X が $\beta^2<1$ で正，$\beta^2>1$ で負になるが，これは，前者では応答が加振と同調（同時に発生し位相遅れが 0）し，後者では応答が加振と逆方向になる（位相が $\pi=180°$ 遅れる）ことを意味する．すなわち $\beta^2<1$ で $\varphi=0$，$\beta^2>1$ で $\varphi=-\pi$．

8.2 強 制 振 動　　327

8.2.2　粘性減衰系

図 8.1 の粘性減衰系に単一の周波数 ω を持つ周期外力 $F \exp(\omega t)$ が作用し続ける場合の運動方程式は，式(8.4)の右辺にこの外力を加えて

$$M\ddot{x}+C\dot{x}+Kx=F\exp(\omega t)+0 \tag{8.20}$$

式(8.20)右辺第 2 項（＝ 0）だけの運動方程式は式(8.4)であり，その解は一般には式(8.12)，振動を生じる場合には式(8.14)である．これは，減衰系の強制振動の場合にも必ず自由振動が実現象として併発し応答に混入することを意味する．粘性減衰系では自由振動は通常速やかに減衰するから，実際の振動で問題になることは少ない．

一方，式(8.20)右辺第 1 項だけの解を式(8.18)とおき，式(8.20)に代入して両辺を $\exp(j\omega t)$ で割れば

$$(-\omega^2 M+j\omega C+K)X=F \tag{8.21}$$

式(8.21)に

$$\frac{M}{K}=\frac{1}{\Omega^2}, \qquad \frac{C}{K}=\frac{2C}{2\sqrt{MK}}\sqrt{\frac{M}{K}}=2\frac{C}{C_C}\frac{1}{\Omega}=2\zeta\frac{1}{\Omega}, \qquad X_{st}=\frac{F}{K}, \ \ \beta=\frac{\omega}{\Omega} \tag{8.22}$$

を代入して変形すれば，応答の振幅は

$$\frac{X}{X_{st}}=\frac{1}{1-\beta^2+2j\zeta\beta} \tag{8.23}$$

式(8.23)は複素数である．この振幅を絶対値（大きさ）$|X|$ と位相（時間差）φ で表現すれば[3), 11)]

$$\frac{|X|}{X_{st}}=\frac{1}{\sqrt{(1-\beta^2)^2+(2\zeta\beta)^2}}, \qquad \tan(\varphi)=-\frac{2\zeta\beta}{1-\beta^2} \tag{8.24}$$

式(8.24)は，粘性減衰強制振動応答の振幅と振動数の関係を比の形で無次元化表現している．式(8.24)を図示すると**図 8.5** になる．図 8.5(a)の振幅（大きさ）は，β の増加と共に，$\beta<1$ では増大し，$\beta=1$ で最大（無限大ではない）になり，$\beta>1$ では減少し続けて 0 に収束する．位相 φ は，$\beta=1(\omega=\Omega)$ で $-\pi/2$ であり，$\beta=1$ の近傍で 0 から $-\pi$ に連続的に変化する．

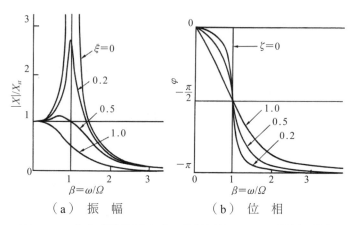

（a）振　幅　　　　　　（b）位　相

図 8.5　1 自由度粘性減衰系の強制振動における振幅と位相

振幅が"最大になる"とは，図 8.6 に示すように，"時間と共に 0 から指数数的に成長しやがて最大の一定振幅になる"という意味であり，瞬間的に最大になると言う意味ではない．この一定振幅の値は，質量 M と剛性 K とは無関係で粘性減衰係数 C に反比例し（参考文献 4, 12 参照）

$$|X|_{max} = \frac{F}{C\Omega} \tag{8.25}$$

次に，加振力 $F = F_0 \sin(\omega t)$ が系になす仕事を求める．この加振力による系の

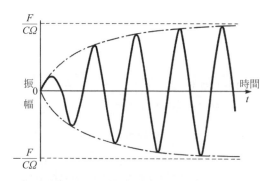

図 8.6　粘性減衰系の共振
　　　（0 から指数関数的に増加し，
　　　一定振幅 $F/C\Omega$ に漸近）

応答を表す式(8.18)を，位相 φ（応答（結果）は加振力（原因）から常に遅れて生じるから，φ は図8.5(b)のように必ず負値）を考慮して三角関数で表示すれば

$$x(t) = X \sin(\omega t + \varphi) \tag{8.26}$$

である．振動の1周期間になす仕事 W は，三角形の和と積の公式を用いて

$$
\begin{aligned}
W &= \int_0^{2\pi/\omega} F dx = \int_0^{2\pi/\omega} F \frac{dx}{dt} dt = F_0 X \int_0^{2\pi} \sin(\omega t) \cos(\omega t + \varphi) d(\omega t) \\
&= F_0 X \int_0^{2\pi} \frac{\sin(2\omega t + \varphi) + \sin(-\varphi)}{2} d(\omega t) = F_0 X \sin(-\varphi) \int_0^{2\pi} \frac{1}{2} d(\omega t) \\
&= -F_0 X \sin(\varphi) \left[\frac{(\omega t)}{2} \right]_0^{2\pi} = -\pi F_0 X \sin(\varphi)
\end{aligned} \tag{8.27}
$$

加振外力が振動の1周期間に系になす仕事 W は，$\varphi=0$ と $\varphi=-\pi$ のときには0であり，加振力は系に仕事をしない．また $\varphi=-\pi/2$（$\omega=\varOmega$：不減衰共振角振動数）のとき最大値 $\pi F_0 X$ となるから，振動の1周期ごとに系に振幅 X に比例するエネルギーが流入し続ける．

不減衰系でエネルギーの消散がない場合には，この流入エネルギーが時間 t に比例して系内に蓄積し続ける（図8.4）．一方粘性減衰系では，エネルギーが流入すると同時に，粘性減衰力が振動の1周期ごとに系から振幅の2乗に比例するエネルギーを奪い続け，系外に流出させる（$W_C = -\pi C\omega|X|^2$：詳細は参考文献12の314頁参照）．流入するエネルギーは振幅に比例するが，流出するエネルギーは振幅の2乗に比例するので，振動の初期で振幅が小さい間は前者の方が後者より大きく，系内のエネルギーは増加し振幅は増大し続ける．振幅の増大と共に前者は増大するが後者は急増し，やがて前者と後者が等しくなると，エネルギーの収支は均衡して蓄積は止まり，振幅はそれ以上成長しなくなり，一定値（＝式(8.25)）に収束する．この様子を図示したのが，図8.6である．

さて，これまでの解析ではすべて，加振力を単一の周波数からなる調和関数 $F \exp(\omega t)$ としてきた．それは，加振力が複数の周波数からなる場合や時刻歴として与えられる場合には解析的には解くことができないからである．このような

330   第8章 振   動

場合には，コンピュータを用いた直接の時刻歴数値解析に頼るか，あるいはフー
リエ変換[14]で加振力を周波数領域の表現に変え，周波数成分ごとに応答を求め，
それらをフーリエ逆変換で時刻歴に変え合成して，解を得る．これを可能にした
のがモード解析の手法と技術[3), 4), 6), 12)]であり，モード解析の出現・実用化によ
り多自由度系の振動を初めて理論と実験で解析できるようになった．

8.3 振 動 絶 縁

振動絶縁

8.3.1 質量から基礎への伝達

図8.1に示す1自由度粘性減衰系の質量 M に加振力 $F\exp(\omega t)$ が作用すると
きの応答を，不減衰の場合の式(8.18)と同様に表記すれば，質量の変位振幅は式
(8.24)になる．質量のこの応答は，質量を支える剛性（ばね）K と粘性（ダン
パ）C の右端にそれぞれ変位 x と速度 $\dot{x}$ を生じ，さらにそれらの左端を支える基
礎に力（剛性復元力の反力）Kx と力（粘性抵抗力の反力）$C\dot{x}=C\omega x$ を加える．
速度の積分である変位は速度から1/4周期遅れるから，変位に比例する前者の力
は速度に比例する後者の力より位相が90°遅れて基礎に到達する．そこで，基礎
に伝わる合力の振幅 F_t は両者の単純な和ではなくそれらの自乗和の平方根にな
り

$$F_t=\sqrt{K^2+C^2\omega^2}|X| \tag{8.28}$$

基礎への伝達力の振幅 F_t と質量への加振力の振幅 F の比 λ を加振点から基礎
への**振動伝達率**と呼び，式(8.22)と式(8.24)左式から

$$\lambda=\frac{F_t}{F}=\frac{\sqrt{K^2+C^2\omega^2}|X|}{KX_{st}}=\sqrt{1+\left(\frac{C}{K}\omega\right)^2}\frac{|X|}{X_{st}}=\sqrt{\frac{1+(2\zeta\beta)^2}{(1-\beta^2)^2+(2\zeta\beta)^2}}$$

$$\tag{8.29}$$

横軸に無次元化振動数 β（$=\omega/\Omega$）をとって式(8.29)の λ を図示すれば，**図
8.7** のようになる．

図8.7は，加振点（質量）から基礎への振動の伝達率が，加振角振動数 ω が0

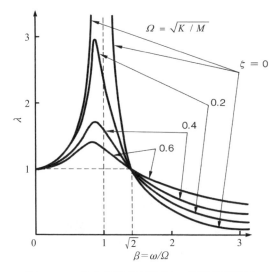

図 8.7 1自由度粘性減衰系の振動伝達率 λ

から増加すると1から増大し，最大値（減衰がある場合には有限値）をとった後に減少に転じ，$\beta=\sqrt{2}$（加振振動数が支持部の不減衰共振振動数の$\sqrt{2}$倍）で再び1になり，やがて0に収束することを，図示している．

粘性 C の存在は，伝達力の減少に対し，$\beta<\sqrt{2}$ の低振動数では有効であるが，$\beta>\sqrt{2}$ の高振動数では逆に邪魔になることが分かる．

振動を絶縁する，すなわち質量の振動を基礎に伝達しにくくするためには，振動伝達率 λ を小さくすればよい．そのためには $\beta=\omega/\Omega$ を大きくすればよいが，加振振動数 ω は外から与えられ自由には変えられないから，$\Omega=\sqrt{K/M}$ を小さくすればよい（少なくとも $\Omega<\sqrt{2}\omega$）．それには質量 M を大きくするか支持ばね剛性 K を小さくする必要があるが，前者は軽量化に反するし，後者は支持部の共振振動数を低下させ静支持を不安定にする，という問題が生じる．これに対しては，剛性 K が静荷重に対しては大きく（硬く）動荷重に対しては小さい（柔らかい），という優れた性質を有する流体封入支持装置，例えば空気ばねや車のタイヤ，が極めて有効であり多用されている．

8.3.2 基礎から質量への伝達

図 **8.8** のように,次式で振動する基礎(振動系の支持部)から質量 M に伝達する振動変位振幅 $|X|$ を考える.

$$x_B = B\exp(j\omega t), \quad \dot{x}_B = j\omega B\exp(j\omega t) \tag{8.30}$$

質量の絶対変位 x を基準にした剛性の相対変位(ばね両端間の変位差)は

$$y = x - x_B \tag{8.31}$$

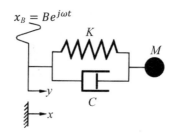

図 **8.8** 基礎が振動する 1 自由度系

質量の慣性力は絶対加速度に,粘性抵抗力は相対速度に,剛性の復元力は相対変位に比例するから,運動方程式は

$$M\ddot{x} + C\dot{y} + Ky = 0 \tag{8.32}$$

式(8.32)に式(8.31),(8.30)を代入して

$$M\ddot{x} + C\dot{x} + Kx = Kx_B + C\dot{x}_B = B(K + jC\omega)\exp(j\omega t) \tag{8.33}$$

式(8.33)右辺の複素振幅を大きさ F_E と位相 η で表現して

$$B(K + jC\omega) = F_E\exp(j\eta), \quad F_E = B\sqrt{K^2 + C^2\omega^2}, \quad \tan(\eta) = \frac{C\omega}{K} \tag{8.34}$$

とおけば,式(8.33)は

$$M\ddot{x} + C\dot{x} + Kx = F_E\exp(j(\omega t + \eta)) \tag{8.35}$$

式(8.35)左辺は質量 M に対する力加振の運動方程式(式(8.20))と同形である.このようにして,基礎の変位加振の運動方程式を質点の力加振の運動方程式に置き換えることができる.この強制振動の変位振幅は式(8.24)左式と同形であり

$$\frac{|X|}{X_{st}} = \frac{1}{\sqrt{(1-\beta^2) + (2\zeta\beta)^2}} \quad \text{ただしこの場合の静変位は} \quad X_{st} = \frac{F_E}{K}$$

$$\tag{8.36}$$

式(8.34)と式(8.22)より

$$F_E = B\sqrt{K^2 + C^2\omega^2} = BK\sqrt{1 + \left(\frac{C}{K}\omega\right)^2} = BK\sqrt{1 + (2\zeta\beta)^2} \tag{8.37}$$

式(8.37)を式(8.36)に代入すれば

$$\frac{|X|}{F_E/K} = \frac{|X|}{B\sqrt{1 + (2\zeta\beta)^2}} \rightarrow \frac{|X|}{B} = \sqrt{\frac{1 + (2\zeta\beta)^2}{(1 - \beta^2)^2 + (2\zeta\beta)^2}} \tag{8.38}$$

式(8.38)は，基礎を変位振幅 B で加振したときの質量の応答変位 $|X|$ を比の形で表現しており，基礎から質量への**振動伝達率**と言えるが，式(8.38)は式(8.29)と等しい．このように振動伝達率 λ は，質量→基礎（力の伝達）と基礎→質量（変位の伝達）の両方向で等しくなり，振動絶縁を効果的に行う方法も両者で同一になる．

［問題 22］

(22-1) 1自由度不減衰系の共振時の応答を示す図 8.4 の実線を表現する式を求めよ．

解　加振力の角振動数 ω が不減衰固有角振動数 Ω に等しい $f(t) = F\exp(j\Omega t)$ の場合の応答を求める．この場合の運動方程式は，式(8.17)（右辺は第1項のみ）より

$$M\ddot{x} + Kx = F\exp(j\Omega t) \tag{8.39}$$

まず，この解を式(8.18)に倣って $x = X_k\exp(j\Omega t)$, $\ddot{x} = -\Omega^2 X_k\exp(j\Omega t)$ $= -(K/M)x$ と仮定して式(8.39)左辺に代入すれば，その結果は 0 になる．したがってこの仮定式は式(8.39)の解にはなり得ない．しかし，解が式(8.39)右辺と同一の $\exp(j\Omega t)$ という時間関数を含むことは，この式が力の釣合と言う力学法則でありどのような時間でも例外を許さず成立することから，明らかである．そこでこの解を

$$x = X_r p(t)\exp(j\Omega t), \quad \ddot{x} = X_r(\ddot{p}(t) + 2j\Omega\dot{p}(t) - \Omega^2 p(t))\exp(j\Omega t) \tag{8.40}$$

334 　第8章 振　　　動

と仮定し，式(8.40)を式(8.39)に代入して $\Omega^2 = K/M$ の関係を用いれば

$$X_r(M\ddot{p}(t)+2jM\Omega\dot{p}(t)+(-M\Omega^2+K)p(t))\exp(j\Omega t)=F\exp(j\Omega t)$$

$$\rightarrow MX_r(\ddot{p}(t)+2j\Omega\dot{p}(t))=F \tag{8.41}$$

右辺が定数である式(8.41)は，時間の関数 $p(t)$ の 2 階と 1 階の時間微分（$\ddot{p}(t)$ と $\dot{p}(t)$）の和が時間に無関係な定数になることを意味する．これを満足する $p(t)$ は時間の 1 次関数しかない．そこで $p(t)=t$ と仮定してこれを式(8.41)に代入すれば

$$2jM\Omega X_r=F \rightarrow X_r=-j\frac{F}{2M\Omega}=\frac{F}{2M\Omega}\exp(-j\pi/2) \tag{8.42}$$

式(8.42)と式 $p(t)=t$ を式(8.40)左式に代入すれば

$$x=\left(\frac{F}{2M\Omega}t\right)\exp(j(\Omega t-\pi/2)) \tag{8.43}$$

式(8.43)が，1 自由度不減衰系の共振振動を示す式である．式(8.43)は，不減衰固有角振動数 Ω の単振動の振幅が時間 t に比例して増大し続けることを意味する．

この式から，不減衰系の共振振動は加振力よりも位相が $\pi/2=90°$ 遅れ，振幅が時間 t に比例して直線状に増大し続ける振動（図 8.4 の実線）であることが分かる．

なお，粘性 C があまり大きくない場合には，1 自由度粘性減衰系の共振振動（図 8.6）を表す式は

$$x(t)=\frac{F}{C\Omega}(1-\exp(-Ct/(2M)))\exp(j(\Omega t-\pi/2)) \tag{8.44}$$

であることが分かっている（詳細は参考文献 12 の 311～313 頁参照）．

式(8.44)において $t\rightarrow\infty$ とすれば $\exp(-Ct/(2M))\rightarrow0$ になり，時間が経過すると，粘性減衰系の共振振動の振幅（図 8.6 の一点鎖線）が一定値 $F/(C\Omega)$（同図の点線）に収束することが分かる．このことは，本文中の式(8.25)の正当性を理論的に証明している．

一方，式(8.44)右辺の振幅 $1-\exp(-Ct/(2M))$ を $-Ct/(2M)$ に関してテー

ラー展開し，C^2 よりも高次の項を十分小さく 0 と見なせる，として省略すれば

$$1-\exp\left(-Ct/(2M)\right)=\frac{C}{2M}t \tag{8.45}$$

になる．式(8.45)を式(8.44)に代入すれば，不減衰系の共振振動を示す式(8.43)に一致する式を得る．

(22−2) 両端支持の水平な回転軸の中央に重さ $W=20$ kgf のロータが取り付けられている．上下方向曲げの固有振動数はいくらか．ただし，回転軸のたわみに対する剛性は $K=150$ kgf/mm であり，軸の重量は考えないものとする．

解 固有振動数は，

$$f_n=\frac{1}{2\pi}\sqrt{\frac{gK}{W}}=\frac{1}{2\times3.142}\sqrt{\frac{9.807\times150\times10^3}{20}}=43.16\,\text{Hz} \tag{8.46}$$

(22−3) 固有振動数 $f_n=10$ Hz の振動系に減衰比 $\zeta=0.2$ のダンパを取り付ける．減衰固有振動数 f_d と振幅の減衰の割合 a_n/a_{n+1} を求めよ．

解 減衰固有振動数は式(8.13)より

$$f_d=f_n\sqrt{1-\zeta^2}=10\sqrt{1-0.2^2}=9.798\,\text{Hz} \tag{8.47}$$

また対数減衰率は式(8.15)より

$$\delta=\ln\left(\frac{a_n}{a_{n+1}}\right)=\frac{2\pi\zeta}{\sqrt{1-\zeta^2}}=\frac{2\times3.142\times0.2}{\sqrt{1-0.2^2}}=1.26 \tag{8.48}$$

したがって振幅の減衰の割合は，$a_n/a_{n+1}=3.6$.

(22−4) 重量 120 kgf のエンジンを弾性支持する．このエンジンが毎分 1 200 回に相当する加振力 F_0 を持っているとすれば，振動伝達率 λ を 1/10 に抑えるためには支持ばねの剛性 K をどのように選べばよいか．

この回転数のときの振幅は $x_0=1$ mm である．毎分 10 800 回に相当する加振力を持つ高速回転時のこのエンジンの振幅はいくらか．ただし加振力は，振動数は変わってもその大きさは変わらないとする．

解 減衰力が働かないと仮定すると $\zeta=0$, また $\lambda<1$ では $\beta>1$ であるから, 式(8.29)より

$$\lambda=\frac{1}{|1-\beta^2|}=\frac{1}{|1-(\omega/\Omega)^2|} \rightarrow \left(\frac{\omega}{\Omega}\right)^2=1+\frac{1}{\lambda} \rightarrow$$

$$K=\frac{W}{g}\Omega^2=\frac{W}{g}\omega^2/\left(1+\frac{1}{\lambda}\right)=\frac{120}{9.807}\times\left(\frac{2\times 3.142\times 1\,200}{60}\right)^2/11=17\,570\text{ kgf/m} \tag{8.49}$$

不減衰固有角振動数は

$$\Omega^2=\frac{\omega^2}{1+1/\lambda}=\left(\frac{2\pi\times 1\,200}{60}\right)^2/(1+10)=145.5\pi^2 \tag{8.50}$$

$$x_0=0.1\text{ cm}=\frac{F_0/K}{|1-(\omega/\Omega)^2|} \quad \text{より} \quad \frac{F_0}{K}=0.1((\omega/\Omega)^2-1)=\frac{0.1}{\lambda}=1 \tag{8.51}$$

高速回転時の振幅は式(8.51)と式(8.19)より

$$x_{0h}=\frac{F_0/K}{(\omega_h/\Omega)^2-1}=1/((2\pi\times 10\,800/60)^2/(145.5\pi^2)-1)$$

$$=0.001\,124\text{ cm}=0.011\,24\text{ mm} \tag{8.52}$$

(22-5) 図 8.9 のように, 剛性 K_1, K_2 の 2 個のばねを用いて 3 種類(a), (b), (c)の方法で支えられている物体 (すべて同じ重さ W) に対する等価な

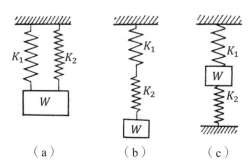

図 8.9 2個のばねで支えた物体

相当ばね剛性 K_T を決めよ．

[解] ばね K_1, K_2 の伸びをそれぞれ l_1, l_2 とする．

(a)： $l_1=l_2=l_a$ で $K_1l_1+K_2l_2=(K_1+K_2)l_a=K_Tl_a=W$

$\quad \to \quad K_T=K_1+K_2$ (8.53)

(b)： $K_1l_1=K_2l_2=W$ で $K_T(l_1+l_2)=K_Tl_b=W$

$\quad \to \quad K_T=K_1K_2/(K_1+K_2)$ (8.54)

(c)： $l_1=-l_2=l_c$ で $K_1l_1-K_2l_2=K_Tl_c$

$\quad \to \quad K_T=K_1+K_2$ ((a)と同一) (8.55)

(22-6) 図 8.10 のように，質量 M，長さ l の単振子を吊るす支点が，鉛直方向には動けずばねによって水平方向左右のみに動くことができるようになっている．水平方向の微小振動の周期はいくらか．

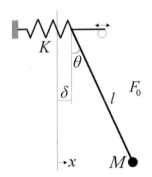

図 8.10 水平ばねで支点を吊るした単振子

[解] 角 θ は微小であるとすれば，$\sin(\theta)\simeq\theta$, $\cos(\theta)\simeq 1$, $\tan(\theta)\simeq\theta$.

質量 M における糸 l に垂直な方向の力の釣合は

$\quad M\ddot{x}\cos(\theta)+Mg\sin(\theta)=0 \to \ddot{x}+g\theta=0$ (8.56)

支点における水平方向の力の釣合は

$\quad Mg\tan(\theta)-K\delta=0 \to Mg\theta-K\delta=0$ (8.57)

幾何学的関係より

$$l \sin(\theta) = x - \delta \rightarrow l\theta = x - \delta \tag{8.58}$$

式(8.57)と式(8.58)より

$$(Mg + Kl)\theta = Kx \tag{8.59}$$

式(8.59)を2回時間微分して式(8.56)を代入すれば

$$(Mg + Kl)\ddot{\theta} + Kg\theta = 0 \tag{8.60}$$

式(8.60)から角振動数は

$$\Omega = \sqrt{\frac{Kg}{Mg + Kl}}, \quad 周期は \quad T = 2\pi\sqrt{\frac{Kl + Mg}{Kg}} \tag{8.61}$$

(22−7) 図 8.11 のように，上端を固定したばねの下端に吊るされた物体が，釣合の位置に静止している．時刻 $t=0$ から $t=\tau$ までの間，大きさ一定の力 F_0 が鉛直下方向に作用するとき，物体がこの力によって誘起される運動を求めよ．特に，力が作用する時間の間隔 τ が非常に小さい衝撃的な力の場合，物体の最大変位はいくらになるか．

図 8.11　ばねに吊るされた物体

解　時間 $0 \leq t \leq \tau$ における運動方程式は

$$M\ddot{x} + Kx = F_0 \tag{8.62}$$

系の固有角振動数を $\Omega = \sqrt{K/M}$ と書けば，式(8.62)の解は

$$\begin{array}{l}\text{8.3 振 動 絶 縁}\qquad 339\end{array}$$

$$x = c_1 \sin (\Omega t + c_2) + \frac{F_0}{K}, \qquad \dot{x} = c_1 \Omega \cos (\Omega t + c_2) \qquad (c_1,\ c_2\ \text{は未定係数})$$

$$(8.63)$$

初期条件：$t=0$ で $x=0$，$\dot{x}=0$ を式(8.63)に代入して

$$0 = c_1 \sin (c_2) + \frac{F_0}{K}, \qquad 0 = c_1 \Omega \cos (c_2) \to c_1 = -\frac{F_0}{K}, \qquad c_2 = \frac{\pi}{2} \quad (8.64)$$

式(8.64)を式(8.63)に代入して $t=\tau$ とおけば

$$x = \frac{F_0}{K} (1 - \cos \Omega \tau), \qquad \dot{x} = \frac{F_0}{K} \Omega \sin (\Omega \tau) \tag{8.65}$$

$t'(=t-\tau) \geq 0$ では，式(8.65)を $t'=0(t=\tau)$ における初期条件として，次式の運動を生じる.

$$x = c_3 \sin (\Omega t' + c_4), \qquad \dot{x} = c_3 \Omega \cos (\Omega t' + c_4) \qquad (c_1,\ c_2\ \text{は未定係数}) \quad (8.66)$$

式(8.66)に $t'=0$ を代入して式(8.65)と等置すれば

$$c_3 \sin (c_4) = \frac{F_0}{K} (1 - \cos (\Omega \tau)), \qquad c_3 \cos (c_4) = \frac{F_0}{K} \sin (\Omega \tau) \tag{8.67}$$

式(8.67)と三角関数の倍角の公式より

$$c_3 = \frac{F_0}{K} \sqrt{(1 - \cos (\Omega \tau))^2 + \sin^2 (\Omega \tau)} = \frac{F_0}{K} \sqrt{2(1 - \cos (\Omega \tau))} = 2 \frac{F_0}{K} \sin \left(\frac{\Omega \tau}{2} \right)$$

$$(8.68)$$

式(8.67)右式に式(8.68)を代入して

$$2 \sin \left(\frac{\Omega \tau}{2} \right) \cos (c_4) = \sin (\Omega \tau) = 2 \sin \left(\frac{\Omega \tau}{2} \right) \cos \left(\frac{\Omega \tau}{2} \right) \to c_4 = \frac{\Omega \tau}{2}$$

$$(8.69)$$

式(8.68)と式(8.69)を式(8.66)左式に代入すれば，力を除去した後の物体の運動は，$t'=t-\tau$ より

$$x = 2 \frac{F_0}{K} \sin \left(\frac{\Omega \tau}{2} \right) \sin \left(\Omega t' + \frac{\Omega \tau}{2} \right) = 2 \frac{F_0}{K} \sin \left(\frac{\Omega \tau}{2} \right) \sin \left(\Omega \left(t - \frac{\tau}{2} \right) \right) \quad (8.70)$$

τ が非常に小さい場合の物体の最大変位は式(8.70)の振幅であるから，$\sin \left(\dfrac{\Omega \tau}{2} \right)$ $\simeq \dfrac{\Omega \tau}{2}$ とおいて

$$x_{\max} \simeq 2\frac{F_0}{K}\frac{\Omega\tau}{2} = \frac{F_0\tau}{\sqrt{MK}} \tag{8.71}$$

(22−8) 図 8.12 のように，同一水平面上にあり，中心距離 1 m の同形の 2 個の車輪が，質量 2 kg の棒を乗せて互いに反対の方向に回転している．棒の振動の周期を求めよ．ただし，棒と車輪の間の動摩擦係数を 0.2 とし，車輪の回転は十分速いとする．

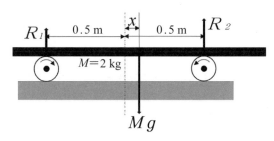

図 8.12 互いに逆方向に回転する 2 個の車輪上に置いた棒

解 棒への反力は，モーメントの釣合式 $(0.5+x)R_1=(0.5-x)R_2$ と力の釣合式 $R_1+R_2=Mg$ より

$$R_1=(0.5-x)\cdot Mg, \qquad R_2=(0.5+x)\cdot Mg \tag{8.72}$$

棒の運動方程式は

$$M\ddot{x}+\mu(R_2-R_1)=0 \;\rightarrow\; \ddot{x}+2\times 0.2\times 9.807 x=0 \tag{8.73}$$

であるからその周期は

$$T=2\times 3.142\sqrt{\frac{1}{0.4\times 9.807}}=3.173\,\text{s} \tag{8.74}$$

(22−9) 図 8.13 に示すマノメータの U 字管（断面積 a）の中を液柱（全長 l）の両端の液面が上下する振動の運動方程式を導け．

解 液の密度を ρ とすれば，慣性力と重力の釣合式が運動方程式になるから

$$\rho a l\ddot{x}=-2\rho g a x \;\rightarrow\; l\ddot{x}+2gx=0 \tag{8.75}$$

8.3 振 動 絶 縁　341

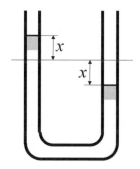

図 8.13　U字管内の液柱の振動
　　　　　断面積 a　全長 l

(22-10)　重量 $W=30$ tf の車両が $v=10$ km/h の速度で衝突するとき，剛性 $K=100$ kgf/cm のばねで緩衝すれば，一旦停止するまでの時間 T_{stop}，緩衝距離 x，ばね力の最大値 Kx はいくらか．

解　衝突後停止するときには，走行時の運動エネルギーはすべて弾性エネルギーに変わるから

$$\frac{1}{2}\frac{W}{g}v^2=\frac{1}{2}Kx^2 \rightarrow x=v\sqrt{\frac{W}{Kg}}=\frac{10\times 10^3}{3\,600}\sqrt{\frac{30\times 10^3}{100\times 10^2\times 9.807}}=1.536 \text{ m} \tag{8.76}$$

$$Kx=100\times 10^2\times 1.536=15\,360 \text{ kgf}=15.36 \text{ tf}$$

衝突後 $\frac{1}{4}$ 周期で一旦停止するから

$$T_{\text{stop}}=\frac{2\pi}{4}\sqrt{\frac{W}{Kg}}=\frac{2\times 3.142}{4}\sqrt{\frac{30\times 10^3}{100\times 10^2\times 9.807}}=0.868\,9 \text{ s} \tag{8.77}$$

(22-11)　図 8.14 に示す回転振動系の減衰比 ζ，減衰固有角振動数 ω_d，対数減衰率 δ，時定数 τ を求めよ．ただし

$M=20$ kg,　　$l=0.6$ m,　　$a=0.3$ m,　　$b=0.4$ m
$K=8\,000$ N/m,　　$C=200$ N·s/m

342　第8章　振　　　動

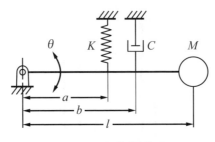

図 8.14　回転振動系

解　慣性モーメントは

$$I = Ml^2 \tag{8.78}$$

支点回りのモーメントの釣合から運動方程式は

$$I\ddot{\theta} + Cb^2\dot{\theta} + Ka^2\theta = 0 \tag{8.79}$$

不減衰固有角振動数は

$$\Omega = \sqrt{\frac{Ka^2}{I}} \tag{8.80}$$

運動方程式(8.79)の解を $\theta = \theta_c \exp(\lambda t)$ とおけば（θ_c は積分定数），根の公式より

$$\lambda = \frac{-Cb^2 \pm \sqrt{(Cb^2)^2 - 4IKa^2}}{2I} = \sqrt{\frac{Ka^2}{I}}\left(\frac{-Cb^2}{2\sqrt{IKa^2}} \pm \sqrt{\left(\frac{Cb^2}{2\sqrt{IKa^2}}\right)^2 - 1}\right)$$

$$= -\Omega\zeta \pm \Omega\sqrt{\zeta^2 - 1} \tag{8.81}$$

減衰比は，式(8.80)と式(8.81)より

$$\zeta = \frac{Cb^2}{2\sqrt{IKa^2}} \tag{8.82}$$

与えられた数値を導入する．まず式(8.80)より

$$\Omega = \sqrt{\frac{8\,000 \times 0.3^2}{20 \times 0.6^2}} = 10 \text{ rad/s} \tag{8.83}$$

式(8.82)より減衰比は

$$\zeta = \frac{200 \times 0.4^2}{2 \times \sqrt{20 \times 0.6^2 \times 8\,000 \times 0.3^2}} = 0.222\,2 \tag{8.84}$$

8.3 振 動 絶 縁　　343

式(8.84)より $\zeta < 1$ であるから，系は回転振動する．そこで減衰固有角振動数は

$$\omega_d = \Omega\sqrt{1-\zeta^2} = 10 \times \sqrt{1-0.222\,2^2} = 9.750 \text{ rad/s} \qquad (8.85)$$

式(8.15)より対数減衰率は

$$\delta = \frac{2\pi\zeta}{\sqrt{1-\zeta^2}} = \frac{2 \times 3.142 \times 0.222\,2}{\sqrt{1-0.222\,2^2}} = 1.432 \qquad (8.86)$$

式(8.16)より時定数は

$$\tau = \frac{1}{\Omega\zeta} = \frac{1}{10 \times 0.222\,2} = 0.4500 \text{ s} \qquad (8.87)$$

(22-12)　自動車の車体が等しい4個のばね（剛性 K）で支えられ，ばねは車体の重さ $W=1$ tf で一様に $\delta_{st}=20$ cm 圧縮されている．車体の上下振動の固有振動数 f はいくらか．この自動車を振動台に乗せ，$x_B = B\sin(\omega t)$，$(B=2$ cm，$\omega = 7$ rad/s) の振動を与えれば，車体の振幅 $|X|$ はいくらになるか．ただし，各ばねには粘性減衰係数 $C=1$ kgf·s/cm のダンパが付いている

解　固有振動数は

$$f = \frac{1}{2\pi}\sqrt{\frac{4Kg}{W}} = \frac{1}{2\pi}\sqrt{\frac{g}{\delta_{st}}} = \frac{1}{2 \times 3.142}\sqrt{\frac{9.807}{20 \times 10^{-2}}} = 1.114 \text{ Hz} \qquad (8.88)$$

各ばねの剛性は

$$K = \frac{W}{4\delta_{st}} = \frac{1\,000}{4 \times 0.2} = 1\,250 \text{ kgf/m} = (1\,250 \times 9.807 =)12\,260 \text{ N/m} \qquad (8.89)$$

減衰比は

$$\zeta = \frac{C}{C_C} = \frac{C}{2\sqrt{KW/(4g)}} = \frac{100}{\sqrt{1\,250 \times 1\,000/9.807}} = 0.280\,1 \qquad (8.90)$$

加振角振動数は固有角振動数に等しいから

$$\beta = \frac{\omega}{\Omega} = 1 \qquad (8.91)$$

式(8.90)と式(8.91)を式(8.36)に代入すれば，車体の振幅は

$$|X| = 0.02\sqrt{\frac{1+(2 \times 0.280\,1)^2}{(2 \times 0.280\,1)^2}} = 0.040\,9 \text{ m} = 4.09 \text{ cm} \qquad (8.92)$$

344　　　第8章　振　　　動

(22-13)　質量 $M=50$ kg, 回転数 $\omega=3\,000$ rpm のモータに $Me=500$ g·mm $=0.5\times10^{-3}$ kg·m の不釣合がある. 振動伝達率を $\lambda=1/10$ にするために必要な支持ばねの剛性 K を求めよ. またそのときの固有角振動数 Ω と振動の振幅 X はいくらか. ただし, 減衰はないものとする.

解　式(8.29)で $\zeta=\dfrac{C}{C_c}=0,\;\beta=\dfrac{\omega}{\Omega}$ とおけば

$$\lambda=1\Big/\Big(1-\Big(\frac{\omega}{\Omega}\Big)^2\Big) \tag{8.93}$$

式(8.93)より

$$\Omega^2=\frac{\omega^2}{1+1/\lambda}=\frac{K}{M} \tag{8.94}$$

与えられた数値を式(8.94)に代入して

$$\Omega=\frac{3\,000}{60}\times2\times3.142/\sqrt{11}=94.72\ \text{rad/s} \tag{8.95}$$

式(8.94)より

$$K=M\Omega^2=50\times94.72^2=448\,600\ \text{N/m} \tag{8.96}$$

系の運動方程式は

$$M\ddot{x}+Kx=Me\omega^2\sin(\omega t) \tag{8.97}$$

式(8.97)の解（応答）を $x=X\sin(\omega t)$ とすると, $\omega^2=\Big(\dfrac{3\,000}{60}\times2\times3.142\Big)^2=0.987\,2\times10^5$ であるから

$$|X|=\frac{Me\omega^2}{|-M\omega^2+K|}=\frac{0.5\times10^{-3}\times0.987\,2\times10^5}{(50\times0.987\,2-4.486)\times10^5}$$
$$=0.010\,97\times10^{-3}\ \text{m}=0.010\,97\ \text{mm} \tag{8.98}$$

(22-14)　図 **8.15** のように, 床が振幅 1 mm, 振動数 20～50 Hz の振動をしている. ここで, 電流計を読むためにその振動の振幅を 1/100 mm 以下にしたい. それを実現するための支持ばねの剛性 K を求めよ. ただし, 電流計と支持台の質量は合わせて $M=1$ kg であり, ダンパはないとする.

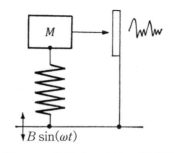

図 8.15　振動する床上の電流計

[解]　振動の振幅は振動数が小さい方が大きくなるので，それが 20 Hz の場合について考える．

式(8.36)に $\zeta=0$ と $\beta=\omega/\Omega$ を代入して変形し，$\omega=2\pi\times 20$ Hz とすれば

$$\frac{B}{|X|} = \left|1-\left(\frac{\omega}{\Omega}\right)^2\right| \geq 100 \rightarrow \Omega \leq \frac{\omega}{\sqrt{101}} = \frac{2\times 3.142 \times 20}{10.05} = 12.51 \text{ rad/s} \tag{8.99}$$

したがって

$$K = M\Omega^2 \leq 1 \times 12.51^2 = 156.3 \text{ N/m} \tag{8.100}$$

参 考 文 献

1) 青木 弘, 長松昭男：新編 工業力学, 養賢堂（1979）

2) 長松昭男 編著：音・振動のモード解析と制御, コロナ社（1996）

3) 長松昭男：モード解析, 培風館（1985）

4) 長松昭男：モード解析入門, コロナ社（1993）

5) 長松昭男 編：ダイナミクスハンドブック（運動・振動・制御）, 朝倉書店（1993）

6) 長松昭男 編：モード解析ハンドブック, コロナ社（2000）

7) 長松昭男 編：制振工学ハンドブック, コロナ社（2008）

8) 長松昭男：機械の力学, 朝倉書店（2007）

9) 長松昌男, 長松昭男：複合領域シミュレーションのための電気・機械系の力学, コロナ社（2013）

10) 長松昌男：次世代ものづくりのための電気・機械一体モデル, 共立出版（2015）

11) 長松昌男, 長松昭男：1DCAE のための電気・機械系の力学とモデル化, 設計工学, Vol.51, No.6（2016-6）, pp364-374

12) 長松昌男, 長松昭男：実用モード解析入門, コロナ社（2018）

13) 長松昭男, 長松昌男：原点から学ぶ 力学の考え方, コロナ社（2022）

14) 天津成美 ほか：フーリエ音響学入門, コロナ社（2022）

15) 高等学校教科書・物理Ⅰ, 同・物理Ⅱ, 東京書籍（2008）

16) 日本機械学会 編：機械工学事典, 丸善（1997）

17) R. P. Feinman ほか, 坪井忠二 訳：ファインマン物理学Ⅰ力学, 岩波書店（1967）

18) L, M. Ledermann, C, T. Hill 著, 小林茂樹 訳：対称性, 白楊社（2008）

索　引

【あ】

圧力の中心	60
アルキメデスの原理	61

【い】

位　相	321
位　置	79
位置エネルギー	196
移動軌跡	98
移動支点	23

【う】

運動エネルギー	196
運動座標系	114
運動の法則	132
運動方程式	320
運動量	133, 194, 219
——の法則	223
運動量保存則	223
運搬加速度	115
運搬速度	115

【え】

エネルギー	194
エネルギー保存則	195
円	180
遠日点	181
遠心力	187
円錐振子	165
円柱極座標	85

【お】

オイラー角	293
オイラーの運動方程式	297
オイラーの公式	321
応　力	137

【か】

回　転	6
回転運動	93
回転支点	22
回転半径	245
角運動量	178, 194
——の法則	226
角運動量保存則	226
角加速度	85
角速度	85
角速度ベクトル	86
仮想仕事の原理	44
仮想変位	44
換算質量	228
慣　性	132, 319
慣性系	187
慣性主軸	252
慣性乗積	251
慣性楕円体	252
慣性抵抗	133
慣性テンソル	296
慣性の法則	132
慣性反力	133
慣性モーメント	243, 249
慣性力	133, 319
完全弾性衝突	221
完全非弾性衝突	221

【き】

危険速度	325
基本単位	140
球極座標	85
共　振	325
極慣性モーメント	249
極座標	83
曲　率	82
曲率中心	82

曲率半径	82
近日点	181

【く】

偶不釣合	273
偶　力	10
——のモーメント	11
クーロンの法則	69
組立単位	141

【け】

ケイターの可逆振子	250
ケプラーの法則	182
減衰固有角振動数	323
減衰固有周期	323
減衰固有振動数	323
懸垂線	54
減衰比	323

【こ】

向心加速度	87
向心力	142
拘束運動	154
拘束条件	154
剛　体	92, 133
合　力	2
国際単位系	142
固定軌跡	98
固定座標系	114
固定支点	23
コーナリングフォース	281
こまの運動	299
固有角周波数	321
固有角振動数	321
固有周期	321
固有周波数	321
固有振動数	321

コリオリ	115	瞬間中心	97	ダランベールの原理	133
――の加速度	115	――の軌跡	98	単振動	136,320
――の力	187	ジョイント	26	弾性限界	137
転がり抵抗係数	277	章 動	304	弾性体	133,137
転がりの摩擦係数	276	初期位相	321	――の動力学	318
【さ】		振 動	318	弾性波	139
		――の中心	246	弾性変形	137
サイクロトロン振動数	161	振動数	136	短半径	181
歳差運動	309	振動伝達率	330,333	**【ち】**	
座標変換行列	95,253	振 幅	136,321		
作 用	194	**【す】**		力	1
作用反作用の法則	132			――の合成	2
三角関数	320	スカラー	1	――の作用反作用の法則	
【し】		図 心	18		132
		ストークスの法則	148	――の多角形	3
次 元	133	**【せ】**		――の釣合	2
――の同次性の原理	145			――の分解	2
次元解析	145	静釣合試験	273	――のモーメント	7
次元式	144	静定トラス	27	中心力	177
仕 事	194	静摩擦角	72	長半径	181
仕事率	203	静摩擦係数	69	直交変換	253
実体振子	245	静力学	2	**【て】**	
質 点	133	接線ベクトル	79,81		
質点系	133	絶対運動	114	定常歳差運動	299
――の角運動量	225	接 点	26	**【と】**	
質 量	132	全圧力	59		
――の中心	17	せん断力	32	動釣合試験	273
時定数	324	せん断力図	32	動粘性係数	147
ジャイロ	309	**【そ】**		動摩擦係数	69
ジャイロ現象	309			動 力	203
ジャイロスコープ	309	双曲線	180	トラス	26
ジャイロモーメント	310	相対運動	114	**【に】**	
周 期	136	相対加速度	115		
周期関数	321	相対速度	93,115	ニュートンの法則	132
自由支点	23	相当集中荷重	51	ニュートンポテンシャル	200
重 心	17	相当短振子の長さ	246	**【ね】**	
重心運動の法則	202	速 度	79		
重心系	227	速度平面	81	ネーターの定理	195
自由振動	318	塑性変形	137	粘 性	57,319
終端速度	152	**【た】**		粘性係数	146
従法線ベクトル	83			粘性抵抗力	319
重力単位系	141	対称性	195	**【は】**	
主慣性モーメント	252	対数減衰率	324		
主法線	82	楕 円	180	ハーポールホード錐	113,308
主法線ベクトル	82	打撃の中心	278	波動方程式	139
瞬間回転軸	97	縦弾性係数	137	跳返りの係数	220

パワー	203	べき乗	144	**【や】**	
半直弦	180	ベクトル	1		
万有引力	177	ベクトル積	7	ヤング率	137
【ひ】		ベルヌーイの方程式	140	**【ら】**	
		変換行列	253		
ピストン・クランク機構	26	**【ほ】**		ラーメン	26
ひずみ	137			**【り】**	
ピッチ円	121	ポアズイユの法則	147		
非保存力	201	方向余弦	80	力学エネルギー	197
【ふ】		放物線	180	——の消散	201
		ポールホード錐	113,308	力学エネルギー保存則	197
復元性	319	保存力	137,197	力学特性	319
復元力	135,137,319	——の場	197	力系の中心軸	12
複素指数関数	320	ポテンシャルエネルギー	197	力 積	219
不減衰共振	325	ホドグラフ	81	力 線	198
不静定トラス	27	骨組構造	26	離心率	180
フックの法則	137	**【ま】**		臨界減衰係数	323
不釣合	273			リンク機構	26
浮 力	61	曲げモーメント	32	**【れ】**	
——の中心	61	曲げモーメント図	32		
分 力	2	**【め】**		レイノルズ数	147
【へ】		メタセンタ	62	**【ろ】**	
平行四辺形の法則	2	面積速度	179	ローレンツ力	160
並 進	6	**【も】**			
並進運動	93				
平面運動	94	モデルベース開発	195		

【C】		**【M】**		**【数字】**	
CGS 単位系	141	MKS 単位系	141	2 体問題	228

―― 著者略歴 ――

長松　昭男（ながまつ　あきお）
- 1970 年　東京工業大学大学院理工学研究科博士課程修了
　　　　　工学博士
- 1970 年　東京工業大学工学部助手
- 1984 年　東京工業大学工学部教授
- 2000 年　東京工業大学名誉教授（校名変更のため，2024 年より東京科学大学名誉教授）
　　　　　法政大学工学部教授（2010 年まで）
- 2010 年　キャテック株式会社勤務
　　　　　現在に至る

長松　昌男（ながまつ　まさお）
- 1997 年　東京都立大学大学院工学研究科博士後期課程修了
　　　　　博士（工学）
- 1997 年　北海道工業大学工学部講師
- 2008 年　北海道工業大学創生工学部准教授
- 2014 年　北海道科学大学工学部准教授
　　　　　現在に至る

現場で役立つ応用力を養う 工業力学入門
Introduction to Engineering Mechanics for Developing Useful Application Skills in the Field

© Akio Nagamatsu, Masao Nagamatsu 2025

2025 年 5 月 12 日　初版第 1 刷発行

検印省略	著　者	長　松　昭　男	
		長　松　昌　男	
	発行者	株式会社　コロナ社	
		代表者　牛来真也	
	印刷所	壮光舎印刷株式会社	
	製本所	株式会社　グリーン	

112-0011　東京都文京区千石 4-46-10
発行所　株式会社　コロナ社
CORONA PUBLISHING CO., LTD.
Tokyo Japan
振替00140-8-14844・電話(03)3941-3131(代)
ホームページ　https://www.coronasha.co.jp

ISBN 978-4-339-04694-6　C3053　Printed in Japan　　　　　（柏原）

JCOPY <出版者著作権管理機構 委託出版物>
本書の無断複製は著作権法上での例外を除き禁じられています。複製される場合は，そのつど事前に，出版者著作権管理機構（電話 03-5244-5088，FAX 03-5244-5089，e-mail: info@jcopy.or.jp）の許諾を得てください。

本書のコピー，スキャン，デジタル化等の無断複製・転載は著作権法上での例外を除き禁じられています。購入者以外の第三者による本書の電子データ化及び電子書籍化は，いかなる場合も認めていません。
落丁・乱丁はお取替えいたします。